이해하기 쉬운

단체급식관리

QUANTITY FOOD PRODUCTION AND SERVICE MANAGEMENT

머리말

급식관리는 오랜 역사를 통하여 '영양사'라는 직종을 유지, 발전시키는 데 기본적이고 핵심적인 역할을 담당해 왔기 때문에, '단체급식관리'가 식품영양학과 교과과정의 일부로 포함되는 것에 의문을 제기하는 사람은 별로 없었습니다. 하지만 현대 사회에서 식품영양학 전공자의 커리어 경로(career path)가 급식관리를 중심으로 한 영양사의 전통적 직역을 넘어, 보건(임상영양사, 상담영양사), 식품 및 유통(식품개발, 식품마케팅), 언론(식품전문기자) 등 다양한 분야로 확대됨에 따라 학생들이 새로운 질문을 던집니다. "전 급식관리 영양사로 취직하지 않을 것 같아요. 그래도 단체급식관리를 공부해야 하나요?"

답은 의외로 간단합니다. "물론입니다. 급식관리 영양사로 일하지 않더라도 식품영양학 분야에서 일하고자 한다면 단체급식관리를 공부해야 합니다." 국민 식생활에서 급식이 차지하는 비중은 나날이 커지고 있습니다. 특히, 어린이집에서 급식을 먹기 시작한 아이들이 학교급식을 먹으며 고등학교를 마칩니다. 그리고 개인에 따라 대학급식이나 군대급식을 먹기도 하고, 산업체급식을 먹기도 합니다. 때문에 이러한 급식소를 관리하는 영양사뿐 아니라, 이러한 급식소에 판매할 B2B(Business to Business) 상품 개발과 마케팅을 담당할 식품영양학 전공자에게도 단체급식관리에 대한 이해는 매우 중요합니다. 신문이나 잡지의 식품전문기자로 일하고자 하는 식품영양학 전공자 또한 단체급식관리에 대한 이해를 바탕으로 수많은 급식 관련 이슈를 제대로 전달할 수 있을 것입니다.

이미 훌륭한 단체급식관리 교재들이 여러 권 있는데, 또 한 권의 책을 세상에 내놓을 이유를 고민하면서 많은 시간을 보냈습니다. 결국 "식품영양학 전공 학생들이 꼭 알아야 할 내용을 추려 이해하기 쉽게 써보자."라는 소박한 중지를 모아 집필을 시작했습니다. 책을 집필하면서 우리의 소박한(?) 계획이 결코 소박하지 않음을 깨달았지만, 이제는 독자들의 넓은 아량과 선후배님들의 건설적인 질타를 기대하며 마침표를 찍습니다.

이 책은 그 동안 출판된 여러 국내 단체급식관리 교과서와 미국과 일본의 관련 교과서를 바탕으로 내용을 정선하고, 이를 바탕으로 새롭게 변화하고 있는 급식소 현장의 맥락을 제공할 수 있도록 만든 식품영양학 전공 교과서입니다. 본문 중 '더 알아보기'를 통해 기초적인 지식에 깊이를 더하기 위한 내용을 담았습니다. 이 책으로 공부하는 학생들이 단체급식관리에 대한 현장감을 얻는 데 도움이 될 수 있도록 '사례 들여다보기'를, 현장에서의 적용력을 높일 수 있도록 '함께 풀어보기'를 넣어 구성하였습니다. 책의 구성과 내용을 위해 저자 모두가 고민했지만, 집필 작업의 효율을 위해 1장은 윤지현, 2장은 권수연, 3장은 김옥선, 4장은 한규상 · 이기원, 5장은 이기원 · 김미영, 6장은 류시현, 7장은 이영미의 책임하에 집필되었음을 밝히고자 합니다.

책 출판을 위해 애써 주신 파워북의 유제구 대표님과 김재원 전무님을 비롯한 여러 관계자 여러분께 감사드립니다. 또한 이 책을 선택해 주신 단체급식관리 교수자분들께 진심으로 감사드립니다. 이 책으로 공부하게 될 식품영양 전공 학생들이 '단체급식관리' 교과를 통해 식품과 영양에 대한 흥미로운 지식들의 즐거운 융합을 경험하길 기대합니다. 감사합니다.

저자 일동

차례

4장 급식 생산관리

5장 급식 시설관리

단체급식관리의 개요

Chapter 1

1. 단체급식관리의 기초 | 2. 단체급식의 유형

Chapter 1

학습목표

- 단체급식 및 집단급식소의 정의를 설명할 수 있다.
- 단체급식관리의 구성요소를 이해하고 관련한 주요 법령을 숙지하여 급식소 운영단계에서 바르게 적용할 수 있다.
- 4가지 유형의 급식체계별 특징을 이해하고 생산성 향상과 비용절감을 위해 급식소 현황에 맞는 급식체계를 적용할 수 있다.
- 직영급식과 위탁급식의 장 · 단점을 이해하고 급식소 현황에 맞게 적용할 수 있다.
- 시설 유형에 따른 급식의 목적을 이해하고 각 급식소의 운영관리의 목표로 활용할 수 있다.

1. 단체급식관리의 기초

1) 단체급식의 개념

'단체급식團體給食'이란 학교 · 병원 · 산업체 등의 특정 시설에서 특정 다수인에 대하여 정기적으로 식사를 공급하는 조직적 행위 또는 이러한 행위의 산물로서의 식사를 일컫는 용어로서 '급식給食'과 혼용되어 사용되고 있는 용어이다. 여기에서 '특정 다수인'이라고 하는 것은 급식을 받는 대상이 항상 정해져 있는 경우를 가리키며, 음식점 등과 같이 불특정 다수에게 식사를 제공하는 경우는 단체급식이라 하지 않는다.

식품위생법에서는 (단체)급식을 제공하는 시설, 즉 (단체)급식소 중 특히 1회 50인 이상을 급식하는 시설을 '집단급식소'로 정의하고 있다. 집단급식소에 해당하는 급식소는 관할 지방자치단체에 집단급식소 설치운영을 신고해야 하며, 식품위생법에 따라 집단급식소가 지켜야 할 특별한 조항들을 준수해야 한다. 식품의약품안전처는 지방자치단체별로 신고된 집단급식소에 대한 전국적인 통계를 매년 발표하는데, 1997년 1,004개소였던 집단급식소가 2003년 2만 개소를 넘었으며 2007년에는 3만 개소를, 2012년에는 4만 개소를 넘어선 것으로 보고되었다. 2020년에는 4만 6,939개의 집단급식소가 운영되었고, 이 중 10,948개소가 위탁운영되었다.

더 알아보기

집단급식소

식품위생법 제2조(정의) 제12호 "집단급식소"란 영리를 목적으로 하지 아니하면서 특정 다수인에게 계속하여 음식물을 공급하는 다음 각 목의 어느 하나에 해당하는 곳의 급식시설로서 대통령령으로 정하는 시설을 말한다.

가. 기숙사　나. 학교　다. 병원　라. 사회복지사업법 제2조 제4호의 사회복지시설　마. 산업체
바. 국가, 지방자치단체 및 「공공기관의 운영에 관한 법률」 제4조 제1항에 따른 공공기관
사. 그 밖의 후생기관 등

식품위생법 시행령 제2조(집단급식소의 범위) 식품위생법(이하 "법"이라 한다) 제2조 제12호에 따른 집단급식소는 1회 50명 이상에게 식사를 제공하는 급식소를 말한다.

더 알아보기

일본의 '특정급식시설'

일본의 경우, 우리나라의 집단급식소에 해당하는 용어로 '특정급식시설'이라는 용어를 사용한다. 일본의 건강증진법에서는 특정급식시설을 특정 다수의 사람에게 지속적으로 1회 100식 이상 또는 하루에 250식 이상의 식사를 제공하는 시설로, 이러한 규모에 미치지 않는 급식시설은 '기타 급식시설'로 분류하여 관리하고 있다.

2) 단체급식관리의 주체

영양사dietitian란 식품과 영양에 관한 전문지식을 바탕으로 국민의 영양 및 건강 향상을 위해 일하는 사람이다. 영양사 면허를 받기 위해서는 식품학 또는 영양학을 전공한 자로서 법이 정하는 과목18과목 52학점 이상을 이수한 후 면허시험을 통과하고 면허를 신청하여야 한다.

한국표준직업분류에 따르면 영양사는 "건강증진 및 질병치료를 목적으로 개인 및 단체에 균형 잡힌 음식물을 공급하기 위하여 식단을 계획하고 조리 및 공급을 감독하는 업무를 수행"한다. 영양사의 직역이 날로 확대되어 급식관리를 중심으로 한 직무뿐 아니라 영양교육 및 상담, 임상영양치료 등의 직무를 수행하는 영양사들이 늘어나고 있어 영양교사, 임상영양사와 같은 세분화된 자격증도 생겨나고 있지만 국민영양관리법에서 제시하고 있는 영양사의 주요 업무는 여전히 급식관리 중심이다. 식품위생법에서는, 50명 이상을 급식하는 집단급식소의 경우(산업체 급식소의 경우 100인 이상) 영양사를 고용하도록 명시하고 있으며, 이러한 집단급식소 영양사의 주요 업무를 식단 작성, 검식檢食 및 배식관리, 구매식품의 검수檢受 및 관리, 급식시설의 위생적 관리, 운영일지 작성, 종업원에 대한 영양지도 및 식품위생교육으로 나열하고 있다.

3) 단체급식관리의 구성요소

단체급식관리란 급식소의 급식활동을 **계획**plan, **실행**do, **평가**see하는 일련의 과정으로 정의할 수 있다. 그리고 이러한 급식관리는 그림 1-1과 같이 **메뉴관리**, **구매관리**, **생산관리**, **시설관리**, **위생 및 안전관리**, **원가 및 정보관리**로 구성된다.

시설관리, 위생 및 안전관리, 원가 및 정보관리는 메뉴관리, 구매관리, 생산관리로 이어지는 일련의 관리과정 중에 함께 이루어지는 관리활동이다. 이 중 시설관리는, 특히 생산관리와 가장 밀접한 관련이 있고, 원가 및 정보관리는 메뉴관리와 가장 긴밀한 관계가 있는 관리활동이라 할 수 있다. 위생 및 안전관리는 메뉴관리, 구매관리, 생산관리의 전 영역에 걸쳐 그 관리활동이 함께 이루어진다. 본 교재에서는 제2장에서 제7장에 걸쳐 메뉴관리, 구매관리, 생산관리, 시설관리, 위생 및 안전관리, 원가 및 정보관리를 다룬다.

단체급식관리에서는 또한 내·외부의 고객관리, 즉 인적자원관리와 마케팅관리도 중요한 부분이나 이러한 부분은 별도의 교과인 급식경영학에서 다루어진다.

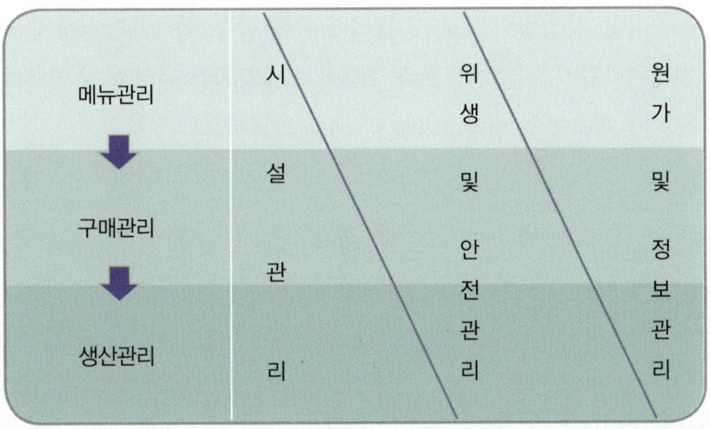

그림 1-1 급식관리의 구성요소

4) 단체급식관리 관련 법령

단체급식관리와 가장 밀접한 관련이 있는 법령은 식품위생법이다. 식품위생법에서는 집단급식소를 정의하고, 이러한 집단급식소에서 지켜야 할 사항들이 포함되어 있으며, 비집단급식소라도 대중을 상대로 식품을 취급하는 곳일 경우 일반적으로 준수해야 하는 사항들을 명시하고 있다. 식품위생법과 관련한 사항은 식품위생법 관련 교과목에서 보다 자세히 학습하게 된다.

식품위생법 이외에 단체급식관리와 관련한 법령으로 학교급식법이 있다. 우리나라의 법령 중 급식에 대한 사항을 가장 자세히 규정하고 있는 법은 '**학교급식법**'이다. 학교급식법에는 학교급식의 영양관리, 구매관리 등에 대한 구체적인 내용이 포함되어 있다. 이 외에도 유아교육법, 영유아보육법에도 해당 시설의 급식관리와 관련하여 내용이 포함되어 있으나 학교급식법만큼 상세한 내용은 담고 있지 않다.

비교적 최근에 제정된 법으로 **국민영양관리법**, **어린이식생활안전관리특별법** 등도 급식관리 영양사가 알아야 할 조항들을 일부 포함하고 있다. 기타 단체급식관리 관련 법으로는 축산물 위생관리법, 농수산물의 원산지표시에 관한 법률, 학교보건법, 먹는 물 관리법, 감염병의 예방 및 관리에 관한 법률, 성매개감염병 및 후천성면역결핍증 건강진단규칙, 식품위생분야 종사자의 건강진단 규칙 등이 있다.

단체급식관리 관련 주요 법령은 부록 1-1에 제시하였다.

2. 단체급식의 유형

1) 급식 규모에 따른 유형

단체급식은 일반적으로 식수, 즉 급식 규모에 따라 '**집단급식(소)**'와 '비집단급식(소)'로 구분할 수 있다. '단체'라는 단어와 '집단'이라는 단어가 일반적으로는 같은 의미로 쓰이기 때문에 혼란스러울 수 있으나, 법에 근거한 구분이므로 정확히 알아두는 것이 필요하다.

(1) 집단급식

일반적으로는 단체급식, 집단급식, 급식이 서로 혼용되어 사용되는 용어이지만, 법적 정의에 근거하여 구분하자면 (단체)급식 중 1회 50명 이상에게 식사를 제공하는 급식만을 집단급식이라 할 수 있다. 이는 식품위생법과 시행령에서 **집단급식소**를 '영리를 목적으로 하지 않으면서 특정 다수인에게 계속하여 음식물을 공급하는', '1회 50명 이상에게 식사를 제공하는 급식소'로 정의한 것에 근거한다. 전체 급식 중 집단급식이 차지하는 비율에 대한 정확한 통계는 없으나, 대부분의 학교급식, 병원급식, 산업체급식은 집단급식이다.

(2) 비집단급식

1회 50명 미만에게 식사를 제공하는 (단체)급식은 비非집단급식에 해당한다. 대부분의 지역아동센터급식과 가정어린이집급식 등이 비집단급식에 해당한다. 비집단급식의 경우 영양사 고용 의무가 없어 영양사가 아닌 비전문가에 의해 급식관리가 이루어지는 경우가 대부분이다. 이러한 문제점을 개선하기 위하여 2011년부터 전국적으로 설치되고 있는 어린이급식관리지원센터에서는 공동영양사를 고용하여 이러한 비집단급식의 급식관리를 지원하고 있다.

2) 급식체계에 따른 유형

급식을 식재료의 가공처리 정도, 조리와 배식의 시간적·공간적 분리 여부 등에 따라 전통적, 중앙공급식, 조리저장식, 조합식의 네 가지 급식체계로 유형화할 수 있다그림 1-2.

(1) 전통적 급식체계

전통적 급식체계conventional foodservice system는 전처리를 거치지 않은 원재료부터 완전 가공된 식품까지 다양한 형태의 식재료를 이용하여 음식을 생산하고, 생산

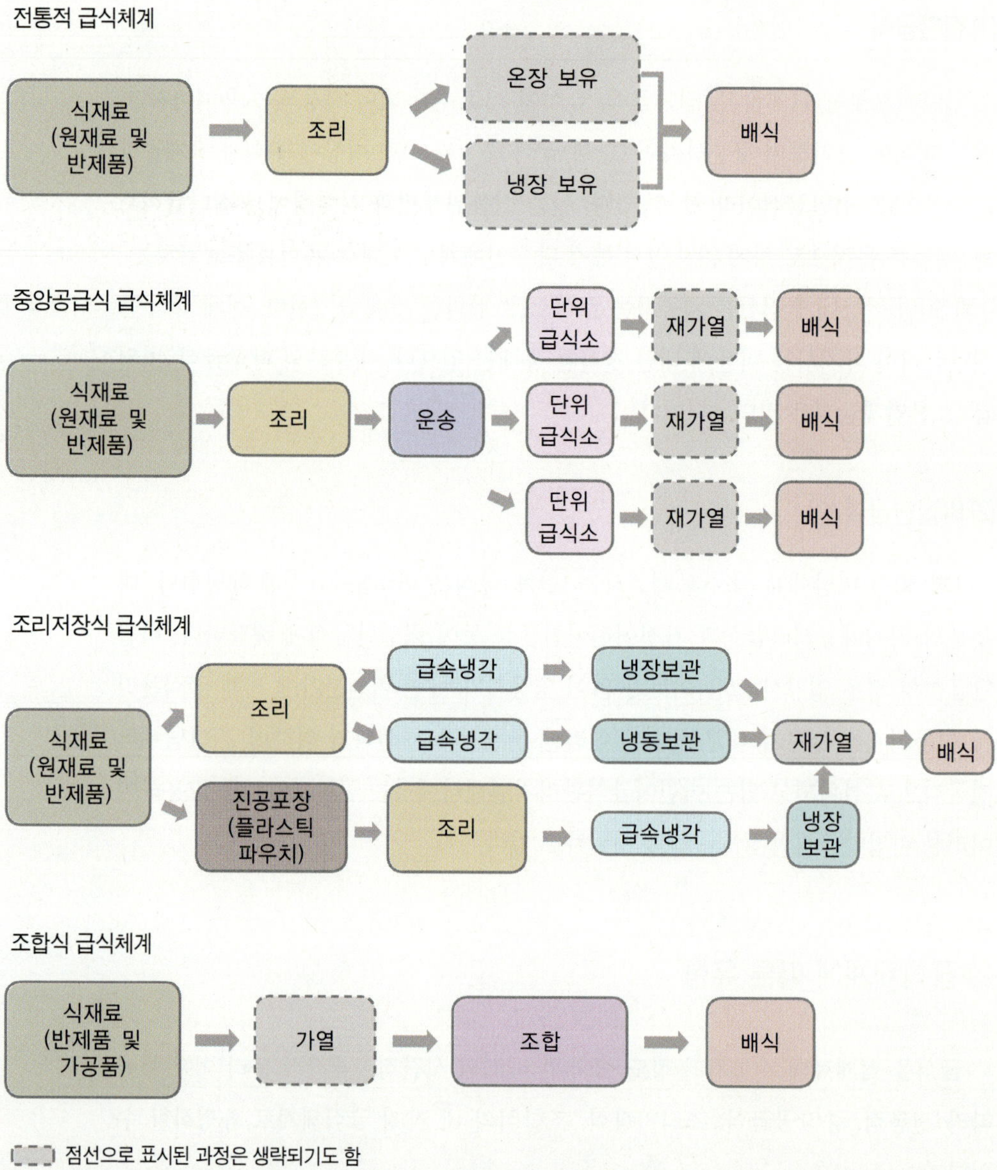

그림 1-2 급식체계에 따른 유형

한 음식을 온장 또는 냉장상태로 잠시 보관하기도 하지만 비교적 단시간 내에 같은 장소에서 배식하는 급식체계이다. 전통적 급식체계는 여러 급식체계 중 가장 기본적이고 역사가 오래된 급식체계로, 우리나라의 경우 대부분의 급식소가 전통적 급식체계로 운영되고 있다. 그러나 인건비를 절감하고자 원재료보다는 전처리된 채소나 과일, 소포장된 육류, 신선식품, 통조림, 냉동식품 등을 조리에 이용하는 급식소가 증가하고 있다.

전통적 급식체계로 운영되는 급식소에서는 배식 직전에 음식을 생산하기 때문에 영양적 · 관능적으로 우수한 품질의 음식을 제공할 수 있다. 특히, 배식시간대별로 수요에 따라 일정량씩 나누어 조리하는 분산조리batch cooking방법을 사용하면 더욱 우수한 품질의 음식을 제공할 수 있다. 또한 전통적 급식체계로 운영되는 급식소에서는 다양한 고객의 니즈needs나 식재료의 가격 변동에 따라 탄력적으로 식단을 작성할 수 있고, 식재료나 음식의 저장공간이 덜 필요하다는 장점을 가지고 있다. 그러나 피크타임에 인력이 집중적으로 필요하기 때문에 종사원의 작업 스트레스가 크고, 다른 급식체계에 비해 노동생산성이 낮은 편이다. 또한 매일 음식을 생산하기 위해 숙련된 조리종사원이 필요하므로 다른 급식체계에 비해 인건비가 높은 단점도 있다.

(2) 중앙공급식 급식체계

중앙공급식 급식체계commissary foodservice system는 공동조리장central kitchen에서 대량으로 음식을 생산한 후 필요한 양만큼 나누어 보온 · 냉 운반차에 실어 각각의 단위급식소satellite kitchen로 운송하여 배식하는 급식체계이다. 즉, 중앙공급식 급식체계는 음식의 생산과 배식이 물리적으로 거리가 있는 다른 장소에서 이루어진다는 점이 특징적이다.

식재료를 대량 구입하기 때문에 식재료비를 절감할 수 있고, 음식을 중앙관리시스템으로 생산하기 때문에 음식의 양과 질을 표준화할 수 있으며, 식재료 검수, 저장, 재고관리 등의 급식관리의 효율성도 높다는 장점이 있다. 또한 단위급식소에서는 생산, 인력, 기기에 대한 투자비용을 절약할 수 있고 조리 기기도 제한적으로 설치하기 때문에 공간도 절약할 수 있다. 그러나 공동조리장 시설에 초기 투자비용이 많이 들고 음식의 생산과 운송에 특수한 기기와 운반차량이 필요하며, 교통사정, 날씨 변화, 운송차량 고장 등으로 인해 운송이 지연될 경우 급식이 제시간에 제공되지 못할 수 있고, 음식의 생산 후 배식까지 시간이 소요되기 때문에 품질관리가 철저하지 않을 경우 음식의 미생물학적, 영양학적, 관능적 품질이 저하될 수 있는 점 등의 단점이 있다.

(3) 조리저장식 급식체계

조리저장식 급식체계ready prepared foodservice system는 음식을 생산한 후 급속 냉각하여 일정 기간 동안 냉장 또는 냉동저장 후 급식 전에 재가열하여 배식하는 급식체계이다. 즉, 조리저장식 급식체계는 음식의 생산과 배식이 시간적으로 분리되어 있는 것이 특징이다. 이러한 급식체계는 인력의 효과적 활용을 위해 도입되었으며 국내의 경우, 일부 병원과 기내식의 급식체계가 이에 해당한다. 조리저장식 급식체계로 급식을 운영하기 위해서는 음식의 품질 유지를 위한 통제 프로그램이 필수적이며, 이와 관련하여 종사원 대상 교육 및 훈련 또한 중요하다.

조리된 음식의 저장방법에 따라 **조리냉장**cook/chill system방식과 **조리냉동**cook/freeze system방식, **수비**sous vide방식으로 나뉜다. 조리냉장방식은 음식을 생산한 후 급속 냉각하여 냉장0~3℃상태로 저장한 후 재가열하여 배식하는 방식이며, 냉장한 음식은 수일에서 수주일 이내로 저장 가능하다. 조리냉동방식은 음식을 생산한 후 급속 냉각하여 냉동-18℃저장 후 해동하고 재가열하여 배식하는 방식이며, 냉동한 음식은 2주에서 3개월까지 저장이 가능하다. 수비방식은 익히지 않은 식재료를 플라스틱 파우치에 넣고 진공포장한 후 저온의 물속에서 완전 또는 반조리한 후 급속 냉각하여 냉장상태로 저장하다가 파우치 상태로 끓는 물에 넣어 재가열한 후 배식하는 방식이다. 수비에서 sous는 아래under, vide는 진공vacumn을 뜻하므로 '진공 아래에서'라는 의미를 가진다. 이러한 방식은 개별 포장음식에 많이 이용된다. 조리저장식 급식체계에서는 음식의 품질을 유지하고 보관시간의 지연 방지를 통한 음식의 품질 유지를 위해 정확한 수요예측에 따른 철저한 생산계획이 중요하다.

조리저장식 급식체계로 운영되는 급식소에서는 우수한 조리인력은 조리작업에만 투입하고 재가열과 배식에는 숙련된 종사원을 고용할 필요가 없어 보다 효율적으로 인력을 관리할 수 있다. 음식의 생산과 배식이 시간적으로 분리되어 있기 때문에 여유시간에 수요에 맞춰 생산을 계획적으로 할 수 있기에 전통적 급식체계에서처럼 이른 아침, 늦은 밤, 주말에 인력을 투입할 필요가 없는 것 또한 효율적인 인력

관리에 도움을 준다. 식재료의 대량구매로 식재료비를 절감할 수 있는 것 또한 이러한 급식체계의 큰 장점이다. 그러나 조리저장식 급식체계의 경우, 냉각, 냉장, 냉동을 위한 특수 기기를 구비해야 하기 때문에 초기 투자비용이 많이 요구되며 저장을 위한 공간을 확보해야 하는 단점이 있다.

(4) 조합식 급식체계

조합식 급식체계assembly/serve foodservice system는 전처리과정이 거의 필요 없는 완전 가공된 음식을 대량 또는 1인분 단위로 구매하여 냉장 또는 냉동저장하였다가 최소한의 조리 또는 재가열 후 다른 메뉴품목과 조합하여 배식하는 급식체계로 편이식 급식체계convenience food foodservice system로도 불린다. 이러한 급식체계는 소규모의 급식소에서 많이 이용된다.

이러한 급식체계에서는 음식의 품질을 일관되게 유지할 수 있고, 숙련된 조리원을 고용할 필요가 없어 인건비가 절감되며, 최소한의 기기로 급식이 가능해 시설비도 절감되는 장점이 있다. 배식 전 최소한의 가열만 거치기 때문에 신속한 서비스가 가능하다는 장점도 있다. 그러나 다양한 메뉴를 제공하는 데 한계가 있고 가공된 식재료를 구매하기 때문에 식재료비가 상대적으로 높은 점이 조합식 급식체계의 단점이다.

3) 급식운영체에 따른 유형

급식은 **운영체**에 따라 **직영**self-operated급식과 **위탁**contract-managed급식으로 분류할 수 있다.

(1) 직영급식

직영급식이란 급식이 제공되는 조직, 즉 모母조직이 직접 급식을 운영하는 방식이다. 직영급식으로 운영되는 급식소는 모조직 내 하위조직으로 모조직으로부터 시설, 장소 및 운영 자금 등을 지원받으면서 모조직의 규정과 절차를 따르게 된다. 이러한 직영급식의 경우, 모든 구매활동은 모조직의 구매책임부서를 거쳐 이루어지는 것이 일반적이다. 직영으로 운영되는 급식소의 경우 수익보다는 품질 제고가 우선시되고, 신속한 원가 통제가 가능하다는 점 등의 장점을 가지고 있으나, 모조직의 규정과 절차를 따라야 하는 데서 오는 운영상의 효율성 부족과 같은 단점이 있다.

(2) 위탁급식

위탁급식이란 모조직이 외부 업체에 급식운영을 위탁하여 운영하는 방식이다. 이때 이렇게 급식운영을 전문적으로 위탁받아 운영하는 회사를 위탁급식 전문업체라 한다. 급식소를 위탁으로 운영하는 경우, 모조직은 급식운영을 전문업체에 맡김으로써 급식비용 및 원가 절감, 급식종사원과 관련된 노사문제로부터의 해방, 위생 및 품질관리의 전문성 제고, 자본투자 유치를 통한 시설 설비 개선 등의 효과를 기대할 수 있다. 그러나 계약 기간 동안 급식에 대한 모조직의 니즈needs를 신속히 반영하기 어려운 단점 등이 있다. 또한 역량이 부족한 위탁급식전문업체가 급식을 운영하는 경우, 일반적으로 위탁운영으로부터 기대하는 급식운영의 전문성이나 효율성은 실현되지 않고 업체의 과도한 이윤 추구로부터 야기되는 급식 품질의 저하와 같은 단점만 부각될 수도 있다.

더 알아보기

위탁급식전문업체

우리나라 최초의 위탁급식전문업체는 서울케터링서비스주식회사로 1988년 처음 위탁급식업을 시작한 것으로 기록되어 있다. 이후 대기업들이 위탁급식시장에 진출하면서 위탁급식산업이 급속히 성장하게 되었는데, 주요 위탁급식 전문업체로는 아워홈, CJ프레시웨이, 삼성웰스토리, 신세계푸드, 현대그린푸드, 풀무원 푸드앤컬쳐, 동원홈푸드, 아라마크 등이 있다.

미국의 주요 위탁급식 전문업체로는 컴패스그룹(Compass Group), 아라마크(ARAMARK), 소덱소(Sodexo)를 들 수 있으며, 일본의 경우, 니신(日清, Nissin) 의료식품, 시닥스(Shidax), 에임서비스(AIM Services), 그린하우스(Green House)가 있다.

4) 급식소 모조직에 따른 유형

급식이 실행되는 모母조직의 제도적 시설 명칭에 따라, 급식을 영유아시설(어린이집, 유치원)급식, 학교급식, 대학급식, 산업체급식, 병원급식, 사회복지시설급식, 군대급식, 교정시설급식, 운동선수시설급식 등으로 유형화할 수 있다. 모조직의 핵심가치에 따라 보육급식, 교육급식, 산업체급식, 의료급식, 복지급식 등으로 또는 급식대상자의 생애주기별 특성에 따라 어린이급식, 성인급식, 노인급식 등으로 유형화하기도 한다.

(1) 영유아시설급식

영유아시설급식은 크게 어린이집급식과 유치원급식으로 구분할 수 있다. 기본적으로 급식 및 급식운영상의 특성은 비슷하지만, 어린이집급식은 영유아보육법, 유치원급식은 유아교육법과 학교급식법을 따라 운영된다는 점이 차이라 할 수 있다. 영유아시설에서 100인 이상을 급식할 경우에는 영양사를 의무 고용해야 한다. 100~200인 미만 시설의 경우에는 영양사 1인이 2개 시설까지 공동관리가 가능하나, 200인 이상 시설에서는 영양사 1인을 단독으로 고용해야 한다. 또한 100인 미만을 급식하는 영유아시설은 2021년 12월에 개정된 '어린이 식생활안전관리 특별법'에 의거해 어린이급식관리지원센터에 의무적으로 등록하여 급식관리를 지원받아야 한다.

(2) 학교급식

학교급식은 교육활동이 효과적으로 이루어지는 것을 지원하기 위하여 초·중·고등학교에서 제공되는 급식을 포괄한다. 대학급식은 학교급식에 포함시키지 않고 따로 구분하는 것이 일반적이다. 학교급식은 그 모조직인 학교의 기본 목적인 '교육'이 원활히 이루어질 수 있도록 지원하는 것을 그 근본 목적으로 하며, 이를 통해 학생들의 건강한 심신의 발달 및 식습관 형성에도 기여한다.

더 알아보기

어린이급식관리지원센터

어린이급식관리지원센터는 2008년 제정된 어린이 식생활안전관리 특별법에 근거하여 2011년부터 전국적으로 설립되기 시작하여, 2021년 12월 기준으로 전국 234개소가 운영되고 있다. 어린이집, 유치원, 초·중·고등학교, 지역아동센터와 같이 어린이 대상 시설 중 많은 곳이 급식을 제공하고 있지만, 초·중·고등학교를 제외한 시설들의 경우 대부분 영양사의 관리가 없는 상태에서 급식을 제공해 왔다. 이러한 관리 부재의 사각지대를 없애고자 어린이급식관리지원센터의 설치운영이 제안, 법제화되었다. 즉, 어린이급식관리지원센터는 영양사들이 지역 내 어린이 대상 급식소 중 영양사의 관리가 이루어지고 있지 않은 급식소를 대상으로 영양사의 관리서비스를 대행해 주는 센터이다. 센터별로 10명 내외의 영양사들이 소속되어 회원으로 등록된 어린이급식소를 대상으로 다양한 서비스를 제공하는데, 회원 어린이급식소로는 어린이집이 가장 많은 비율을 차지하고 있다.

어린이급식관리지원센터에 소속된 영양사들은 회원으로 가입한 어린이 급식소를 대상으로 영양관리 및 위생관리를 위한 주기적 순회방문 및 컨설팅 서비스를 제공한다. 또한 급식소 종사원, 어린이, 학부모를 대상으로 교육 및 훈련을 제공하고 급식소운영에 필요한 식단, 레시피, 가정통신문을 비롯한 각종 정보를 제공하는 역할을 한다.

우리나라의 학교급식은 1953년 국제기구의 원조로 일부 학교에서의 빵급식으로 시작되었으나, 1981년 학교급식법이 제정되면서 그 제도적 기틀이 마련되었다. 1990년대 초에는 전국적으로 10% 정도의 학교에서만 학교급식을 제공하였는데, 이후 정책적 노력에 힘입어 학교급식을 실시하는 학교 수가 급속히 확대된 결과, 2003년부터 전국의 초·중·고등학교 및 특수학교에서 학교급식을 전면 실시하게 되었다. 2021년 2월 기준으로는 전국의 1만 1,903개의 학교에서 약 538만 명의 학생들이 학기 중 매일 한 끼 이상의 급식을 학교에서 먹고 있다.

학교급식은 초기에는 직영으로만 운영되었으나, 1996년부터 개정된 학교급식법에 따라 위탁급식이 허용되어 중·고등학교를 중심으로 위탁급식이 증가하여 한때는 약 15%의 학교가 위탁급식으로 운영되기도 하였다. 그러나 2000년대 초 위탁급식으로 운영되는 학교급식에서 대형 식중독사고가 발생함에 따라 2006년에 학교급식을 직영으로 운영하도록 학교급식법이 재개정되었다. 이후 위탁급식으로 운영되던 학교들이 점차 직영급식으로 전환됨에 따라 현재는 매우 특수한 경우를 제외한 대부분의 학교에서 급식을 직영으로 운영하고 있다.

학교급식의 운영책임자는 영양교사 또는 영양사이다. 영양(교)사는 나이스NEIS : National Education Information System로 불리는 교육행정정보시스템을 이용하여 학교급식의 메뉴, 재고, 회계관리 등을 수행한다. 특히, 영양(교)사는 학교급식법 시행규칙에 명시되어 있는 학교급식 영양관리기준을 준수하여 식단을 작성하고 급식을 제공해야 한다.

(3) 대학급식

대학급식은 대학의 교육활동을 지원하기 위하여 기숙사식당 또는 학생식당에서 제공되는 급식이다. 대학급식 대상자들의 경우, 신체는 산업체 근로자와 같이 성장한 성인이지만, 산업체 근로자와는 상대적으로 경제적 빈곤상태에 있는 경우가 많기 때문에 주로 가격이 저렴한 급식이 제공되고 있다. 그러나 이렇듯 책정할 수 있는 가격은 제한적인데, 학생들의 기대와 요구수준은 날로 높아지고 있어 대학급식의 운영관리가 더욱 어려워지고 있다.

(4) 산업체급식

산업체급식은 기업의 생산성을 향상시키고 근로자의 복지 및 건강증진을 위하여 사무실, 공장, 관공서, 연수원 등에서 제공하는 급식이다. 산업체급식은 급식시장 중 가장 큰 비중을 차지하며 타 급식분야에 비해 위탁률도 높다. 산업체급식소의 경우 50인 이상을 급식하는 집단급식소인 경우에도 영양사 의무고용 적용 대상이 아니었다가, 2015년 100인 이상의 산업체급식소의 경우에는 영양사를 고용해야 하는 것으로 식품위생법이 개정되었다.

산업체급식소는 타 급식소보다 외식업체와의 경쟁이 치열한 편이며, 고객의 니즈 또한 매우 높은 편이다. 2000년대 이후로는 근로자들의 건강에 대한 관심이 높아짐에 따라 건강식단에 대한 니즈 또한 높아지고 있다.

(5) 병원급식

병원급식은 입원환자의 질병치료 및 회복을 지원하기 위하여 제공하는 급식이다. 과거에는 입원환자의 급식비에 대해 건강보험이 적용되지 않았으나 2006년부터 건강보험이 적용되기 시작하였다.

병원급식은 일반식과 치료식으로 구분되는데, 치료식의 특성상 다품종 소량생산을 주요 특성으로 꼽을 수 있다. 주요 치료식의 종류로는 당뇨식, 저염식, 무염식, 멸균식, 연하곤란식 등이 있다. 타 분야 급식과는 달리 병원급식은 한 장소에서 이루어지지 않고 환자 개개인의 병실로 급식이 배달되는 점 또한 병원급식의 특징이다. 때문에 병원급식에서는 배식을 위한 특별 보온·냉차가 필수적이다. 병원급식은 그 대상의 특수성상 다른 어떤 급식보다 위생관리를 철저히 해야 한다.

(6) 사회복지 시설급식

사회복지 시설급식은 사회복지사업을 지원하기 위하여 아동복지 시설, 노인복지 시설 등에서 제공되는 급식이다. 사회복지 시설의 이용자들은 타 시설의 이용자들보다 영양적으로 취약계층인 경우가 많으므로 급식관리에 있어 이러한 점에 대한 고려가 보다 신중히 이루어져야 한다.

아동복지 시설로는 보육원예전의 고아원과 같은 아동양육 시설, 아동일시보호 시설, 아동보호치료 시설, 공동생활가정, 자립지원 시설, 지역아동센터 등이 있다. 특히, 전국적으로 4,000여 개에 달하는 지역아동센터에서는 많은 어린이들이 학기 중에는 한 끼, 방학 중에는 두 끼 이상의 급식을 먹는다. 그러나 대부분의 지역아동센터가 50인 미만의 규모여서 영양사가 급식을 관리하는 경우가 드물다.

노인복지 시설로는 노인주거복지 시설, 노인의료복지 시설, 노인여가복지 시설, 재가노인복지 시설 등이 있다. 이러한 시설은 모두 노인을 대상으로 서비스를 제공하지만 시설의 특성에 따른 급식의 양상은 다양하게 나타난다. 특히, 노인의료복지 시설의 경우 그 급식이 병원급식과 유사한 치료식으로 제공되고, 재가노인복지 시설의 경우, 회합급식과 함께 가정배달급식을 제공하는 경우가 많다. 회합급식이란 급식소에 함께 모여 식사를 하는 일반적인 급식 형태를 가정배달급식과 비교하여

부르는 용어이다. 가정배달급식이란 영국의 밀스온휠스Meals on Wheels 프로그램과 유사한 형태의 급식으로 거동이 불편한 노인들의 집으로 도시락이나 밑반찬을 배달하는 형태의 급식이다.

Chapter 2

급식 메뉴관리

1. 급식 메뉴관리의 개요 | 2. 영양계획
3. 메뉴계획 | 4. 메뉴개발 | 5. 메뉴품질평가

Chapter 2

학습목표

- 영양계획의 의의와 방법을 이해하고 급식소 메뉴 작성 시 활용할 수 있다.
- 메뉴의 유형과 특징을 이해하고 급식소 현황에 맞게 적용할 수 있다.
- 고객과 경영의 관점에서 고려사항을 반영하여 효과적인 메뉴를 작성할 수 있다.
- 메뉴개발의 단계를 이해하고 고객 니즈를 반영한 메뉴를 개발 · 적용할 수 있다.
- 메뉴평가의 다양한 방법을 이해하고 급식소 현황과 목적에 맞는 평가방법을 선택하여 메뉴를 평가할 수 있다.

1. 급식 메뉴관리의 개요

급식을 이용하는 사람들이 많아지고 급식을 접할 기회가 증가함에 따라 급식소에서 제공하는 메뉴는 개인의 건강 유지 및 증진에 중요한 위치를 차지하고 있다. 급식소에서 제공하는 메뉴는 대상집단의 건강에 큰 영향을 미치므로 급식 대상자가 필요로 하는 영양소량을 급식으로 섭취할 수 있도록 체계적인 메뉴관리가 이루어져야 한다. 급식 메뉴관리는 '급식 대상자가 필요로 하는 영양소량을 섭취할 수 있도록 균형 잡힌 메뉴를 제공하기 위하여 실시되는 일련의 활동'으로 급식소에서 적절한 메뉴관리를 실시하기 위해서는 급식 대상자에 대한 영양계획이 선행되어야 한다. 급식 메뉴관리에는 급식 대상자의 특성에 맞게 영양계획을 수립하고 이를 토대로 메뉴를 계획하고 실행하며, 메뉴를 평가하는 과정이 포함된다.

대부분의 급식소 현장에서는 메뉴를 계획하고 평가하는 데 중점을 두고 메뉴관리를 실시하고 있으며, 한국인 영양소 섭취기준이나 식사구성안을 활용하여 영양계획을 수립하는 경우는 흔치 않다. 그러나 급식관리자인 영양사는 대기업 위탁급식 전문업체부터 소규모 급식소 등 다양한 유형의 급식소를 관리하게 되므로 영양계획에 대한 기본적인 지식은 갖추고 있어야 한다. 이에 본 교재에서는 영양사가 기본적으로 알아야 되는 영양계획의 절차와 관련 기준, 메뉴계획 및 개발, 평가를 중심으로 다루었다.

2. 영양계획

급식 대상자의 성별, 연령, 활동 강도 등에 따라 필요한 영양소량에 차이가 있으므로 대상자에게 적합한 영양계획을 수립하기 위해서는 먼저 대상집단의 실태를 파악하여 평균적으로 필요한 영양소 섭취기준량을 산출한다. 이후 산출된 영양소 섭취기준량을 토대로 하여 영양필요량을 배분하도록 한다그림 2-1.

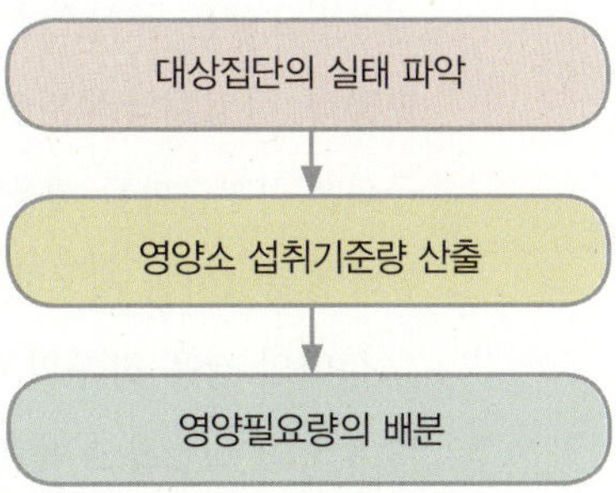

그림 2-1 영양계획의 단계

1) 영양계획 절차

(1) 대상집단의 실태 파악

급식 대상자에게 필요한 에너지는 성별, 연령, 활동 강도 등에 따라 다르며, 일반적으로 체격이 크고 활동 강도가 높을수록, 남자가 여자보다 에너지 필요량이 높다. 급식소는 집단을 대상으로 음식을 제공하는 장소이므로 성별, 연령, 활동 강도, 건강상태, 인원수 등 집단의 특성을 고려하여 영양계획을 실시해야 한다.

연령에 따라서 유아기, 학동기, 청소년기, 청년기, 성인기, 노년기로 구분할 수 있으며 활동 강도에 따라 비활동적, 저활동적, 활동적, 매우 활동적 수준으로 분류할 수 있고 건강상태에 따라 입원환자, 시설입소자, 건강한 사람 등으로 분류될 수 있다. 병원에 입원한 환자나 활동이 제한된 사람의 경우는 비활동적에 해당하며, 일상적인 생활을 하는 건강한 사람은 저활동적 수준에 해당한다.

(2) 영양소 섭취기준량 산출

대상집단의 실태를 파악한 후에는 이를 반영하여 영양소 섭취기준량을 산출하도록 한다. 급식소에서는 **한국인 영양소 섭취기준**을 토대로 급식에서 제공해야 되는 영양소 섭취기준량을 산출하고 학교급식의 경우, **학교급식법**에 제시되어 있는 영양소 섭취기준량을 활용하여 산출한다.

(3) 영양필요량의 배분

영양소 섭취기준량이 산출되면 급식으로 제공해야 하는 영양필요량을 배분한다. 영양필요량은 급식소에서 제공하는 급식 횟수에 따라 배분하는데, 영유아급식, 학교급식, 산업체급식은 일반적으로 하루 1끼를 제공한다. 그러나 병원급식이나 군대급식은 하루 3끼를 제공하고 연수원이나 야간 근무를 하는 산업체급식은 야식을 포함하여 총 4끼를 제공하기도 한다.

성인의 경우 하루의 아침 : 점심 : 저녁을 통한 영양필요량 배분을 1 : 1 : 1이나 1 : 1.5 : 1.5로 하고 육체적으로 강도가 심한 일을 할 경우에는 점심의 비율을 높여서 1 : 1.5 : 1.2로 한다. 또한 급식과 별도로 간식을 제공할 경우에는 성인은 하루 영양필요량의 10~15%를, 영유아는 15~20% 정도를 제공하도록 배분하는 것이 적당하다.

2) 영양계획 관련 기준

(1) 한국인 영양소 섭취기준

한국인 영양소 섭취기준은 '국민의 건강증진 및 질병 예방을 목적으로 에너지 및 각 영양소의 적정 섭취량'을 나타낸 것이다. 해당 기준은 1962년에 UN 식량농업기구 한국협회에서 영양섭취 부족에 중점을 두고 한국인 영양권장량을 처음으로 제정하였다. 이후 한국보건사회연구원, 한국영양학회에서 이를 제정 및 개정하였으며 2005년에 일부 영양소의 과다섭취와 만성질환의 위험률 등을 고려하여 **평균필요량**, **권장섭취량**, **충분섭취량**, **상한섭취량**의 4가지로 구성된 한국인 영양섭취기준이 처음으로 제정되었다. 이후 2010년에 해당 기준이 개정되고, 2015년에 **'한국인 영양소 섭취기준'**이 제정되었다. 2015년 한국인 영양소 섭취기준은 국민영양관리법에 근거하여 국가 차원에서 처음으로 제정한 것으로 에너지 및 다량영양소8종, 비타민13종, 무기질15종 총 36종의 영양소가 포함되어 있다.

2020년에 2015년 기준을 개정하여 2020 한국인 영양소 섭취기준을 제시하였다. 2020 한국인 영양소 섭취기준에서는 만성질환의 증가 추세를 고려하여 만성질환 예방을 위하여 섭취해야 하는 적정 수준인 '만성질환위험감소를 위한 섭취량 CDRR : Chronic Disease Risk Reduction intake'을 제시하였으며, 총 40종의 영양소가 해당 기준에 포함되어 있다부록 2-1. 또한, 탄수화물의 평균필요량과 권장섭취량, 지방산의 충분섭취량이 처음으로 제정되었고, 단백질의 평균필요량과 권장섭취량이 개정되었다.

만성질환위험감소를 위한 섭취기준은 건강한 인구집단에서 만성질환의 위험을 감소시킬 수 있는 최저 수준으로, 나트륨의 만성질환위험감소섭취량은 19~64세 성인 기준 2,300 mg/일이다. 에너지 적정비율의 경우, 2015 한국인 영양소 섭취기

표 2-1 에너지 적정비율

연령(세)	에너지 적정비율(%)				
	탄수화물	단백질	지질		
			지방	포화지방산	트랜스지방산
1~2			20~35	–	–
3~18	55~65	7~20	15~30	8 미만	1 미만
19 이상			15~30	7 미만	1 미만

자료 : 보건복지부 · 한국영양학회(2020).

준과 동일하게 전체 에너지 섭취량 중 탄수화물은 55~65%, 단백질은 7~20%, 지질은 15~30%로 섭취하도록 권장하고 있다.

개인의 영양계획 시에는 **권장섭취량**이나 **충분섭취량**에 도달할 수 있도록 영양목표를 설정하고 급식소와 같이 집단을 대상으로 영양계획을 수립할 경우에는 **평균필요량**이나 **상한섭취량**을 기준으로 급식대상자가 영양소 부족이나 과잉의 위험이 최소화되도록 목표를 설정한다. 영양소 섭취기준은 에너지와 영양소에 대한 기준을 제시한 것이지만, 활용 시에 모든 영양소의 기준을 충족하도록 고려하여야 하는 것은 아니다. 한국인 영양소 섭취기준은 각 영양소별로 다음을 포함하고 있다그림 2-2.

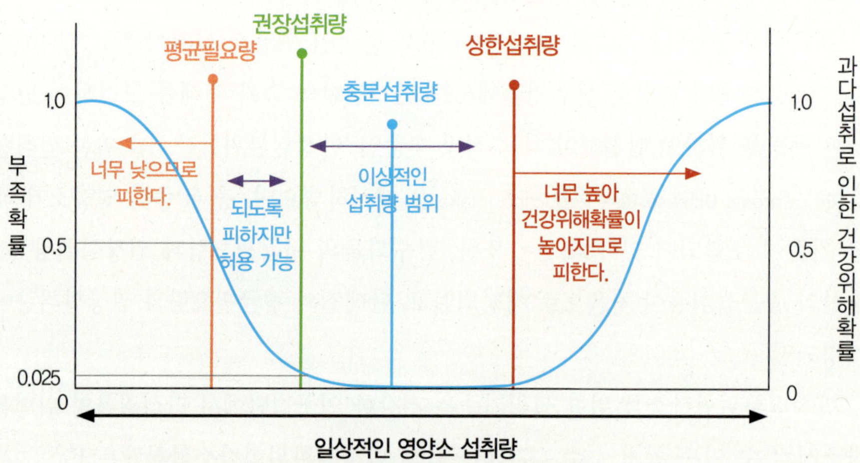

그림 2-2 한국인 영양소 섭취기준

자료 : 보건복지부 · 한국영양학회(2021).

- 평균필요량EAR : Estimated Average Requirement : 인체가 필요로 하는 분량에 대한 과학적인 근거가 충분한 경우에 제정되는 값으로 건강한 사람들의 일일 필요량의 중앙값으로부터 산출한다.
- 권장섭취량RNI : Recommended Nutrient Intake : 평균필요량에 대한 표준편차 또는 변이계수의 2배를 더한 값으로 약 97~98%에 해당하는 사람들의 영양소 필요량을 충족시키는 섭취수준이다.
- 충분섭취량AI : Adequate Intake : 과학적인 근거가 부족한 경우에 설정하는 것으로 사람들이 건강을 유지하는 데 필요한 섭취수준을 기준으로 정한다.
- 상한섭취량UL : Tolerable Upper Intake Level : 인체에 유해한 영향이 나타나지 않는 최대 영양소 섭취기준으로 사람들이 과량 섭취할 때 유해한 영향이 나타날 수 있다는 과학적인 근거가 있을 때 설정한다.
- 만성질환위험감소섭취량CDRR : Chronic Disease Risk Reduction intake : 건강한 인구집단에서 만성질환 위험 감소를 위한 최저 수준의 섭취량으로 만성질환과 영양소 섭취 간의 연관성과 만성질환의 위험을 감소시킬 수 있는 섭취 수준을 고려하여 정한다.

(2) 식사구성안

식사구성안은 일반인이 영양가를 계산하지 않고 한국인 영양소 섭취기준에 충족할 만한 식사를 제공할 수 있도록 영양소 단위를 식품 단위로 전환하여 **식품군별 대표식품**1인 1회 분량과 **섭취 횟수**권장식사 패턴를 제시한 것이다. 식사구성안은 한국인 영양소 섭취기준을 토대로 하여 영양적 목표가 설정되었다. 식품군은 곡류, 고기 · 생선 · 달걀 · 콩류, 채소류, 과일류, 우유 · 유제품류, 유지 · 당류, 총 6가지로 구성되어 있다.

① 1인 1회 분량

식품군별 대표식품의 1인 1회 분량은 에너지를 기준으로 하여 일반인들이 쉽게 이해할 수 있도록 식품의 분량을 고려하여 정하였다. 식품군별 대표식품은 한국인이 즐겨 먹고 자주 먹는 식품을 고려하여 선정하였으며, 각 식품군별 대표식품의 1인 1회 분량은 표 2-2, 표 2-3과 같다. 곡류는 평균적으로 300kcal이며, 고기·생선·달걀·콩류는 100kcal를 기준으로 설정하였다. 채소류는 15kcal로 생 채소 기준 70g에 해당되는 분량을 1인 1회 분량으로 설정하였다. 또한, 식빵 1쪽 35g을 1인 1회 분량으로 설정하면, 약 100kcal에 해당하므로 0.3회로 제시한다.

표 2-2 식품군별 에너지 및 대표식품 1인 1회 분량

식품군	1인 1회 분량					
곡류 (300kcal)						
	쌀밥(210g)	백미(90g)	국수(말린것) (90g)	냉면국수(말린것) (90g)	가래떡 (150g)	식빵 1쪽* (35g)
고기·생선·달걀·콩류 (100kcal)	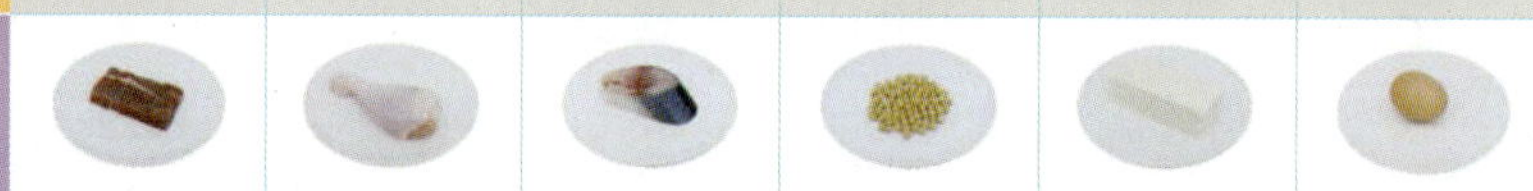					
	쇠고기 (생 60g)	닭고기 (생 60g)	고등어 (생 70g)	대두 (20g)	두부 (80g)	달걀 (60g)
채소류 (15kcal)						
	콩나물 (생 70g)	시금치 (생 70g)	배추김치 (생 40g)	오이소박이 (생 40g)	느타리버섯 (생 30g)	미역(마른것) (10g)
과일류 (50kcal)						
	사과 (100g)	귤 (100g)	참외 (150g)	포도 (100g)	수박 (150g)	대추(말린것) (15g)
우유·유제품 (125kcal)						
	우유 (200mL)	치즈 1장† (20g)	호상요구르트 (100g)	액상요구르트 (150g)	아이스크림/셔벗 (100g)	
유지·당류 (45kcal)	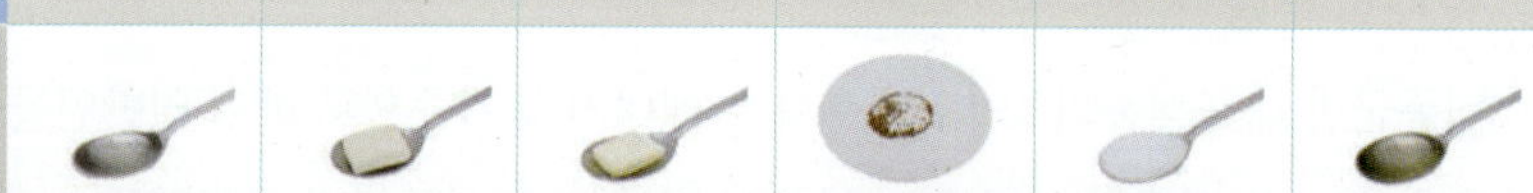					
	콩기름 1작은술(5g)	버터 1작은술 (5g)	마요네즈 1작은술(5g)	커피믹스 1회 (12g)	설탕 1큰술 (10g)	꿀 1큰술 (10g)

*표시는 0.3회, †표시는 0.5회

자료: 보건복지부·한국영양학회(2021).

표 2-3 식품군별 대표 식품 1인 1회 분량

식품군	1인 1회 분량							
곡류 (300kcal)	쌀밥 (210g)	백미 (90g)	보리 (90g)	찹쌀 (90g)	현미 (90g)	조 (90g)	수수 (90g)	기장 (90g)
	팥 (90g)	귀리 (90g)	율무 (90g)	옥수수 (70g)*	국수 말린 것(90g)	메밀국수 말린 것(90g)	냉면국수 말린 것(90g)	우동 생면 (200g)
	칼국수 생면 (200g)	당면 (30g)*	라면사리 (120g)	가래떡 (150g)	백설기 (150g)	식빵 (35g)*	시리얼 (30g)*	감자 (140g)*
	고구마 (70g)*	묵 (200g)*	밤 (60g)*	밀가루 (30g)*	과자스낵 (30g)*	과자 비스킷/ 쿠키(30g)*		
고기· 생선· 달걀· 콩류 (100kcal)	돼지고기 (60g)	쇠고기 (60g)	닭고기 (60g)	오리고기 (60g)	소시지 (30g)	고등어 (70g)	명태 (70g)	조기 (70g)
	꽁치 (70g)	갈치 (70g)	참치 (70g)	대구 (70g)	가자미 (70g)	광어 (70g)	연어 (70g)	게 (80g)
	바지락 (80g)	굴 (80g)	홍합 (80g)	전복 (80g)	소라 (80g)	오징어 (80g)	새우 80g)	낙지 (80g)
	문어 (80g)	쭈꾸미 (80g)	멸치자건품 (15g)	오징어 말린 것(15g)	새우자건품 (15g)	뱅어포 (15g)	명태 말린 것 (15g)	참치통조림 (60g)
	어묵 (30g)	게맛살 (30g)	어류젓 (40g)	달걀 (60g)	메추리알 (60g)	두부 (80g)	두유 (200mL)	대두 (20g)

*표시는 0.3회

전분, 빵가루, 부침가루, 튀김가루(혼합)은 밀가루와 1인 1회 분량 동일

식품군	1인 1회 분량							
고기·생선·달걀·콩류 (100kcal)	완두콩 (20g)	강낭콩 (20g)	렌틸콩 (20g)	녹두 (20g)	아몬드 (10g)*	호두 (10g)*	잣 (10g)*	땅콩 (10g)*
	해바라기씨 (10g)*	호박씨 (10g)*	은행 (10g)*	캐슈넛 (10g)*				
채소류 (15kcal)	양파 (70g)	파 (70g)	당근 (70g)	무 (70g)	애호박 (70g)	오이 (70g)	콩나물 (70g)	시금치 (70g)
	상추 (70g)	배추 (70g)	양배추 (70g)	깻잎 (70g)	피망 (70g)	부추 (70g)	토마토 (70g)	쑥갓 (70g)
	무청 (70g)	붉은고추 (70g)	숙주나물 (70g)	고사리 (70g)	미나리 (70g)	파프리카 (70g)	양상추 (70g)	치커리 (70g)
	샐러리 (70g)	브로콜리 (70g)	가지 (70g)	아욱 (70g)	취나물 (70g)	고춧잎 (70g)	단호박 (70g)	늙은호박 (70g)
	고구마줄기 (70g)	마늘종 (70g)	배추김치 (40g)	깍두기 (40g)	단무지 (40g)	열무김치 (40g)	총각김치 (40g)	오이소박이 (40g)
	우엉 (40g)	연근 (40g)	도라지 (40g)	토란대 (40g)	마늘 (10g)	생강 (10g)	미역 마른 것(10g)	다시마 마른 것(10g)
	김 (2g)	느타리버섯 (30g)	표고버섯 (30g)	양송이버섯 (30g)	팽이버섯 (30g)	새송이버섯 (30g)		

*표시는 0.3회

식품군	1인 1회 분량							
과일류 (50kcal)								
	수박 (150g)	참외 (150g)	딸기 (150g)	사과 (100g)	귤 (100g)	배 (100g)	바나나 (100g)	감 (100g)

	포도 (100g)	복숭아 (100g)	오렌지 (100g)	키위 (100g)	파인애플 (100g)	블루베리 (100g)	자두 (100g)	대추말린것 (15g)
우유 및 유제품 (125kcal)								
	우유 (200mL)	호상요구르트 (100g)	액상요구르트 (150mL)	아이스크림/셔벗(100g)	치즈 (20g)†			
유지 및 당류 (45kcal)								
	깨 (5g)	콩기름 (5g)	올리브유 (5g)	해바라기유 (5g)	참기름 (5g)	들기름 (5g)	들깨 (5g)	커피크림 (5g)

	버터 (5g)	마가린 (5g)	설탕 (10g)	물엿 (10g)	꿀 (10g)	커피믹스 (12g)		

*표시는 0.3회

†표시는 0.5회

유채씨 기름, 옥수수 기름, 포도씨유는 콩기름, 올리브유 등과 1인 1회 분량 동일

흰깨는 깨와 1인 1회 분량 동일

자료: 보건복지부 · 한국영양학회(2021).

② 권장식사 패턴

권장식사 패턴은 개인이 영양가를 계산하지 않아도 한국인 영양소 섭취기준을 충족할 수 있는 식단을 작성할 수 있도록 생애주기별로 각 식품군의 권장섭취 횟수를 제시한 것이다. 영양계획 시 권장식사 패턴이 절대적인 기준은 아니지만 권장식사 패턴에 따라 계획을 하면 영양소 섭취기준을 충족할 수 있으므로 활용하는 것을 권장한다. **우유 및 유제품의 제공 패턴**에 따라 **A 타입**과 **B 타입**으로 구분하며, 급식

소의 경우 영유아 및 어린이를 대상으로 하는 영유아보육시설급식소나 학교급식소는 우유 2컵 기준의 A 타입을 적용하고 성인을 대상으로 하는 산업체급식소는 B 타입을 적용한다표 2-4. 권장식사 패턴에 따라 작성된 권장식단의 예는 표 2-5와 같다. 열량에 따른 구체적인 권장식사 횟수는 부록 2-2에 제시하였다.

표 2-4 성별 · 연령별 기준 에너지

<table>
<tr><th rowspan="3">연령</th><th colspan="4">에너지필요추정량</th><th colspan="4">기준 에너지</th></tr>
<tr><th colspan="2">2015 한국인
영양소 섭취기준</th><th colspan="2">2020 한국인
영양소 섭취기준</th><th colspan="2">2015 한국인
영양소 섭취기준</th><th colspan="2">2020 한국인
영양소 섭취기준</th></tr>
<tr><th>남자</th><th>여자</th><th>남자</th><th>여자</th><th>남자</th><th>여자</th><th>남자</th><th>여자</th></tr>
<tr><td>1~2세</td><td>1,000</td><td>1,000</td><td>900</td><td>900</td><td>1,000A</td><td>1,000A</td><td>900A</td><td>900A</td></tr>
<tr><td>3~5세</td><td>1,400</td><td>1,400</td><td>1,400</td><td>1,400</td><td>1,400A</td><td>1,400A</td><td>1,400A</td><td>1,400A</td></tr>
<tr><td>6~8세</td><td>1,700</td><td>1,500</td><td>1,700</td><td>1,500</td><td rowspan="2">1,900A</td><td rowspan="2">1,700A</td><td rowspan="2">1,900A</td><td rowspan="2">1,700A</td></tr>
<tr><td>9~11세</td><td>2,100</td><td>1,800</td><td>2,000</td><td>1,800</td></tr>
<tr><td>12~14세</td><td>2,500</td><td>2,000</td><td>2,500</td><td>2,000</td><td rowspan="2">2,600A</td><td rowspan="2">2,000A</td><td rowspan="2">2,600A</td><td rowspan="2">2,000A</td></tr>
<tr><td>15~18세</td><td>2,700</td><td>2,000</td><td>2,700</td><td>2,000</td></tr>
<tr><td>19~29세</td><td>2,600</td><td>2,100</td><td>2,600</td><td>2,000</td><td rowspan="3">2,400B</td><td rowspan="3">1,900B</td><td rowspan="3">2,400B</td><td rowspan="3">1,900B</td></tr>
<tr><td>30~49세</td><td>2,400</td><td>1,900</td><td>2,500</td><td>1,900</td></tr>
<tr><td>50~64세</td><td>2,200</td><td>1,800</td><td>2,200</td><td>1,700</td></tr>
<tr><td>64세 이상
(65~74세)</td><td>2,000</td><td>1,600</td><td>2,000</td><td>1,600</td><td>2,000B</td><td>1,600B</td><td>2,000B</td><td>1,600B</td></tr>
<tr><td>75세 이상</td><td></td><td></td><td>1,900</td><td>1,500</td><td></td><td></td><td>1,900B</td><td>1,500B</td></tr>
</table>

자료: 보건복지부 · 한국영양학회(2021).

표 2-5 12~18세 여성 권장식단 (2,000kcal, A타입)

메뉴	분량	아침	점심	저녁	간식
		쌀밥 호박된장국 갈치조림 새송이버섯구이 콩나물무침 배추김치	현미밥 미역국 소불고기 부추치커리무침 배추김치	잡곡밥 순두부국 달걀장조림 마늘종볶음 오이소박이	블루베리 사과 호상요구르트 우유
곡류	3회	쌀밥 210g (1)	현미밥 210g (1)	잡곡밥 210g (1)	
고기 · 생선 · 달걀 · 콩류	3.5회	갈치 70g (1)	소고기 60g (1)	순두부 100g (0.5) 달걀 60g (1)	
채소류	7회	애호박 21g (0.3) 새송이버섯 30g (1) 콩나물 35g (0.5) 배추김치 40g (1)	미역(마른 것) 5g (0.5) 부추 28g (0.4) 치커리 35g (0.5) 배추김치 40g (1)	양파 21g (0.3) 마늘종 35g (0.5) 오이소박이 40g (1)	
과일류	2회				블루베리 100g (1) 사과 100g (1)
우유 · 유제품류	2회				요구르트(호상) 100g (1) 우유 200mL (1)
유지 · 당류	6회	유지 및 당류는 조리 시 가급적 적게 사용 할 것을 권장함			

총 에너지(kcal): 1921.0kcal; 탄수화물, 단백질, 지방 섭취비율(%): 탄수화물(54.1%), 단백질(16.6%), 지방(29.2%)

구분	식단	식단사진	
		식사	간식
아침	쌀밥 호박된장국 갈치조림 새송이버섯구이 콩나물무침 배추김치		블루베리 사과 호상요구르트 우유
점심	현미밥 미역국 소불고기 부추치커리무침 배추김치		
저녁	잡곡밥 순두부국 달걀장조림 마늘종볶음 오이소박이		

자료: 보건복지부 · 한국영양학회(2021).

(3) 식품구성자전거

식품구성자전거그림 2-3는 각 식품군에 권장식사 패턴의 섭취 횟수와 분량을 반영하여 제작된 것으로 **균형 잡힌 식사**와 **규칙적인 운동**, **적당한 수분의 섭취**를 강조하고 있다. 우리가 일상생활에서 주로 먹어야 하는 식품의 종류와 영양소의 함유량에 따라 6가지 식품군으로 구분하여 제시하였다.

그림 2-3 식품구성자전거

자료 : 보건복지부 · 한국영양학회(2021).

3. 메뉴계획

1) 메뉴 및 메뉴계획의 의의

메뉴menu는 '음식의 목록'을 의미하는 용어로 고객에게 급식소에서 제공하는 음식의 정보를 제공한다. 급식소에서는 메뉴와 식단을 혼용하여 사용하고 있지만, 일반적으로 메뉴는 개별적으로 제공될 수 있는 음식의 목록으로 외식업체나 급식소에서 모두 사용되며 식단은 주식, 주찬, 부찬 등이 조합되어 제공되는 음식의 목록으로 급식소에서 주로 사용된다. 메뉴는 구매관리, 생산관리, 시설관리 등 전반적인 급식운영관리 시 **내부 통제의 도구**뿐만 아니라 외부적으로 **홍보**, **마케팅** 및 **영양교육의 도구**이기도 하다.

급식소에서는 급식 대상자의 영양이 부족하거나 과잉되지 않도록 필요한 영양소량을 공급할 수 있도록 메뉴를 계획하는 것이 중요하다. **메뉴계획**menu planning에는 급식 대상자에게 제공할 음식의 종류 및 분량을 결정하는 것뿐만 아니라 급식 내·외부 고객과 소통하는 메뉴표 작성 등 전반적인 과정이 포함된다. 과거에는 메뉴를 업장에서 개별적으로 직접 계획하는 경우가 많았지만, 위탁급식전문업체의 경우 일반적으로 별도의 메뉴개발팀에서 오피스, 학교, 공장, 산업체로 분류하여 메뉴를 개발하여 개별업장으로 배포하면 개별업장에서는 그것을 기본으로 상황에 맞게 변경하여 사용하고 있는 추세이다.

급식소에서는 급식관리자인 영양사가 메뉴를 계획하지만, 계획된 메뉴를 평가할 때는 영양사뿐 아니라 조리원 등 관련 종사원이 함께 평가하고 수정하는 과정이 필요하다.

2) 메뉴의 유형

메뉴는 분류하는 기준에 따라 다양한 유형으로 구분된다. 메뉴 변화와 주기 여부, 선택 허용 정도, 메뉴구성과 가격책정을 기준으로 하여 메뉴의 유형을 분류할 수 있다그림 2-4.

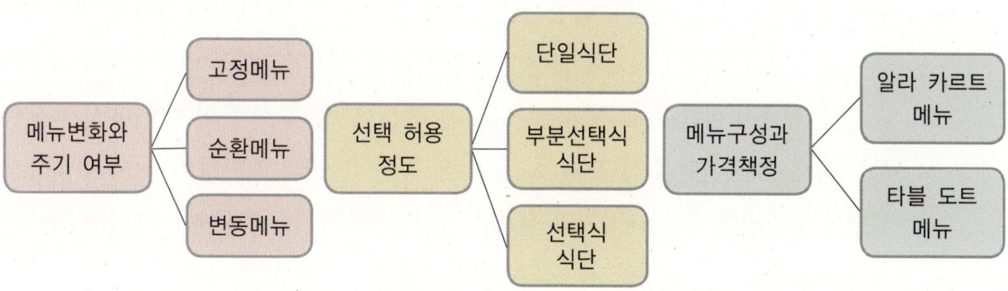

그림 2-4 메뉴의 유형

(1) 메뉴 변화 및 주기 여부에 따른 유형

급식소의 메뉴는 메뉴 변화와 주기 여부에 따라 고정메뉴, 순환메뉴, 변동메뉴로 분류된다. **고정메뉴**fix or static menu는 정해진 메뉴가 변동 없이 지속적으로 제공되는 형태로 급식소에서는 거의 사용되지 않고 외식업체에서 주로 사용된다. 고정메뉴를 사용하면 메뉴가 단조로와 고객이 싫증을 낼 수 있지만 종사원을 교육하기가 수월하고 생산 및 재고관리가 용이한 장점이 있다.

순환메뉴cycle menu는 일정 주기에 따라 메뉴가 반복되는 형태로 주기메뉴라고도 한다. 순환메뉴는 급식 대상자가 자주 변경이 되는 병원급식소, 연수원, 청소년 수련원 등에 적합하다. 급식소에서 너무 짧은 주기로 순환메뉴를 운영하거나 같은 요일에 같은 메뉴를 제공하면 고객의 만족도가 저하될 수 있다. 통상적으로 짧게는 10일 주기의 순환메뉴가 많이 사용되고 있다. 순환메뉴는 메뉴 생산 예측, 조리 작업 관리 및 표준화가 용이하지만, 순환주기가 짧을 경우 고객의 만족도가 낮아질 수 있다.

변동메뉴changing menu는 반복 없이 매번 새로운 메뉴가 제공되는 형태로 산업체 급식이나 학교급식 등에서 가장 많이 사용되는 메뉴이다. 급식 대상자는 매번 다른 메뉴 제공으로 인하여 만족도는 높을 수 있지만 고정메뉴나 순환메뉴에 비하여 식재료관리나 생산관리 등에 어려움이 있다.

(2) 선택 허용 정도에 따른 유형

급식소에서 제공되는 메뉴는 선택 허용 정도에 따라 단일식단, 부분선택식 식단, 선택식 식단으로 분류된다. **단일식단**nonselective menu은 한 가지의 식단이 제공되어 급식 대상자가 선택할 여지가 없는 형태로 학교급식이나 군대급식에서 많이 이용한다. **부분선택식 식단**partially selective menu은 주찬, 부찬, 후식 등의 일부 음식을 선택하는 형태이다. **선택식 식단**selective menu은 복수식단이라고도 하며 두 가지 이상의 식단이 제공되어 급식 대상자가 원하는 식단을 선택하는 형태이다. 대기업 위탁급식전문업체에서는 다양해지는 급식 대상자의 기호도를 만족시키고자 카페테리아나 푸드코트와 같은 서비스방법을 도입하여 선택식 식단을 제공하고 있다.

사례 들여다보기

아워홈 푸드코트 운영

아워홈이 운영하는 푸드엠파이어 IFC몰점이 오픈 100일 만에 푸드코트에 대한 상식을 바꿨다는 평가를 받고 있다. 유럽의 기차역을 재현한 인테리어와 고급 레스토랑에서나 만나던 세계 음식들로 기존 푸드코트와 차원이 다른 품격을 제공하고 있기 때문이다.

최근에는 주중 직장인들과 주말 몰링족이 푸드엠파이어를 여의도의 맛집으로 손꼽으면서 하루 2,000~3,000명의 고객이 몰리는 '명소'로 자리매김하는 분위기다.

이 같은 푸드엠파이어의 인기몰이는 국제금융 중심지라는 지리적 특성을 살린 인테리어와 소품 그리고 세계 각국의 요리로 문화체험공간을 꾸민 것이 성공요인으로 손꼽힌다.

방문객들은 아워홈의 대표 외식브랜드들 외에도 10여 차례의 현지 방문을 통해 개발한 동남아요리 '실크스파이스', 인도 셰프가 현지에서 공수한 향신료를 활용한 '몸바이' 등의 다채로운 전문코너를 한 자리에서 만날 수 있다. 신개념 철판 비빔밥 '부자밥'과 화덕피자 '메짜루나', 철판요리 '야끼스타' 등도 푸드엠파이어가 내세우는 대표 코너다.

또한 바쁜 직장인들을 위해 샌드위치 & 샐러드 전문코너 '그랩잇'과 한식 패스트푸드 '밥이답이다'는 테이크아웃 전문점을 별도로, 정통 일식돈가스 '사보텐'은 푸드코트 코너와 테이크아웃 코너를 함께 운영 중이다.

자료 : 식품음료신문(2013).

(3) 메뉴구성과 가격책정에 따른 유형

메뉴구성과 가격책정방법에 따라 알라 카르트A La Carte menu 메뉴와 타블 도트 Table D'hote menu 메뉴로 분류할 수 있다. 급식소에서는 음식을 개별적으로 제공하기보다는 주식, 주찬, 부찬 등으로 조합하여 제공하는 경우가 많다. **알라 카르트** 메뉴는 개별 음식에 대한 가격이 책정되어 있는 메뉴로 카페테리아 방식의 서비스를 실시하는 급식소에서 주로 활용된다. **타블 도트** 메뉴는 세트메뉴set menu라고도 하며, 여러 가지 음식이 합쳐진 코스 형태의 메뉴이다. 주로 급식소나 대규모 레스토랑에서 이러한 형태를 사용한다.

(4) 기타 유형 메뉴

급식소에서는 급식 대상자의 니즈를 충족시키고자 이벤트 메뉴더 알아보기 참조, 저나트륨 메뉴, 웰빙메뉴, 할랄메뉴사례 들여다보기 참조 등 다양한 메뉴를 개발하여 제공하고 있다.

더 알아보기

산업체 급식소와 학교급식소에서 실시하는 이벤트 메뉴에 관한 연구 사례

본 연구는 2011년에 전북지역 산업체 급식소(73명)와 학교급식소(135명) 영양사를 대상으로 각 급식소에서 실시하는 이벤트 현황, 이벤트 효과와 문제점 등에 대하여 조사하였다.

조사결과, 산업체 급식소와 학교급식소에서 실시하는 이벤트 실시 현황에 차이가 있었다. 과반수(67.1%)의 산업체 급식소에서는 한 달에 1회 이상 이벤트를 실시하고 있었으나 80% 이상의 학교급식소는 한 학기에 1회 또는 거의 실시하지 않고 있었다. 이벤트로는 계절 이벤트(봄나물 이벤트), 고유명절 이벤트(설날 이벤트, 정월대보름 이벤트, 동지 이벤트), 기념일 이벤트(생일 이벤트, 발렌타인데이 이벤트, 블랙데이 이벤트), 세계음식 이벤트, 환경이벤트, 추억이벤트 등을 실시하고 있다고 응답하였다.

두 급식소 모두 이벤트 메뉴를 제공함으로써 대상자의 만족도 향상이 가장 큰 효과라고 하였다. 그러나 급식인원, 조리종사원의 수, 시설문제 및 전문성 부족 등으로 인하여 이벤트 메뉴를 실시하는 데 어려움이 있는 것으로 나타났다.

자료 : 송현진 · 노정옥(2014).

사례 들여다보기

아워홈, 국내 단체급식 최초 할랄 인증 획득

2018년 약 2조 원 달러 규모의 성장이 예견되는 할랄시장에 음식 한류를 일으키기 위한 식품업계의 움직임이 활발해지고 있다. 추가적인 한식 제품뿐만이 아니라 급식운영에도 할랄 인증을 받는 등 이슬람시장 진출을 위한 다각적인 노력이 진행되고 있다. 광주 유니버시아드대회 공식 급식 후원사인 종합요리식품기업 (주)**아워홈은 선수들을 대상으로 운영될 선수촌 식당과 심판진들을 대상으로 운영될 ITO 빌리지(ITO Village) 식당 내 할랄 코너에 대한 할랄 인증을 획득했다. 아워홈은 단체급식 및 국제행사 분야에 대하여 국내 최초로 할랄 인증을 받은 기업이 된다.** 이번 인증 획득을 통해 향후 있을 국제대회에서도 할랄식을 선보일 수 있는 가능성이 열린 셈이다.

할랄 레스토랑에 대한 인증은 까다로운 절차를 통해 이루어진다. 할랄 식재료의 사용과 더불어 할랄 식재료의 이력관리 및 분리 · 보관이 이루어져야 하며, 할랄식의 조리과정, 조리장소, 조리도구, 배식위치 등은 일반식과 철저히 분리되어야 한다.

아워홈은 할랄 전용 커리 소스 생산라인 구축을 통해 소스 9종에 대한 할랄 인증을 확보했다. 대회 개최 기간 내 닭고기를 활용한 치킨빈달루, 렌틸콩을 활용한 렌틸커리소스, 양고기를 활용한 머튼커리소스 등 9종의 소스를 활용한 다양한 할랄식이 제공될 계획이다.

자료 : 경제신문 뉴스웨이(2015).

3) 메뉴계획 시 고려사항

급식소의 메뉴는 급식 대상자 측면과 급식 경영적인 측면을 고려하여 계획되어야 하며그림 2-5, 급식 대상자가 원하는 니즈를 충족시키고 조직의 목표를 효율적으로 달성할 수 있어야 한다.

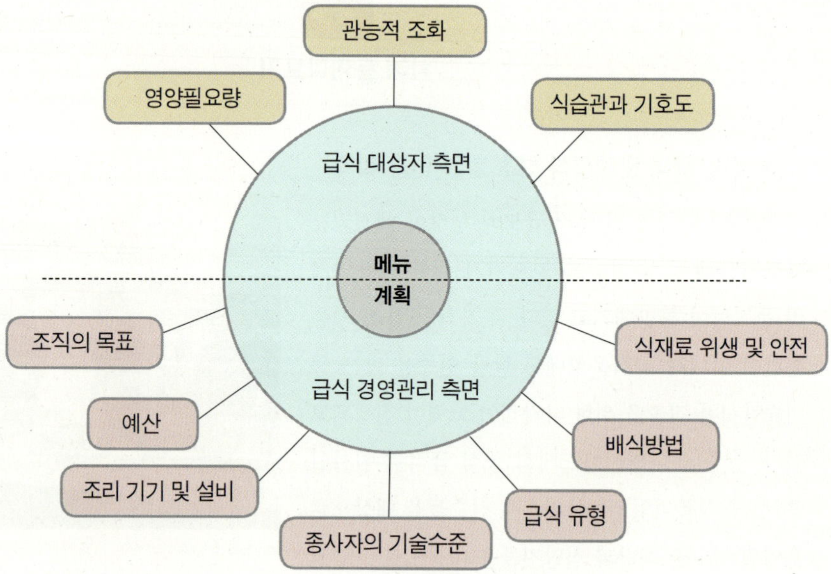

그림 2-5 메뉴계획 시 고려사항

(1) 급식 대상자 측면

급식 대상자의 측면에서는 영양필요량, 관능적 조화, 식습관이나 기호도를 고려하여 메뉴를 계획해야 한다.

- 영양필요량 : 대상 급식소의 특성에 맞는 영양소 섭취기준을 충족할 수 있도록 메뉴가 계획되어야 한다. 일반적인 급식소에서는 한국인 영양소 섭취기준을, 학교급식에서는 학교급식법에 제시된 영양기준을 토대로 영양필요량을 결정한다. 병원급식의 경우에는 의사의 처방과 병원의 식사지침을 우선적으로 하여 메뉴를 계획해야 한다.
- 관능적 조화 : 음식의 맛, 질감, 색깔, 외관, 냄새 등이 조화로워야 한다. 따라서 메뉴계획 시에는 메뉴의 맛, 질감, 색깔, 형태, 조리방법, 소스, 곁들여지는 음식 등이 서로 균형을 이루도록 고려해야 한다. 또한 배식되는 온도와 음식의 농도도 고려해야 한다. 단맛, 짠맛, 신맛, 쓴맛 등을 조화롭게 메뉴를 계획하는데 단맛이 나는 음식은 신맛이 나는 음식과 함께 제공하면 식욕을 촉진시킬 수 있다. 음식의 질감이 다양하도록 경질과 연질의 음식을 적절하게 조합하도록

한다. 다양한 종류의 채소를 사용하면 질감도 다양하고 색깔도 단조롭지 않아 음식에 대한 고객의 관심 및 만족도를 높일 수 있다.

- 식습관과 기호도 : 식습관과 기호도는 대상자의 연령이나 성별, 지역, 종교 등에 따라 차이가 있을 수 있으므로 메뉴계획 시 해당 업장의 급식 대상자의 특성을 파악하는 것이 필요하다. 일품메뉴의 경우는 젊은 층은 기호도가 높지만 중장년층은 기호도가 낮은 경향이 있다. 대상자의 기호도가 다양해지고 기호도를 반영하지 못한 메뉴가 제공될 경우 불만족이 높아질 수 있으므로 급식소에서는 이를 고려한 메뉴 개발이 중요해지고 있다.

(2) 급식 경영관리 측면

급식 경영관리 측면에서는 조직의 목표, 급식 유형, 예산, 식재료의 위생 및 안전, 조리 기기 및 설비, 종사자의 조리기술수준, 배식방법 등을 고려하여 메뉴를 계획해야 한다. 급식은 조직 본연의 목적 달성을 지원하기 위하여 제공되는 식사로 조직이 목표를 달성할 수 있도록 메뉴가 계획되어야 한다. 학교급식은 학생이 올바른 식습관을 형성하고 건강 유지 및 증진을 위하여 메뉴를 계획하고 산업체급식은 근로자의 영양관리 및 급식을 통한 생산성 향상에 기여하도록 메뉴를 계획해야 한다. 위탁급식소는 계약서에 명시되어 있는 급식 유형, 계약단가 등의 사항을 고려해야 한다.

또한 **예산**의 범위 안에서 급식을 제공하도록 메뉴를 계획해야 한다. **식재료비**는 메뉴의 형태, 급식소 유형 등에 따라 차이가 있는데, 일반적으로 외식업체에서는 50% 이하를 식재료비로 사용하지만 학교급식에서는 70% 이상을 식재료비로 사용한다표 2-6.

급식소에서는 다수에게 급식을 제공하므로 **식재의 위생관리**를 철저히 하는 것이 중요하다. 메뉴계획 시 급식소에서 사용하면 위험한 식재료를 제외하고, 특히 여름철에는 식재료관리에 주의를 기울여야 한다. 이 외에도 급식소에서 보유하고 있는 **기기와 설비의 조건**을 고려하고 근무하고 있는 종사자들의 **조리기술 수준** 및 **숙련도**를 반영해야 한다.

표 2-6 급식 유형별 식재료비 비율

급식 유형	식재료비 비율
외식업체	50% 이하
산업체 급식	60% 이하
학교급식	70% 이상
군대급식	90% 이상

4) 식단계획의 절차

(1) 식단계획 관련 자료 수집

급식소의 식단계획 시에는 영양소 관리기준, 지침 및 과거 식단 등 관련 자료를 수집한다. 한국인 영양소 섭취기준, 학교급식 영양기준뿐 아니라 급식운영 관련 지침, 교과부의 관련 지침 등을 수집하여 검토해야 한다. 위탁급식소에서는 급식운영 계약서의 메뉴관리와 연관된 식사시간, 식단가, 식단 유형, 제공 식수 등에 대한 계약내용을 준수해야 하므로 해당자료를 수집한다.

표 2-7 위험 식재료

기간	종류	식재료 또는 메뉴
3~10월	패류	조개, 소라, 꼬막, 굴, 석화, 홍합 등
	젓갈류	명란젓, 어리굴젓, 창란젓 등
4~9월	회류 및 알류	참치회, 멍게, 해삼, 연어알, 성게알 등
6~9월	콩가공품류	콩국, 콩비지 등
연중주의		• 가열공정 없이 제공되는 농산물, 축산물, 수산물(가열 후에는 사용 가능함) • 생굴류 • 포장되지 않은 가공식품 • 조리공정이 복잡하거나 수작업이 많은 메뉴 • 미량독소에 의한 장염 유발 가능 식재료(머윗대, 원추리, 두릅 등)가 포함된 메뉴
연중금지		• 선지, 순대, 간 등과 같은 육내장류 • 삭히는 공정이 있는 메뉴 • 제조공정의 위생상태를 확인하기 어려운 완제품 메뉴

자료 : 식품의약품안전처 · 어린이급식관리지원센터(2015).

또한 급식소에서 사용하는 식재료의 품질 및 규격 등이 명시된 물품구매명세서 specification, 타 업장 식단, 표준 레시피, 계절 식재료 및 위험 식재료 목록표 2-7에 대한 정보 등을 수집하여 참고하면 효율적으로 식단계획을 할 수 있다. 대기업 위탁급식 전문업체의 경우 자체적으로 표준 레시피 및 위험 식재료 목록 등을 구비하여 메뉴 계획 시 활용하고 있다.

(2) 영양 제공량 목표 결정

대상자에게 급식으로 제공하고자 하는 영양 제공량의 목표를 결정하도록 한다. 한국인 영양소 섭취기준을 토대로 하여 영양 제공량을 결정하고, 급식소의 상황에 맞게 끼니별로 배분하도록 한다. 급식소에서는 한국인 영양소 섭취기준의 평균섭취량이나 상한섭취량을 기준으로 영양 제공량을 결정하며 하루 한 끼를 제공하는 급식소에서는 기준량의 1/3 정도를 급식으로 충족하도록 식단을 계획하면 된다. 즉, 급식소에서는 대상집단의 평소 영양소 섭취수준이 평균섭취량 수준이거나 그 이상이면 현재 섭취량을 유지하도록 식단을 계획하고, **평균필요량**보다 적게 먹고 있으면 **평균필요량**을 충족할 수 있도록 식단을 계획한다. **상한섭취량** 이상을 섭취하고 있으면 급식 대상자에게 상한섭취량 미만의 영양을 제공하도록 식단을 계획한다.

(3) 메뉴 품목 수 및 종류 결정

급식으로 제공할 메뉴의 품목 수 및 메뉴 품목의 종류를 결정하도록 한다. 급식으로 제공하는 메뉴 품목 수는 주식, 국 또는 찌개, 주찬, 부찬, 김치의 다섯 가지가 일반적이다. 식단가가 높을 경우에는 주찬이나 부찬의 수를 추가하거나 후식을 제공하기도 한다.

메뉴 품목 수를 결정한 후에는 제공할 메뉴 품목의 종류를 정하도록 한다. 밥류, 면류, 빵류 중에서 주식류를 결정하는데, 밥과 반찬으로 구성된 일반식과 볶음밥, 비빔밥, 덮밥 등 일품류가 조화롭게 구성되도록 한다. 국, 찌개, 탕, 전골에서 국 또는 찌개류를 정하고 단백질의 주요 공급원인 육류, 어류, 가금류, 난류, 콩류 등을

표 2-8 국 · 찌개의 종류에 따른 주찬의 조리방법의 예

국 · 찌개 종류	주찬 조리방법 예	메뉴 예
된장국 · 찌개	볶음, 찜, 조림, 튀김, 구이	시금치된장국+닭볶음탕 된장찌개+꽁치카레튀김
맑은국 · 찌개	고추장 및 고춧가루를 사용한 볶음, 조림	다시마무국+고추장돼지고기볶음 북어달걀국+오징어떡볶음
매운국 · 찌개	소금이나 간장을 사용한 전, 구이	육개장+동태전 김치찌개+고등어간장구이

주재료로 하여 주찬을 정한다. 이때 국 · 찌개의 종류를 고려하여 주찬의 조리 형태를 결정하기도 한다표 2-8. 예를 들어, 맛의 조화를 고려하여 맑은 국을 제공하면 고추장이나 고춧가루를 이용한 볶음이나 조림으로 주찬을 제공하도록 한다. 부찬은 채소류, 해조류 및 버섯류 등을 주재료로 하고 김치류는 배추김치, 깍두기, 열무김치 등 다양하게 제공되도록 한다. 또한 예산에 따라 과일이나 음료 등으로 후식류를 정하기도 한다그림 2-6.

메뉴 품목의 종류를 결정할 때는 급식대상자의 기호도와 식재료의 중복 여부더 알아보기 참조, 식품의 형태나 썰은 모양의 중복 여부, 조리법 및 색상의 중복 여부, 조리원의 조리기술, 요일 등 다각도로 고려해야 한다. 예를 들면, 월요일에는 전날 식재료를 전처리하는 것이 어려우므로 메뉴계획 시 비교적 전처리 공정이 적은 메뉴를 계획하도록 한다.

수요일에는 근무하는 것이 식상해질 수 있으므로 특별메뉴나 후식 등을 제공하여 고객의 만족도를 향상시키도록 한다.

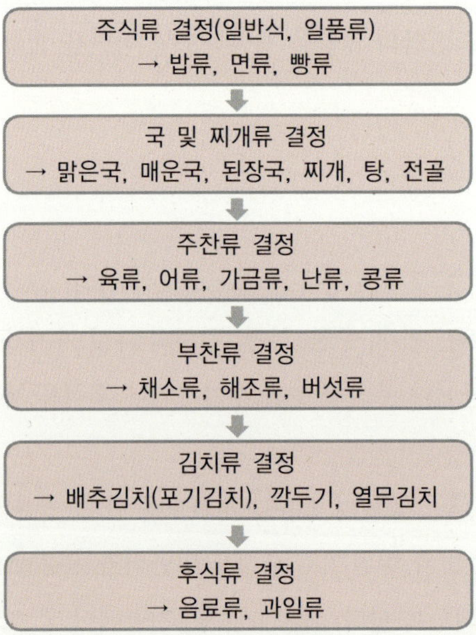

그림 2-6 메뉴 품목 결정 절차

더 알아보기

식단 작성 Tip

급식소에서 요일별로 식단을 작성할 때 다음과 같은 서식을 활용하면 식재료 및 조리법 중복 없이 효율적으로 작성할 수 있다. 월요일 된장국, 화요일 맑은국, 수요일 매운찌개, 목요일 된장국, 금요일 곰국, 토요일 매운국을 제공하면 요일별로 중복 없이 다양한 메뉴를 제공할 수 있다.

또한 식품의 형태를 중복 없이 식단을 계획하도록 한다.

식단 작성 활용 서식 예시

구분	월	화	수	목	금	토
국/찌개	된장국/찌개	맑은국	매운국/찌개	된장국/찌개	곰국	매운국/찌개
주찬(조리법)	볶음	조림	전	볶음	조림	찜
주찬(재료)	돼지고기	닭고기	어류	쇠고기	해산물	돼지고기
주찬(색)	빨간색	갈색	노란색	갈색	빨간색	갈색
주찬 예	돼지고기 고추장볶음	닭감자간장 조림	동태전	버섯 소불고기볶음	오징어 떡볶음	돼지갈비찜
부찬(색)	흰색/녹색/황색	빨간색/녹색	흰색/녹색	흰색/녹색/빨간색	녹색/갈색/황색	녹색/황색/흰색

형태에 따른 식품 예

형태 및 모양	식품 예
둥근형	알감자, 달걀, 메추리알, 볼어묵
채형	미역줄기, 부추, 마늘종, 무말랭이, 햄, 감자채
사각형	무, 두부, 김, 묵, 사각어묵

(4) 식단평가

식단을 작성한 후에도 영양 제공량, 식단가, 식품 및 조리법의 다양성, 식품 형태 다양성, 메뉴 질감의 조화, 조리 담당자의 숙련도, 조리 시설 조건, 위험 식재료의 사용, 계절 식품의 활용 여부, 색과 맛의 조화, 조리시간의 적합성 등에 대하여 평가한 후 문제가 있으면 수정 및 보완해야 한다표 2-9. 급식관리자인 영양사는 정해진 시간 내에 건강하고 안전한 급식이 제공될 수 있는지 확인하며, 한 끼 제공 식단에 대한 평가뿐 아니라 주별, 월별로도 평가를 실시해야 한다.

표 2-9 식단평가 예

평가항목	평가내용	식단평가의 예
식품 다양성	• 식재료가 중복되었는지 평가한다. • 식품군이 모두 포함되어 있는지 평가한다.	• 잡곡밥 + **짬뽕국** + **오징어볶음** + **해물파전** + 배추김치 : 식재료(주재료 – 해산물 : 오징어, 해물) 중복 • 콩밥 + **육개장** + 찐만두 + **탕평채** + 배추김치 : 식재료(부재료 – 쇠고기, 숙주) 중복 • 쌀밥 + **미역국** + **고등어무조림** + **김구이** + **깍두기** : 식재료(해조류 : 미역, 김, 채소 : 무) 중복
조리법 다양성	조리법(구이, 조림, 볶음, 무침 등)이 중복되었는지 평가한다.	• 쌀밥 + 황태달걀국 + **제육볶음** + **미역줄기볶음** + 깍두기 : 조리법(볶음) 중복
식품 형태 다양성	식품의 형태나 썰은 모양이 중복되었는지 평가한다.	• 쌀밥 + 된장찌개 + **감자채햄볶음** + **마늘종무침** + **열무김치** : 식품 형태(길쭉한 모양 : 감자채, 마늘종, 열무) 중복
메뉴질감 조화	질감이 중복되었는지 평가한다.	• 쌀밥 + 토란국 + 쇠고기달걀장조림 + 도토리묵 + 채소무침 + 배추김치 : 질감(토란, 달걀, 도토리묵) 중복
조리 시설 조건	조리기구의 사용이 중복되었는지 평가한다.	• **자장볶음밥** + 달걀국 + 만두탕수튀김 + **가지볶음** + 깍두기 : 조리 기기(볶음 솥 : 볶음밥, 가지볶음) 중복
색과 맛 조화	색상이나 맛이 중복되었는지 평가한다.	• 조밥 + 두부된장찌개 + **낙지볶음** + **무생채** + **배추김치** : 색상(붉은색 : 낙지볶음, 무생채, 배추김치) 중복

2-1

함께 풀어보기

A 산업체 급식소의 영양사가 작성한 식단을 평가해 보시오.

식단 A	식단 B
쌀밥	잡곡밥
돼지고기김치찌개	쇠고기무국
닭갈비볶음	오리로스구이
콩나물무침	무말랭이무침
버섯볶음	부추무침
포기김치	

(5) 식단표 작성

식단평가를 완료한 후에는 급식소 내부 및 외부 고객을 위하여 식단표를 작성한다. 급식 대상자를 위하여 제공 식단에 대한 안내를 위한 식단표뿐 아니라 주방에서 사용할 지침서로서의 식단표도 작성해야 한다. 주방에서 사용할 식단표에는 음식을 구성하는 식재료명과 분량 등을 함께 기입하도록 한다. 최근 식품안전에 대한 사회적인 관심이 높아짐에 따라 영유아급식소나 학교급식소에서 제공하는 식단표에는 식재료 원산지나 알레르기 유발식품을 표시하고 있다그림 2-7.

학교급식 식재료 원산지 및 영양표시제

A 초등학교 (중식)

주간 학교급식영양량				3월 2일(월)	3월 3일(화)	3월 4일(수)	3월 5일(목)	3월 6일(금)
				· 밤콩밥 · 닭개장(건강식단)⑤⑥⑧15 · 한식잡채⑤⑥⑧⑩ · 갈치고추창소스구이⑤⑥⑫16 · 배추김치⑨ · 딸기 · 우유②	· 혼합잡곡밥⑤ · 들깨미역국 · 함박마카로리김치그라탕 ①②⑤⑥⑨⑩⑫⑬ · 깍두기⑨ · 시금치겉절이(건강식단) · 우유② · 방울증편	· 멸치우엉볶음밥⑤⑥ · 김치우동국*⑤⑥⑨ · 오이지무침(건강식단) · 수제 유린기①⑤⑥⑬⑮ · 배추김치⑨ · 사과 · 우유②	· 발아현미밥 · 돈뼈감자탕⑤⑥⑩ · 얼갈이 미나리초무침⑥ · *코다리살강정④⑤⑥⑫ · 총각김치⑨ · 메론 · 우유②	· 서리태콩밥⑤ · 황태두부국⑤⑥ · 호두멸치조림⑤⑥ · 검은깨두부스팀찜⑤ · 돼지고기두루치기/⑤⑥⑨⑩ · 깍두기⑨ · 오렌지 · 우유②
식재료				원산지	원산지	원산지	원산지	원산지
쌀				국내산	국내산	국내산	국내산	국내산
김치류/고춧가루				국내산/국내산	국내산/국내산	국내산/국내산	국내산/국내산	국내산/국내산
쇠고기(종류)/가공품				/	국내산(한우)/국내산	국내산(한우)/	국내산(한우)/국내산	/
돼지고기/가공품				국내산/	국내산/국내산	/국내산	국내산/국내산	국내산/
닭고기/가공품				국내산/	국내산/국내산	국내산/	국내산/국내산	/
오리고기/가공품				/	국내산/국내산	/	국내산/국내산	/
비고				갈치-국내산	다시마.미역.국멸치-국내산	다시마.국멸치-국내산	황태-러시아	다시마.국멸치-국내산
영양소	평균 필요량	권장 섭취량	주평균 섭취량	영양량	영양량	영양량	영양량	영양량
에너지 (kcal)	562.02	562.02	5.1	553.9	539.9	700.5	623.5	534.1
탄수화물(g)			56.4	79.8	74.5	95.0	83.9	65.8
단백질 (g)	10.26	10.26	20.0	25.9	24.1	28.6	31.2	31.6
지방(g)			23.7	13.6	15.0	12.0	18.2	15.6
비타민 A (R.E)	109.40	157.04	261.6	270.6	324.8	272.4	250.3	189.9
티아민 (mg)	0.23	0.25	0.5	0.4	0.7	0.3	0.4	0.5
리보 플라빈(mg)	0.25	0.30	0.4	0.4	0.5	0.4	0.4	0.4
비타민 C (mg)	16.26	22.15	38.7	59.9	30.0	18.7	42.7	42.2
칼슘(mg)	183.26	248.38	269.6	207.2	284.4	273.1	242.1	341.1
철분(mg)	2.73	3.53	4.1	3.3	3.4	4.0	3.3	6.4

* 에너지는 권장섭취량의±10%, 구성비는 탄수화물(55~70%) : 단백질(7~20%) : 지방(15~30%)
* 1g당 에너지(kcal)는 탄수화물 4, 단백질 4, 지방 9kcal로 환산
* 알레르기 정보 : ① 난류, ② 우유, ③ 메밀, ④ 땅콩, ⑤ 대두, ⑥ 밀, ⑦ 고등어, ⑧ 게, ⑨ 새우, ⑩ 돼지고기, ⑪ 복숭아, ⑫ 토마토, ⑬ 아황산염, ⑭ 호두, ⑮ 닭고기, ⑯ 쇠고기, ⑰ 오징어, ⑱ 조개류(굴, 전복, 홍합 포함), ⑲ 잣

그림 2-7 학교급식 식단표 예시

사례 들여다보기

학교급식 식단계획

학교에서는 영양(교)사가 교육행정정보시스템(NEIS : National Education Information System)을 활용하여 식단을 계획한다. 학교급식 영양기준에 준하여 학생에게 필요한 영양량을 제공하도록 NEIS의 기존메뉴, 사용자메뉴, 요리추가 등의 기능을 활용하여 주식, 국 또는 찌개, 주찬, 부찬, 김치의 종류와 양을 결정하여 식단을 계획하고 있다.

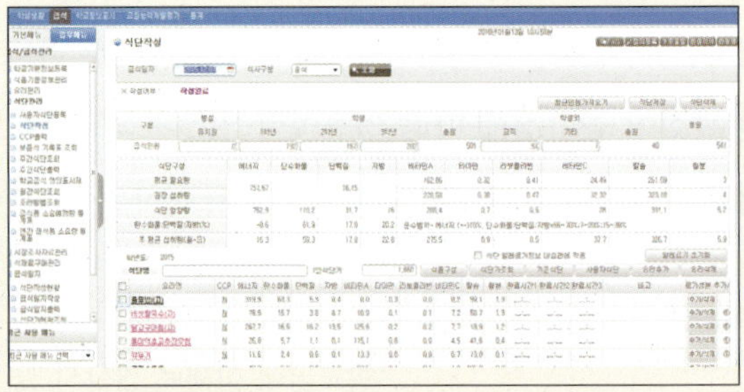

교육행정정보시스템(NEIS)의 메뉴 계획 화면

자료 : 교육부(2015).

전국 급식소를 한 눈에 '오늘의 식단' 앱

모바일 앱 전문 벤처기업 스타썬문(대표 윤민혁)이 구내식당의 메뉴 및 영양정보, 공지사항 등을 실시간으로 보여 주는 스마트폰 앱 '오늘의 식단'을 출시했다. 오늘의 식단은 전국의 기업, 관공서, 학교, 공장, 병원 등에 있는 모든 구내식당과 위탁급식까지 적용 가능하다.

매일 조 · 중 · 석식 메뉴를 실시간으로 보여줘 기존의 종이 식단표를 대체할 수 있고 이용시간, 휴무일 등 공지사항을 실시간으로 확인할 수 있다.

이용방법은 첫 화면에서 '식당 찾기'를 터치해 원하는 구내식당의 식당명(식당코드)을 입력하면 해당 구내식당 이름 및 주소가 뜬다. 이를 터치하면 이 식당에서 오늘 제공하는 조 · 중 · 석식 메뉴의 사진과 가격이 함께 보여진다.

최대 4개까지 메뉴를 확인할 수 있으며 후식까지 모든 세부메뉴가 제공된다. 또 중량(g), 열량, 식재료, 원산지까지 종합적인 식단 정보 제공이 가능하다. 이용시간 및 공지사항 등도 실시간으로 전달, 변경이 가능하고 구내식당을 운영하는 기업과 기관은 상황에 따라 필요한 정보만 선택적으로 제공할 수도 있다.

자료 : 대한급식신문(2014) ; 오늘의 식단 홈페이지(2015).

4. 메뉴개발

급식소에서는 다양해지는 고객의 요구를 만족시키고 수익성을 향상시키기 위하여 지속적으로 메뉴개발을 해야 한다. 위탁급식전문업체가 단체급식시장에 진출하면서 이익창출을 위하여 다양한 메뉴와 고품질의 급식서비스를 제공하고자 메뉴개발 부서를 별도로 운영하는 등 고객의 요구를 충족시킬 수 있는 다양한 메뉴개발을 위하여 노력하고 있다. 새로운 메뉴를 개발하는 것뿐 아니라 기존 메뉴의 식재료 및 레시피를 변경하거나 기존 메뉴를 세트메뉴로 조합하는 방법 등을 활용하여 고객의 만족도 향상에 노력하고 있다.

1) 메뉴개발 절차

급식소에서는 새로이 메뉴를 개발하거나 기존 메뉴를 평가하여 유지, 수정보완 및 폐기 등을 실시하면서 메뉴개발을 한다. 새로운 메뉴개발의 절차는 급식소 상황에 따라 차이는 있겠지만 일반적으로 메뉴 관련 정보를 수집하여 메뉴를 제안하고, 해당 메뉴가 단체급식 메뉴로 적합한지 타당성을 검토한다. 타당성 검토를 통하여 높은 타당도를 나타낸 메뉴에 대하여 대량으로 실험 조리를 실시하고 메뉴를 평가한다. 평가 후에는 표준 레시피를 구축하고 해당 메뉴에 대하여 원가분석 실시 및 메뉴 인덱스 구축, 등록을 한 후 급식소에서 메뉴로 활용하도록 한다그림 2-8.

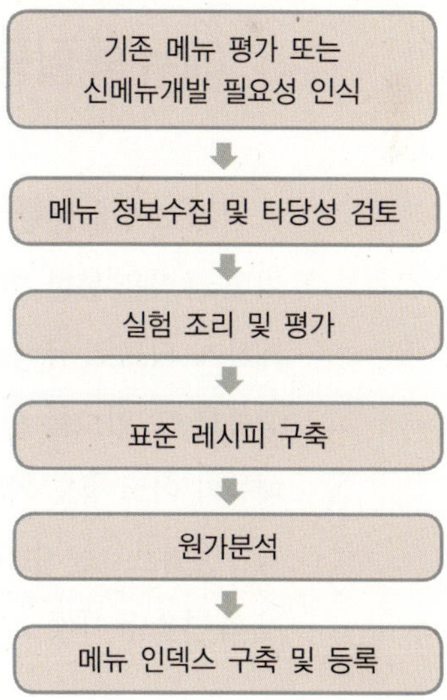

그림 2-8 메뉴개발의 절차

- 기존 메뉴 평가 또는 신메뉴개발 필요성 인식 : 기존 제공되고 있는 메뉴를 평가하여 그대로 활용 가능하면 유지하고, 보완사항이 있으면 수정보완 및 폐기하도록 한다.
- 메뉴 정보수집 및 타당성 검토 : 신메뉴개발이 필요하면, 급식대상자의 요구도 및 새로운 메뉴 경향 등 정보

를 수집하도록 한다. 또한 급식 대상자의 요구를 반영하여 제안한 메뉴가 급식소에서 활용 가능한 메뉴인지 식재료 원가, 위생, 대량조리 가능성, 조리인력 수준 등에 대한 타당성 검토를 실시한다.

- 실험 조리 및 표준 레시피 구축 : 실험 조리를 실시하여 식재료의 종류 및 분량, 만드는 방법 등을 평가하여 수정 및 보완한 후 표준 레시피를 구축한다.
- 원가분석 : 개발한 메뉴가 급식소에서 제공하기에 타당한 원가인지 분석을 한다.
- 메뉴 인덱스 구축 및 전산 프로그램에 등록 : 개발된 메뉴를 급식소에서 활용할 수 있도록 메뉴 인덱스에 포함하고 급식업체 전산 프로그램에 등록한다.

2) 메뉴 인덱스

메뉴 인덱스는 음식 목록을 일컫는 용어로 해당 메뉴를 찾기 쉽도록 볶음, 튀김, 조림, 구이 등과 같은 조리방법이나 주식류, 주찬류, 부찬류, 후식류 등의 메뉴 유형에 따라 구분하여 정리할 수 있다.

5. 메뉴품질평가

급식소에서 균형 잡힌 양질의 급식을 제공하였더라도 급식 대상자가 음식을 남기면 급식을 통한 대상자의 영양관리를 실시하는 것이 어려워지고 예산 낭비를 초래하게 되므로 급식소에서는 주기적으로 메뉴품질평가를 실시하여 고객 기호도를 충족할 수 있도록 방안을 마련해야 한다. 또한 급식소가 이윤을 창출하는 데 해당 메뉴가 어느 정도 기여하고 있는지 제공 메뉴를 평가할 필요가 있다. 대표적인 메뉴 평가방법으로는 수요자 측면을 고려한 **기호도 조사**, **만족도 조사**와 수요자와 공급자 측면을 동시에 고려한 **메뉴 엔지니어링**, **허스트 메뉴평가법** 등이 있다.

1) 수요자 측면의 메뉴평가

(1) 기호도 평가

메뉴 기호도 평가는 메뉴에 대하여 좋아하는 정도를 평가하는 것으로 **기호도 설문조사**, **잔반량 설문조사**, **잔반량 측정**, 얼굴모형척도 등을 통하여 평가할 수 있다. **기호도 설문조사**는 대상자에게 제공된 음식에 대한 기호 정도를 일반적으로 3점, 5점, 7점 척도로 구성된 설문지를 활용하여 실시한다그림 2-9.

기호도 조사표

_________초등학교 ____학년 ____반

아래 표를 보고 각 음식에 대한 본인의 느낌을 나타내는 칸에 ∨표를 해주세요.

음식명	좋다 (3)	보통 (2)	싫다 (1)	음식명	좋다 (3)	보통 (2)	싫다 (1)	음식명	좋다 (3)	보통 (2)	싫다 (1)	음식명	좋다 (3)	보통 (2)	싫다 (1)
[밥류]				[국류]				[반찬류]				[간식류]			
쌀밥				미역된장국				버섯무침				딸기			
잡곡밥				감자국				시금치무침				포도			
비빔밥				미역국				갈치구이				사과			
짬뽕밥				콩나물국				고등어구이				복숭아			
카레라이스				어묵무국				김구이				감			
오므라이스				버섯찌개				완자전				방울토마토			
오징어덮밥				김치찌개				참치전				바나나			
볶음밥				삼계탕				오징어볶음				요구르트류			
만둣국				갈비탕				돈가스				떡류			
				해물탕				불고기				튀김류			
				육개장				탕수육							
급식에 대하여 하고 싶은 말을 자유롭게 적어주세요.															

그림 2-9 메뉴 기호도 조사표

배식된 메뉴를 남긴 양, 즉 잔반량을 측정하여 메뉴에 대한 기호도를 평가할 수 있다. 잔반량은 설문지로 자가 기록하여 잔반량그림 2-10을 추정할 수도 있고 남긴 음식을 실제로 개별적으로 계량하거나 메뉴품목별로 모아서 전체적으로 계량하여 측정할 수도 있다.

구분	모두 먹는다	거의 먹는다	반 정도 먹는다	거의 안 먹는다	모두 안 먹는다
밥	①	②	③	④	⑤
국, 찌개	①	②	③	④	⑤
고기, 생선 반찬	①	②	③	④	⑤
채소 반찬	①	②	③	④	⑤
김치	①	②	③	④	⑤
후식(과일, 우유)	①	②	③	④	⑤

그림 2-10 자가 기록 잔반량 조사표 예

(2) 만족도 조사

급식으로 제공된 메뉴에 대한 음식의 맛, 온도, 양 등에 대한 만족도와 전반적인 만족도를 조사하여 메뉴를 평가할 수 있다. 주로 설문지그림 2-11를 통하여 조사하며, 스티커나 구슬 등을 이용하여 조사하기도 한다.

급식 만족도 조사

안녕하세요. 본 설문은 학교급식의 질 개선을 위하여 학교급식에 대한 만족도를 알아보고자 합니다.

1. 학교에서 먹고 있는 급식에 대한 자신의 생각과 가장 가까운 번호에 'V' 표시해주세요.

내용	매우 그렇지 않다	그렇지 않다	어느 쪽도 아니다	그렇다	매우 그렇다
음식의 양이 적당하다.	①	②	③	④	⑤
음식의 맛이 좋다.	①	②	③	④	⑤
음식의 온도가 적당하다.	①	②	③	④	⑤
음식의 종류가 다양하다.	①	②	③	④	⑤
음식의 영양가가 높다.	①	②	③	④	⑤
음식의 색과 모양이 먹음직스럽다.	①	②	③	④	⑤
음식은 위생적으로 만들어진다.	①	②	③	④	⑤
음식을 만드는 주방이 깨끗하다.	①	②	③	④	⑤
음식을 먹는 장소가 깨끗하다.	①	②	③	④	⑤
음식을 먹고 난 후의 뒤 처리가 깨끗하다.	①	②	③	④	⑤
음식을 먹기 위해 기다리는 시간이 적당하다.	①	②	③	④	⑤
음식을 주는 사람이 친절하다.	①	②	③	④	⑤
학교에서 먹는 급식에 대해 전반적으로 만족한다.	①	②	③	④	⑤
학교에서 급식을 먹는 시간이 즐겁다.	①	②	③	④	⑤
학교에서 먹는 급식은 나의 건강에 도움을 준다.	①	②	③	④	⑤

2. 학교에서 먹는 급식에 대해 원하는 것이 있으면 적어주세요.

수고하셨습니다. 설문에 응답해주셔서 감사드립니다.

그림 2-11 만족도 조사표 예시

2) 수요자와 공급자 측면의 메뉴평가

(1) 메뉴 엔지니어링

메뉴 엔지니어링은 수요자 측면의 **메뉴 인기도**메뉴 믹스, 판매량와 공급자 측면의 수익성공헌이익, 공헌마진을 기준으로 하여 평가하는 방법으로 메뉴별 식수의 변동이 비교적 큰 상업적 급식소의 메뉴를 분석하는 데 활용하는 것이 적당하다그림 2-12. 각 메뉴품목의 인기도와 수익성에 따라 **스타**Stars, **플로호스**Plowhorses, **퍼즐**Puzzles, **도그**Dogs로 구분된다그림 2-13.

스타 메뉴는 인기도와 수익성이 모두 높은 메뉴품목으로 그 급식소의 대표메뉴이다. 스타 메뉴는 현재와 같이 유지하도록 관리한다. **플로호스 메뉴**는 인기도는 높지만, 수익성이 낮은 메뉴로 가격을 인상하거나 저렴한 식재료로 변경 또는 배식량을 약간 줄이는 방안들이 있다. **퍼즐 메뉴**는 수익성은 높지만, 인기도가 낮은 메뉴로 가격을 낮추어 수요를 증가하도록 유도하거나 메뉴가 눈에 잘 띄도록 강조표시

메뉴 품목명	판매수량	메뉴믹스	식재료비	판매가격	공헌마진	메뉴비용	메뉴수익	메뉴공헌마진	메뉴믹스-인기도	공헌마진-수익성	평가
A	B	C=(B/N)X100	D	E	F=E-D	G=DXB	H=EXB	L=FXB	P	R	S
해물짬뽕밥	358	13.75	1,313	3,000	1,687	469,990	1,074,000	604,010	높음	높음	스타
김치볶음밥	316	12.14	976	2,500	1,524	308,441	790,000	481,559	높음	높음	스타
오므라이스	293	11.26	1,407	2,500	1,093	412,222	732,500	320,278	높음	높음	스타
돌솥비빔밥	40	1.54	1,794	3,000	1,206	71,742	120,000	48,258	낮음	높음	퍼즐
한우불고기 정식	25	0.96	3,500	5,000	1,500	87,500	125,000	37,500	낮음	높음	퍼즐
제육덮밥	10	0.38	1,495	3,500	2,005	14,953	35,000	20,047	낮음	높음	퍼즐
돈가스	257	9.87	1,586	2,500	914	407,504	642,500	234,996	높음	낮음	플로호스
된장찌개	557	21.40	1,870	2,500	630	1,041,590	1,382,500	350,910	높음	낮음	플로호스
떡라면	477	18.33	1,090	1,500	410	519,739	715,500	195,761	높음	낮음	플로호스
라면	100	3.84	675	1,500	825	67,480	150,000	82,520	낮음	낮음	도그
우동	76	2.92	790	1,500	710	60,025	114,000	53,975	낮음	낮음	도그
자장면	94	3.61	996	1,500	504	93,643	141,000	47,357	낮음	낮음	도그
	N					I	J	M			
Total	2,603	100.0				3,554,829	6,032,000	2,477,171			
5.83(Y)은 고객의 선호도를 카사바나와 스미스가 제시한 70% 룰에 의거 계산한 값으로 메뉴 판정에 기준이 되는 Y의 값이다. 비교는 판매 구성비율과 비교=(100/메뉴수)X0.7							951.66(X)은 판매량을 중심으로 한 식당의 공헌마진을 의미하는 칸으로 메뉴 판정에 기준이 되는 X의 값이다. 비교는 메뉴별 개당마진과 비교=M/N				

그림 2-12 메뉴 엔지니어링 분석을 활용한 산업체 급식소 1달간 메뉴평가 예

및 게시 위치 변경, 메뉴명 변경 등을 한다. **도그 메뉴**는 수익성과 인기도 모두 낮은 메뉴로 메뉴표에서 제거하거나 해당 메뉴를 남기고 싶을 때에는 인기도가 높은 플로호스 메뉴나 스타 메뉴와 묶어서 판매한다.

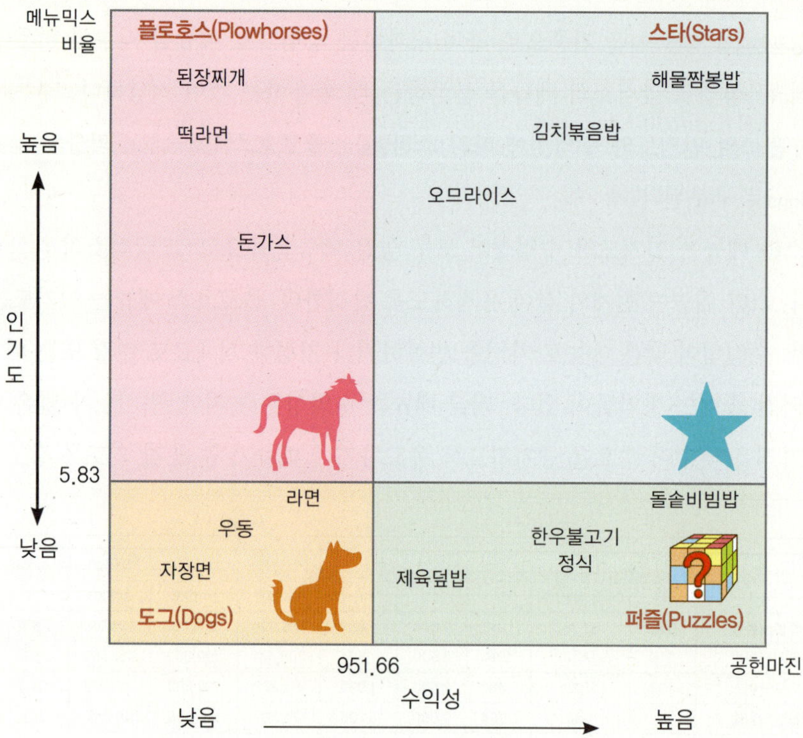

그림 2-13 메뉴 엔지니어링 매트릭스

(2) 허스트 메뉴평가법

허스트 메뉴평가법은 원가, 인기도, 이익공헌도, 가격정책 등이 판매량에 미치는 영향을 계산하기 위하여 개발된 평가법이다. 해당 평가법은 급식소에서 메뉴 가격이나 메뉴를 변경한 후 이에 대한 영향을 분석할 때 활용할 수 있는 방법으로 비교적 수월하게 메뉴를 평가할 수 있다.

더 알아보기

A산업체 급식소의 메뉴그림 2-12평가하기(메뉴 엔지니어링 방법 활용)

- 1단계 : 일정기간 동안의 메뉴별 판매수량(B)을 기록한다.
- 2단계 : 메뉴믹스(C)와 총 판매수량(N)을 계산한다.

$$C = \frac{B}{N} \times 100$$

N = 각 메뉴의 판매수량(B)의 총합

- 3단계 : 메뉴별 식재료비(D)와 판매가격(E)을 기록한다.
- 4단계 : 메뉴의 개당마진(공헌마진, F), 메뉴비용(G), 메뉴수익(H), 메뉴공헌마진(L)을 계산한다.

F = 판매가격(E) − 식재료비(D)

G = 식재료비(D) × 판매수량(B)

H = 판매가격(E) × 판매수량(B)

L = 개당마진(F) × 판매수량(B)

- 5단계 : 총 메뉴비용(I), 총 메뉴수익(J), 총 메뉴공헌마진(M)을 계산한다.

I = 메뉴의 메뉴비용(G)의 총합

J = 메뉴의 메뉴수익(H)의 총합

M =메뉴의 메뉴공헌마진(L)의 총합

- 6단계 : 평균 공헌마진 분류기준(X)과 메뉴믹스 분류기준(Y)을 계산한다.

$$X = \frac{\text{총 메뉴공헌 마진(M)}}{\text{총 판매수량(N)}} \qquad \left(\text{예} : \frac{2{,}477{,}171}{2{,}603} = 951.66\right)$$

$$Y = \frac{100}{\text{메뉴 수}} \times 0.7 \qquad \left(\text{예} : \frac{100}{12} \times 0.7 = 5.83\right)$$

- 7단계 : 각 음식을 공헌마진 분류기준(X)과 메뉴믹스 분류기준(Y)에 따라 메뉴를 평가한다. 각 메뉴의 공헌마진(F)과 메뉴믹스(C) 값을 공헌마진 분류기준 값(951.66)과 메뉴믹스 분류 기준값(5.83)과 비교한 후 높고 낮음을 평가하여 메뉴평가를 한다.

메뉴	메뉴믹스 분류(Y)	공헌마진 분류(X)	메뉴품질평가
해물짬뽕밥	높음	높음	Star
김치볶음밥	높음	높음	Star
오므라이스	높음	높음	Star

메뉴	메뉴믹스 분류(Y)	공헌마진 분류(X)	메뉴품질평가
돌솥비빔밥	낮음	높음	Puzzle
한우불고기 정식	낮음	높음	Puzzle
제육덮밥	낮음	높음	Puzzle
돈가스	높음	낮음	Plowhorse
된장찌개	높음	낮음	Plowhorse
떡라면	높음	낮음	Plowhorse
라면	낮음	낮음	Dog
우동	낮음	낮음	Dog
자장면	낮음	낮음	Dog

- 스타(Stars) 메뉴인 해물짬뽕밥, 김치볶음밥, 오므라이스는 이윤도 높고 잘 팔리는 업장 대표메뉴이므로 현행대로 계속 판매한다.
- 퍼즐(Puzzles) 메뉴인 돌솥비빔밥, 한우불고기 정식, 제육덮밥은 이윤은 높으나 잘 팔리지 않는 메뉴이므로 눈에 잘 띄도록 메뉴표의 위치를 변경하거나 판매가격을 낮춘다.
- 플로호스(Plowhorses) 메뉴인 돈가스, 된장찌개, 떡라면은 이윤은 적지만 잘 팔리는 메뉴로 가격을 조정하거나 고객이 거부감을 느끼지 않을 정도로 배식량을 약간 줄인다.
- 도그(Dogs) 메뉴인 라면, 우동, 자장면은 팔리지도 않고 이윤도 적은 메뉴로 해당 메뉴를 제거한다.

함께 풀어보기 정답

2-1 풀어보기

식단 A	
쌀밥 돼지고기김치찌개 닭갈비볶음 콩나물무침 버섯볶음 포기김치	• 식재료 중복 : 육류(돼지고기, 닭고기), 채소류(김치찌개, 포기김치) • 조리법 중복 : 볶음(닭갈비볶음, 버섯볶음) • 색 중복 : 붉은색(돼지고기김치찌개, 닭갈비볶음, 콩나물무침) • 맛 중복 : 매운맛(돼지고기김치찌개, 닭갈비볶음, 콩나물무침)

식단 B	
잡곡밥 쇠고기무국 오리로스구이 무말랭이무침 부추무침	• 식재료 중복 : 육류(쇠고기, 오리고기), 채소류(쇠고기무국, 무말랭이무침) • 식품 형태 중복 : 길쭉한 모양(무말랭이무침, 부추무침) • 조리법 중복 : 무말랭이무침, 부추무침

급식 구매관리

Chapter 3

1. 급식 구매관리의 개요 | 2. 구매의 유형 | 3. 구매의 계약
4. 구매시장 | 5. 구매절차 | 6. 저장 및 출고 | 7. 재고관리

Chapter 3

학습목표

- 단체급식소에서 이루어지는 구매의 중요성과 구매절차를 이해하고 각 급식소 현장에 맞게 적용할 수 있다.
- 급식소의 정확한 식수인원을 파악하기 위한 수요예측방법을 이해하고 폐기율과 재고량을 반영한 식재료 발주량을 산출할 수 있다.
- 단체급식소의 검수절차와 방법을 이해하고 다양한 구매서식을 작성·활용할 수 있다.
- 재고관리기법, 재고회전율, 재고자산 평가방법을 이해하고 단체급식소의 상황에 맞게 적용할 수 있다.

1. 급식 구매관리의 개요

1) 구매의 개념

구매purchasing란 '구입'과 동의어로 경제 주체인 기업 또는 구매자가 공급업체와 계약체결을 통해 물품을 구입하고 대금을 지불하는 경제행위의 총체적인 과정이다. **단체급식에서의 구매**란 **적절한 품질**과 **적절한 양**, **적절한 가격**으로 표준에 맞는 식품 및 비식품류를 적절한 시기에 적절한 장소에서 획득하는 과정으로 정의할 수 있다그림 3-1.

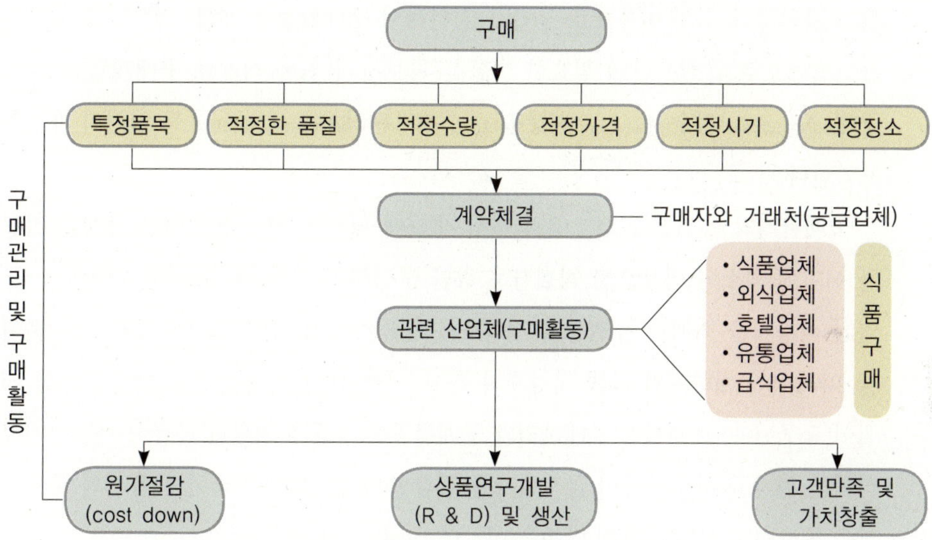

그림 3-1 구매의 개념적 범위

구매는 **조달**procurement과 혼용하여 사용하는데, **조달**은 급식기업 내·외부에서 이루어지고 있는 재화·용역·자금·통제·검사 등의 취득행위와 관련된 활동으로 정의할 수 있으며, '구매'를 포함하는 광의의 개념으로 볼 수 있다. 단체급식에서의 구매는 조달의 의미도 포함하고 있다. 구매와 조달의 차이는 표 3-1과 같다.

표 3-1 구매와 조달의 차이

구분	구매	조달
의미	• '조달'보다는 협의의 개념 • 일정한 대가를 지불함 • 대금지불을 통한 가치교환의 수단	• '구매'보다는 광의의 개념 • 기업 내 · 외부로부터 무상획득 또는 자급자족 형태 • 유가물 및 화폐 외에도 다양함
대상	물자와 용역에 국한	물자, 용역, 자재, 자금도 포함

2) 구매관리의 정의와 목적

구매관리purchasing management란 급식 생산계획을 달성할 수 있도록 필요한 식재료 및 물품을 적정한 공급원으로부터 최적의 품질을 확보하여 필요한 시기에 필요한 수량만큼 최소의 비용으로 구입하기 위해서 구매활동을 계획 · 실시 · 통제하는 관리활동으로 급식생산에 필요한 물품을 확보하기 위한 식재료 **구매계획**planning, **구매**purchasing, **검수**receiving, **저장**storage, **재고관리**inventory control 등 일련의 과정을 포함한다.

구매관리의 목적은 급식소에서 음식 생산에 필요한 최고 품질의 식자재를 적절한 시기에 최소의 비용으로 적절한 수량을 구입하기 위한 구매활동을 계획하고 구입된 식자재를 최적의 품질을 유지하도록 관리하여 양질의 음식을 생산하는 것이다. 따라서 구매하고자 하는 식자재의 특성, 선택 요령, 유통환경에 대한 충분한 지식이 요구된다. 효율적인 구매관리와 구매활동은 물품의 원활한 공급이 가능해지고 식품의 원가를 최소화하여 급식원가를 절감할 수 있으며, 공급하는 음식의 품질향상을 통하여 급식 대상자의 만족을 이끌어 낼 수 있다그림 3-1.

2. 구매의 유형

구매 유형은 구매하려는 물품의 특성, 구매량, 시장조건, 조직규모, 구매 부분의 업무 범위 등에 따라 적합한 **구매 유형**을 선택하는 것이 바람직하며, **독립구매**, **중**

표 3-2 독립구매, 중앙구매, 공동구매의 특징

구분	독립구매	중앙구매	공동구매
급식소 수	1개	1개 급식소 이상 (급식업체가 동일)	다수의 급식소 (급식업체가 다름)
구매물량 규모	소량	대량	대량
구매부서 및 구매담당자의 존재	없음	있음	급식업체의 상황에 따라 다름

앙구매, **공동구매**, **창고클럽 구매**, **JIT 구매** 등으로 분류할 수 있다. 독립구매, 중앙구매, 공동구매의 특징은 표 3-2와 같다.

1) 독립구매

독립구매independent purchasing는 **분산구매**decentralized purchasing 또는 **현장구매**라고 하며 각각의 급식소에서 필요로 하는 식재료 및 물품을 독립적으로 구매하는 방식이다. 독립구매는 소규모 식당이나 단체급식소에서 이용할 수 있으며, 구매하고자 하는 식재료의 가격차가 심하지 않을 때, 소품목 소량단위를 구입할 때 적합하다. 독립구매의 장·단점은 표 3-3과 같다.

표 3-3 독립구매의 장·단점

장점	단점
• 구매절차가 간단함 • 근거리 구매로 운임 등의 경비가 절감됨 • 단시간에 신속한 구매가 가능함 • 긴급 수요가 발생했을 때 유리함	• 소량 구매에 따른 경비 및 구입단가의 상승으로 비경제적임 • 공급처의 위치가 원거리인 경우 적합한 시기에 구매하기 어려움

2) 중앙구매

중앙구매centralized purchasing는 **집중구매**라고도 하며 본사나 조직 전체에서 필요한 대량의 물품을 특정 조직부문예 : 구매부서에 집중시켜 구매하는 방법이다. 규모가 큰 위탁급식전문업체나 단체급식소, 대형식당, C/KCentral Kitchen를 운영하는 체인점 등에서 주로 사용한다. 특히, 조직에서 공통적으로 사용하는 물품이나 고가품목, 구매절차가 복잡한 물품의 구매에 적합하다. 중앙구매는 일관된 구매방침 확립 및 전문적인 구매활동으로 인한 효율성 증대, 비용절감을 기대할 수 있으며 구매책임자와 최고경영자가 직접 의사소통을 하게 되므로 통제가 원활하다. 그러나 구매절차가 복잡하고 저장창고와 같은 별도의 시설이나 장소를 구비해야 하는 단점이 있다. 중앙구매의 장 · 단점은 표 3-4와 같다.

표 3-4 중앙구매의 장 · 단점

장점	단점
• 대량구매에 따른 비용절감으로 구입단가를 낮출 수 있음 • 구매물품에 대한 전문성과 경쟁력 제고가 가능함 • 구매조직의 집중도가 향상되고 거래처 관리가 용이함 • 효과적인 재고관리로 재고량 감소효과가 기대됨	• 구매절차가 복잡하고 비능률적임 • 구매에 장시간이 소요됨 • 긴급하게 구매할 품목이 있을 때 불리함 • 구매의 자립성이 없고 과정이 복잡함

3) 공동구매

공동구매group purchasing란 협력구매를 위하여 급식경영자나 소유주가 다른 급식조직들과 공동으로 물품을 구매하는 방식이다. 협동조합 또는 협회를 통해 구매가 이루어지며, 구매규모가 커지므로 원가절감, 공신력 있는 공급업체 선정, 공급력 개선에 도움을 줄 수 있다. 공동구매를 위해서는 각 품목에 대한 명세서에 참여업체들이 동의해야 하고 사전에 물품 운송 등에 대한 세부사항을 결정해야 한다.

현재 중소 위탁급식전문업체들은 대기업에서 운영하는 위탁급식전문업체의 식자재 유통 시스템을 활용하여 공동구매하고 있다.

4) 창고클럽 구매

창고클럽 구매는 **창고형 점포** 또는 **웨어하우스 스토어**ware house store라고 하며 판매원의 서비스 없이 구매자가 직접 창고에 진열되어 있는 물품을 구매하게 되므로 물품구매가격이 매우 저렴하다. 철저한 저가격정책을 실시하고 다품목을 취급하는 구매 형태이다.

5) JIT 구매

JIT Just-In-Time **구매**는 급식생산에 필요한 식재료 및 물품을 필요한 즉시 구입하여 사용하는 방법으로 재고를 보유하지 않으므로 검수 후 저장공간을 거치지 않고 조리장으로 이동하여 급식생산에 즉시 사용된다. 저장기간 동안 품질이 급격히 저하되는 채소, 과일, 고기, 생선류 등 신선식품을 당일 입고하여 당일 사용한다. 단체급식소의 JIT 구매는 재고량을 최소화하여 저장공간을 효율적으로 사용할 수 있어 원가절감에 도움을 줄 수 있으며 최근 물류센터를 통한 식재료의 유통이 활성화되면서 많이 이용되고 있다.

JIT 구매는 재고가 필요한 품목보다는 특정일에 소량의 품목구매가 필요할 때 주로 이용되며, 우리나라 학교급식소의 경우 당일 입고된 식품을 당일 소비하는 것을 원칙으로 운영하고 있다.

3. 구매의 계약

구매 계약방법은 **경쟁입찰계약**과 **수의계약**으로 구분할 수 있으며그림 3-2, 구매의 계약방법에 따라 공급업체를 선정하는 과정이 달라질 수 있다.

1) 경쟁입찰계약

경쟁입찰계약은 **공식적 구매**formal purchasing방법으로 **일반경쟁입찰**, **지명경쟁입찰**, **제한경쟁입찰**로 나눌 수 있다.

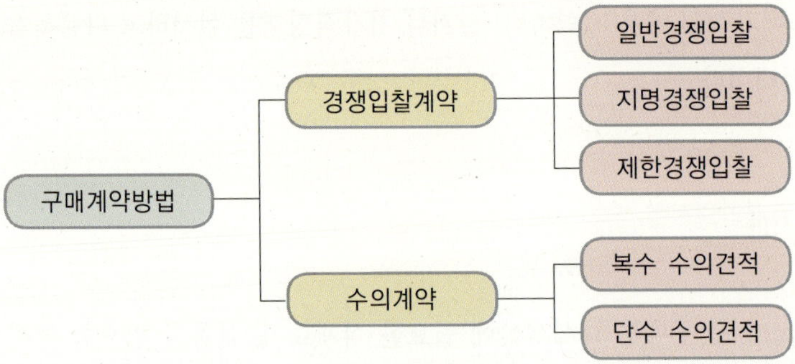

그림 3-2 구매계약방법

(1) 일반경쟁입찰

일반경쟁입찰은 입찰 및 계약에 관한 사항을 신문, 관보, 게시판 등에 공고하여 불특정 다수의 공급업체를 대상으로 입찰자를 모집하고 상호 경쟁을 통해 미리 정한 예

그림 3-3 일반경쟁입찰 계약절차

정가격 범위 내에서 타당성 있는 가격을 제시한 입찰자를 선정하여 계약을 체결하는 방법이다. 일반적으로 공고는 통상 10일긴급일 경우 5일 동안 하며 입찰공고, 입찰등록, 입찰, 개찰, 낙찰, 계약체결의 순서로 이루어진다. 계약절차를 요약하면 그림 3-3과 같다.

(2) 지명경쟁입찰

지명경쟁입찰은 특별한 자격전문기술, 설비 등을 구비한 공급업체를 미리 지정 · 지명하여 입찰에 응하도록 유인한 후 가장 유리한 상대방을 선정하고 계약을 체결하는 방법이다. 계약의 성질이나 목적상 경쟁자가 소수인 경우 또는 일반경쟁입찰이 불리하다고 인정되는 경우에 적합하다.

(3) 제한경쟁입찰

제한경쟁입찰은 일정한 자격요건을 구비한 공급업체만 입찰에 참여하도록 제한하고 경쟁하게 하여 가장 유리한 조건을 제시한 입찰자를 선정한 후 계약을 체결하는 방법이다. 학교급식의 경우 5,000만 원 이상의 물품에 대해서 제한경쟁입찰최저가낙찰제을 실시하고 있다.

지명경쟁입찰과 제한경쟁입찰은 불성실한 업체의 입찰 참여를 배제할 수 있는 장점이 있어 계약 이행의 확실성을 확보할 수 있다. 학교급식소의 경우 '집단급식소 식품판매업 신고' 업체만이 식재료를 공급할 수 있도록 제한하고 있다.

경쟁입찰계약은 대규모의 급식소 및 정부 지원 급식 시설, 저장성 높은 식품을 대량 구매하는 경우, 구매에 시간적 여유가 충분한 경우, 새로운 공급업체를 찾고자 하는 경우에 이용한다. 경쟁입찰계약의 특징은 표 3-5와 같다.

입 찰 서

해당기간 : 년 월 일 ~ 월 일

코드	품명	단위	규격						
				코드	입찰가	코드	입찰가	코드	입찰가
213	도토리묵	kg	상품						
215	청포묵	〃							
211	감자(굵은 것)	〃							
817	팽이버섯	〃							
513	생밤	〃							
711	가지	〃							
715	고구마줄기	〃							
719	고사리(삶은 것)	〃							
723	상추(재래종)	〃							
724	셀러리	〃							
725	대파	〃							
726	쪽파	〃							
727	숙주	〃							
728	시금치(단)	〃							
729	시금치(바라)	〃							
730	근대	〃							
731	깻잎(단)	〃							
732	깻잎(첩첩이)	〃							
733	냉이	〃							
734	달래(첩첩이)	〃							
735	냉이	〃							
736	달래(첩첩이)	〃							
737	당근	〃							
738	도라지(깐 것)	〃							
739	무	〃							
740	무말랭이	〃							
741	단배추	〃							
742	배추	〃							
743	부추	〃							
744	쑥갓	〃							
745	아욱	〃							
746	애호박	〃							
747	양배추(백)	〃							
748	양배추(적)	〃							
749	양상추	〃							

그림 3-4 입찰서

더 알아보기

전자조달시스템을 통한 학교급식 공급업체 선정

가. 학교급식은 질 제고 및 안전성 확보를 위하여 품질을 우선적으로 고려해야 하는 경우 식재료의 구매에 관한 계약은 「국가를 당사자로 하는 계약에 관한 법률」, 「지방자치 단체를 당사자로 하는 계약에 관한 법률」, 「학교급식법 제 10조 및 동법 시행규칙 제4조」, 「행정자치부 예규 '지방자치 단체 입찰 및 계약 집행 기준' 제5장 수의계약 운영요령」을 준수하고 비대면 전자조달 및 전자계약을 원칙으로 한다.

나. 학교급식 식재료 구매방법은 지정정보처리 장치를 이용하여 조달 및 계약을 하는데, 한국농수산식품유통공사의 '학교급식전자조달시스템(eaT)' 또는 조달청 국가종합전자조달시스템(G2B)를 이용한다. 이때 품질규명을 위한 규격기준을 제시하여 입찰을 실시하고 입찰에 따른 복수 검수 및 3회 이상 급식품 납품을 적절히 이행하지 못한 경우 해지사항이 될 수 있다는 것을 알리고, 계약서 서명 시 급식품으로 인한 사고 시민 · 형사상의 책임을 명시하며 음식물 배상책임보험 가입서 사본을 첨부하도록 해야 한다.

다. 학교급식지원센터(서울친환경유통센터 등)를 이용한 조달

– 전자 공문으로 사용신청서 서류 구비 신청(연초) → 배송 업체 선정(배정) · 계약

라. 학교급식 식재료 구매방법

계약 형태	추정가격 범위	구매방법
입찰	① 5천만 원 초과	경쟁 입찰, 협상에 의한 계약
수의계약	② 5천만 원 이하	2인 이상 견적서 제출(소액수의), 전자조달 구매
	③ 2천 만원 이하	1인 견적 수의계약, 다자간 전자수의시담, 생산자 직거래, 학교급식지원센터 이용

※수의계약 요건에 맞추기 위한 구매 단위 축소 또는 의도적 분할발주 금지
※원 단위 계약을 원칙으로 하되 소규모 학교는 분기 또는 학기 단위 계약 가능
※②, ③항은 각각 상위 계약방법을 적용할 수 있음

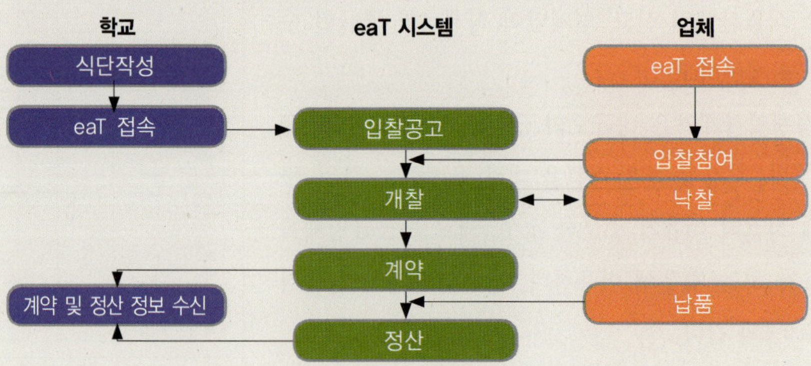

업무 흐름도

구분	유관기관	연계내용
행정편의	한국교육학술정보원(나이스, 에듀파인)	학교급식 및 계약 정보
	SGI서울보증	계약이행보증서 정보
업체정보	식품의약품안전처	식중독 발생 정보, 축산물 행정처분
	농산물품질관리원	농축산물 원산지 단속 행정처분 정보, 친환경인증 정보, 업체 정보, 계약 및 검수 정보
	국세청	공급업체 휴폐업 정보
	지자체(행정안전부, 농림수산식품교육문화정보원)	식품위생업소 행정처분 정보
	축산물품질평가원	축산물 등급 및 계약 정보, 업체정보
	국립수산물품질관리	수산물 원산지 단속 행정처분 정보
	한국식품안전관리인증원	HACCP인증 정보
	조달청	부정당업자 정보
	중소기업중앙회	중소기업인증, 직접생산확인 정보

자료 : 농식품거래소(https://school.eat.co.kr:442/index.jsp)

2) 수의계약

수의계약은 계약내용의 이행자격을 가진 특정인과 협의하여 계약을 체결하는 방법으로 **비공식적 구매방법**informal purchasing이라고 한다. 수의계약에는 복수 수의견적과 단수 수의견적 방법으로 분류할 수 있다. **복수 수의견적**은 여러 공급업체에 견적서를 요청한 후 최적 업체를 선정하는 방법이며, **단수 수의견적**은 한 공급업체로부터 견적서를 받는 것을 말한다.

수의계약은 특정업체와 계약이 유리하다고 판단될 경우, 경쟁입찰계약에 실패한 경우, 계약의 목적과 성질이 경쟁에 적합하지 않은 경우, 계약가격이 소액인 경우에 이용한다. 특히, 소규모 급식소인 경우, 구매량이 소량인 경우, 공급업체가 한두 곳으로 제한된 경우, 시간이 촉박하여 즉각적인 배달이 요구되는 경우, 시장가격이 불안정한 경우에 유리한 구매방법이다. 수의계약의 특징은 표 3-5와 같다.

견적의뢰서

견적의뢰번호 : 제 호(년 월 일)

__________ 귀중

아래 물품에 대해 다음 조건을 승낙하시면 견적서를 송부해 주시기 바랍니다.

__________ 주식회사
구매과 : 인

1. 견적서 제출기일 : 월 일
2. 수취장소 :
3. 납기주문 후 일간
   ※ 이 기간 내에 납품이 어려운 경우에는 기한을 신청해 주시기 바랍니다.
4. 품질구조
5. 견적 유효기간을 기입할 것

품명	수량	단위	비고

(주)
① 수취장소 : 수취장소까지의 운임은 견적가격에 포함되므로 명확하게 기입한다.
② 품질구조 : 예) 강제 캐비닛, 치수는 첨부한 도면 참조
③ 견적 유효기간 : 시세 변동이 심한 재료를 쓰는 제품에 대해서는 반드시 기입하도록 지도하여 분쟁을 방지한다.
④ 비고 : 대여 치공구, 재료조건, 약도 등
- 대여 치공구 : 예) 트리밍다이, 벤딩다이, 로케이션 게이지를 무상 대여한다.
- 재료조건 : 수주자 부담, 발주자로부터 유상지급·무상지급이라고 명시한다.
- 약도 : 첨부 도면을 필요로 하지 않을 경우 기입하며, 품질구조의 항목란에 비고 참조라고 기입한다.

그림 3-5 견적의뢰서

표 3-5 경쟁입찰계약과 수의계약

구분	경쟁입찰계약(공식적 구매)	수의계약(비공식적 구매)
종류	• 일반경쟁입찰 • 지명경쟁입찰 • 제한경쟁입찰	• 복수 수의견적 • 단수 수의견적
법적 효력	계약서	발주서
장점	• 공평한 기회가 부여됨 • 구매절차가 공정함 • 유리한 가격으로 구매하므로 경제적임 • 새로운 공급업체 개발이 용이함 • 구매계약 시 생길 수 있는 의혹과 부조리를 미연에 방지함	• 절차가 간편함 • 경비와 인원을 절감함 • 신용이 확실한 공급업자의 선정이 가능함 • 안정된 거래가 가능함 • 물품인수가 신속함
단점	• 자격미달 업자의 참여를 방지하기 어려움 • 긴급상황에서는 부적합함 • 업자 간 담합으로 비싼 단가로 낙찰되거나 계약체결이 실패할 수 있음	• 구매자의 구매력이 제한됨 • 구매공정성이 결여되고 경쟁력이 미흡함 • 가격협상 시 불리한 가격으로 계약할 수 있음 • 새로운 거래처 발굴이 어려움
용도	• 대규모의 급식소 및 정부 지원 급식시설인 경우 • 저장성 높은 식품을 구매하는 경우 • 시간적 여유가 충분한 경우 • 새로운 공급업체를 찾고자 하는 경우	• 소규모 급식소, 소량 구매, 공급업체가 한두 곳으로 제한된 경우 • 경쟁입찰에 의한 계약체결이 실패한 경우 • 계약 가격이 소액인 경우 • 시간이 촉박한 경우 • 시장가격이 불안정한 경우 • 신선한 식품을 구매할 경우

3) 구매계약기간

구매계약기간은 사업장의 창고여건, 사용 시기, 대금지불 시기 등을 고려하여 설정한다. 일반적으로 단체급식소의 경우 채소, 육류, 과일류, 난류, 어패류, 반가공 제품은 주 단위로, 설탕, 식용유, 밀가루는 월 단위로, 가격 변동이 적은 조미료, 고춧가루, 깨 등은 3개월 단위로 계약한다. 학교급식의 경우 농산물은 1개월 단위로 계약하며, 수산물과 육류는 2개월, 쌀과 우유는 3개월, 공산품과 김치류는 6개월 단위로 계약한다.

4. 구매시장

1) 구매담당자와 구매시장조사

(1) 구매담당자

구매담당자는 급식을 위한 식재료 및 비식품류주방기구, 소모품류의 구매와 관련한 다양한 경영기능을 수행하고 구매하고자 하는 물품의 특성, 시장 및 유통경로, 관련 법규에 대한 지식을 갖추고 있어야 한다. 최근에는 상품구매기획자MD : Merchandising Director로서 역할이 확대되고 있다.

① 구매담당자의 업무

구매담당자는 구매를 요구한 부서가 원하는 품질의 식재료 및 물품을 최저가격으로 최적의 시기에 공급할 수 있도록 이에 관련된 정보를 공급업체와 구매부서에 상호 전달해 주는 역할을 수행한다.

구매담당자는 물품의 특성, 감별, 관련 법규 및 유통경로에 대한 전문적인 지식 외에 경영기능도 함께 요구하고 있다. 구매담당자는 상품기획자로서 식재료 구입, 생산 및 분배과정, 서비스 기능까지 전 과정을 알고 있어야 하고 다양한 경험을 바

더 알아보기

구매담당자의 인적 요건

- 근면, 성실할 것
- 청렴, 결백한 인품을 소유할 것(뇌물, 사기, 횡령, 배척)
- 무편견의 폭넓은 인간관계를 가질 것
- 신뢰성, 적극성, 책임감의 사고를 가질 것
- 상황발생에 대한 융통성과 임기응변의 대처능력이 있을 것

표 3-6 구매담당자의 업무

구매담당자의 업무	세부내용
기획업무	• 구매계획서 작성 • 구매결과 및 실적분석
원가결정 및 관리	• 주기 및 단위별 구매원가 결정 • 구매원가관리 및 경쟁업체와 경쟁지수관리
시장조사	• 경쟁 급식회사와 가격 비교 및 분석 • 시장환경분석 및 거래처 개발
식재료 결정	• 발주단위 및 규격 결정 • 신상품 개발, 상품기획
공급업체 관리 및 등록	• 공급업체와의 거래약정서 체결 • 공급업체관리 및 평가 • 공급업체별 구매품목 결정
구매방법 결정	• 품목별 경쟁력 있는 구매방법 결정
대금지급 확인	• 공급업체별 대금 지급시기, 방법, 금액 확인
고객관리	• 시황 및 식재료 정보사항 공지 • 식재료 모니터링

자료 : 황언석(2000) ; 양일선 외 5인(2008) 재구성.

리지침은 구매담당자가 일상적인 업무 수행 시 적용해야 하므로 구체적으로 제시해야 하며 상위경영층으로부터 일선종사원층까지 전사적으로 적용해야 한다.

더 알아보기

CJ 프레시웨이 식자재 구매담당자(MD)의 직무

1. 직무내용

- 식자재를 고객이 원하는 시기에 적당한 양을 최적의 가격으로 공급하는 업무를 담당
- 경쟁력을 강화하기 위해 끊임없이 새로운 구매 혁신 시도
- 신상품 및 신규업체 발굴 업무를 주로 진행
- 구매 기획, 협력업체 선정 및 관리, 구매가격 결정, 계약, 발주, 상품관리, 매입관리, 전략수립 등의 업무 수행
- 관계사와의 물량 소비량을 예측하여 상품수급의 역할
- 상품을 크게 6가지로 나눠서 농산MD, 축산MD, 수산MD, 가공MD, 관계사MD, 상품개발MD로 구별하여 진행
- 농·수·축·가공MD들은 본연의 업무인 합리적인 구매업무가 주를 이룸
- 관계사MD는 그룹의 전반적인 상품구매를 담당
- 상품개발MD들은 PB상품이나, CK상품 개발업무 담당

2. 하루 일과

- MD의 하루 시작은 MA(유통영업)와 함께 시작
- 고객들에게 배송되었던 상품의 품질이나 기타 여러 가지 클레임이 발생되었을 경우 → MA(유통영업)와 협조하여 즉시 해결 → 문제점들을 파악하여 원인규명과 향후 동일한 문제가 발생되지 않도록 조치
- 상품재고, 출하, 품질, 가격 등의 항목을 매일 점검하여 상품 수급을 원활하게 매일 관리·유지함
- 연간 구매계획의 실행률을 점검·보고함
- 끊임없는 시황정보, 시장 트렌드, 주요 이슈상품 정보 등을 통하여 신상품 개발

3. 업무 네트워크

- MD는 상품입고, 수급, 품질, 신규개발 등을 담당 → 회사 내·외 조직과 의사소통
- 상품품질의 문제로 인한 고객과의 불만이 있을 경우
  → 문제 해결을 위하여 담당 MA(유통영업)와 긴밀하게 협조
  → 원활한 상품 공급을 위해 협력사와 긴밀한 유대관계를 통한 상생지원
- 상품의 법적인 문제점이나 이슈사항에 대해서 식품안전센터와 지속적인 협의
- 상품입고의 물류효율성을 높이기 위해 물류팀과 끊임없는 혁신활동을 함
- 해외에서도 상품을 소싱, 수출하므로 전 세계에 나가 있는 그룹관계사들을 통하여 해외 상품에 대한 정보를 지속적으로 제공받기도 함

4. 업무에 요구되는 자질과 기술

- 상품에 대한 전문지식 필요
- 상품의 시황, 원산지 등 표면적인 정보보다는 상품의 특징, 상품 개발 연관성, 상품 수요자 등 상품 응용력이 매우 중요함
- 트렌드성이 높은 상품이 주를 이루고 있으므로 끊임없는 상품에 대한 연구 진행
- 협력사와 좋은 관계를 유지하기 위한 노력
- 지속적인 원가절감을 위하여 구체적인 구매방법 등의 노하우를 협력사에 제공

자료 : CJ 프레시웨이 홈페이지(2016. 2).

(2) 구매시장조사

구매시장조사란 구매시장의 실태 및 상황에 대한 자료를 수집하고 분석 · 검토하여 결과를 구매활동에 적용하는 것이다. 시장조사를 통하여 구매방침의 결정, 구매시기 및 구매 예정가격을 결정하고 공급업체와 계약체결 시 견적가가 적합한지를 파악할 때 근거자료로 활용할 수 있다. 구매시장조사는 새로운 식재료 발굴 및 설계, 제품의 품질 및 작업공정개선, 원가절감, 경제적 유리성, 예정가격의 결정, 효율적인 구매계획의 수립에 의의가 있으며 세부내용은 표 3-7과 같다. 최근 서울시에서는 식재료 공동시장조사 통합정보망을 수축하여 식재료에 대한 가격정보를 공유하고 있다.

표 3-7 구매시장조사의 의의

구분	내용
새로운 식재료 발굴 및 설계	식재료의 종류, 적합성, 구입처, 구입 시기의 조사
제품의 품질 및 작업공정 개선	제품의 품질 및 공정개선
원가절감	공정개선을 통한 원가절감 및 대체 식재료의 활용
경제적 유리성	품질, 가격, 선도 등 경쟁적 우위 확보
예정가격의 결정	구입 및 판매가격 책정을 위한 기준 제시
효율적인 구매계획의 수립	구매거래처, 구매시기, 가격, 구매수량계획 수립

① 구매시장조사의 내용

구매계획은 급식소 운영에 필요한 발주, 검수, 저장 및 재고, 조리 등 일련의 과정에 많은 영향을 주므로 매우 중요하다. 효율적인 구매계획 수립을 위해 철저한 구매시장조사가 이루어져야 하는데, 구매시장조사는 품목, 품질, 수량, 가격, 구매시기, 공급업체, 거래조건에 대해 조사하며 세부내용은 표 3-8과 같다.

표 3-8 구매시장조사의 내용

구분	내용
품목	구매품목의 제조업체, 유사식품 및 대체품을 고려하여 구매 리스트 확정
품질	가격과 가치의 관계를 고려하여 구매품목의 품질에 대하여 조사

구분	내용
수량	포장단위, 할인율, 보관 및 저장용량을 고려한 구매수량 조사
가격	물품의 가치와 거래조건 변경에 의한 가격인하 효과를 고려한 가격조사
구매 시기	납품가격, 사용 시기, 물가 등을 고려하여 구매 시기 결정
공급업체	복수거래 및 상시 공급가능한 업체 선정과 조사
거래조건	인수 및 지불조건, 구매비용의 절감을 기대할 수 있는 거래조건에 대하여 조사

② 구매시장조사의 원칙

구매시장조사를 진행할 때 지켜야 할 원칙은 다음과 같다.

- **비용경제성의 원칙** : 구매시장조사는 인적자원 · 시간 · 소요비용이 최소가 되어야 하며 시장조사에 소요되는 비용과 구매의 효율성 사이에 조화가 이루어져야 한다. 시장조사의 비용이 구매 후 발생하는 이익을 초과해서는 안 되며 상호 경제성이 전제되어야 한다.
- **조사적시성의 원칙** : 구매시장조사는 조사 자체에 목적이 있는 것이 아니라 필요한 시기에 실제적인 구매가 이루어지도록 정보를 주어야 하므로 정해진 시간 안에 꼭 이루어져야 한다. 또한 조사기간이 길어지면 비용이 추가로 발생하여 손실을 가져올 수 있으며 구매 시기를 놓칠 수도 있다.
- **조사탄력성의 원칙** : 구매활동은 시장 및 계절 등 여러 환경요인에 의해 항시 변동이 발생할 수 있으므로 시장상황 변동과 정책 변화에 능동적으로 대응할 수 있어야 한다.
- **조사계획성의 원칙** : 구매시장조사는 정확하게 이루어져야 하므로 시장조사에 앞서 구체적인 계획이 수립되어야 한다. 계획 없이 이루어지는 시장조사는 원칙에도 위배되고 구매활동 및 급식경영에도 유용한 정보를 전달할 수 없다.
- **조사정확성의 원칙** : 구매시장조사는 구매시장 실태에 대한 정확한 정보를 전달해야 한다.

③ 구매시장조사의 유형

구매시장조사는 구매를 통한 원가절감과 급식조직의 이익증대를 위해 네 가지 유형으로 구분하여 조사할 수 있다.

- **기초시장조사** : 가장 기본적인 시장조사를 의미하며, 기업의 구매정책을 결정하기 위해 시행하는 것으로 관련 업계의 동향, 가격현황, 관련 업체의 수급동향, 거래처의 대금결제방법 등을 조사한다.
- **품목별 시장조사** : 현재 구매가 필요한 물품의 가격 변동과 수급현황을 조사하는 것으로 구매물품의 가격산정과 구매수량을 결정하기 위한 기초자료로 활용한다.
- **구매거래처별 시장조사** : 특정업체와 지속적으로 거래를 유지하기 위해 실시하는 조사로 주거래업체의 일반적인 상황, 재무상태, 손익구조, 품질관리, 생산상황, 제조원가, 성장성, 경영관리 등을 조사한다.
- **유통체계별 시장조사** : 유통의 건전성을 알아보기 위해 실시하는 조사로 생산에서 소비에 이르기까지 유통단계별 제품 · 가격 · 유통경로 · 촉진 등을 조사한다.

2) 시장 및 유통경로

(1) 시장

시장은 구매자와 공급업체, 가격 형성, 물품소유권의 이전과 같은 3요소를 구비하고 있는 유효구매자의 집합으로 상품과 소유권이 생산자에게서 소비자에게 인도되는 장소로 정의할 수 있다. 또한 대상 제품이나 서비스를 구매하거나 구매 가능성을 지닌 소비자 또는 기업의 집합체로 정의할 수도 있다. 과거의 시장은 물품교환에 의한 소유권 이전의 장소였으나 오늘날에는 기능도 다양해져 생산된 상품의 수송, 가공, 포장, 판매까지의 모든 경로를 포함한다. 특히, 식품시장의 상품인 농 · 수 · 축산물은 저장수명이 짧아 쉽게 부패하고 품질저하의 문제가 발생하기 때문에 유통경로와 품질관리가 매우 중요하다.

① 시장의 기능

- 구매정보의 획득기능 : 판매자와 구매자 간의 정보 교환의 장소로 시장 변화 및 동향, 신제품 등에 관한 정보를 빠르게 얻을 수 있다.

- 교환기능 : 판매자에게서 구매자에게로 물건과 서비스의 소유권이 이전되고, 이에 대한 대가로 구매자는 판매자에게 대금을 지불하며 물품과 대금의 교환이 이루어지는 장소이다.
- 물품공급기능 : 생산자 및 판매자에게서 구매자에게로 물품이 이동·공급되는 실질적인 장소이다.
- 경영활동의 수행장소 : 장부 정리, 대금 지불, 연체대금의 수금, 문서 전달 등을 수행하는 장소의 기능이 있다.

② 시장의 종류

시장은 **식품의 종류**에 따라 **양곡시장**, **수산물시장**, **청과물시장**, **축산물시장** 등으로 나눌 수 있으며, **유통경로** 및 **시장의 위치**에 따라 **제1차 시장**산지시장, **제2차 시장**도매시장, **지역시장**소매시장으로 나눌 수 있다그림 3-6.

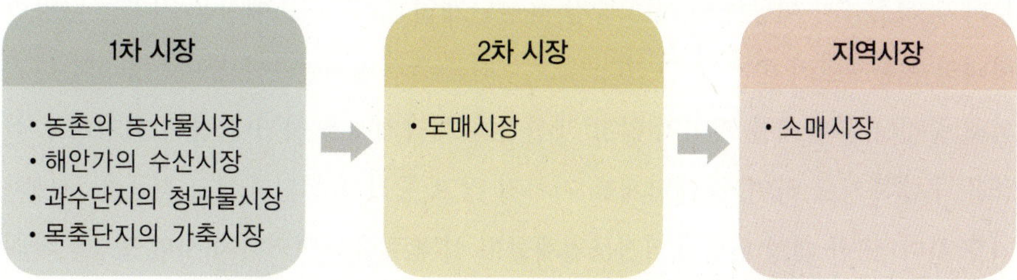

그림 3-6 유통경로 및 시장의 위치에 따른 식품시장의 종류

제1차 시장은 **산지시장**이라고도 하며, 산지 근처에 형성되는 **생산자의 판매시장**이다. **제2차 시장**은 **도매시장**이라고도 하며, 소비지역에 근접한 시장으로 1차 시장으로부터 식품을 대량으로 구입하여 지역시장에 배분하는 역할을 하고 있으며, 도매시장으로서 공적 기능을 원활하게 수행하기 위해 시장기구나 조직구성원에 대해 제도적으로 규정하고 있다. 도매시장은 거래상의 안전을 보장할 수 있으며, 공개 경매를 통한 균형가격을 형성하고 농수산물의 수급 조절을 담당한다.

소매시장은 소비지에 형성되는 **지역시장**으로 최종 소비자에게 물품 및 각종 서비스를 제공하는 역할을 한다.

더 알아보기

도매시장의 기능

- 상적유통기능 : 농수축산물의 매매에 관한 기능(예 : 가격 형성, 대금결제 등)
- 물적유통기능 : 농수축산물의 이동에 관한 기능(예 : 대량집하, 분산, 저장, 운송 등)
- 유통정보기능 : 농수축산물의 시장동향 및 가격정보를 생성, 수집, 전달하는 기능
- 수급조절기능 : 농수축산물의 공급량 및 수요량을 조절하는 기능(예 : 물량반입, 반출 등)

(2) 유통경로

① 식품유통경로의 개념

유통경로란 물품과 소유권이 생산자로부터 최종 소비자에게 이동되는 과정에서 관련된 활동을 담당하는 중간 상인들의 상호연결과정을 말한다. 식재료가 생산지로부터 급식소까지 이동하는 데는 중간 유통단계인 도매상, 소매상을 거치는 다양한 형태의 유통경로가 존재할 수 있다그림 3-7. 최근 급식업체들은 유통비용을 절감하기 위해 중간 유통단계를 거치지 않고 생산자와 계약재배를 하거나 산지 직거래로 식품을 구매하기도 하며, 소매단계를 거치지 않고 중간 유통단계에서 식품을 구매하기도 한다. 또한 대형 위탁급식전문업체들이 식재료 유통영역까지 사업영역을 확대하여 중소 단체급식업체에 전문적으로 식재료를 공급하기도 한다.

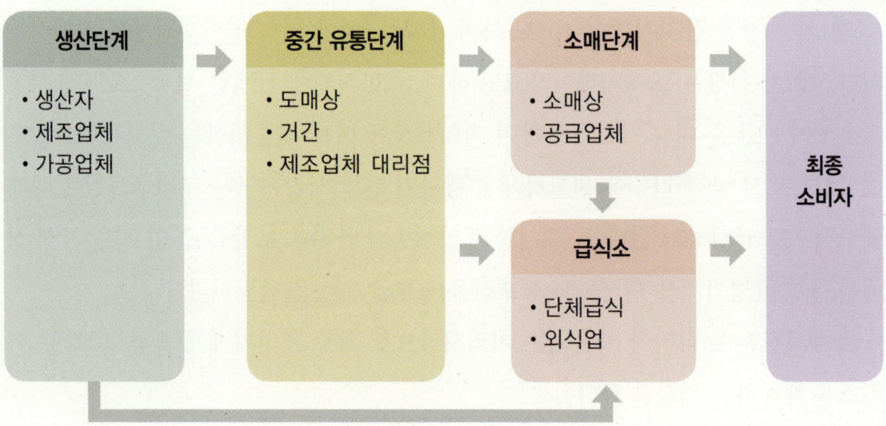

그림 3-7 식품유통체계

더 알아보기

가락동 농수산물시장의 유통체계

도매시장은 중앙 및 지방정부의 투자에 의해 도시지역에 개설된 시장으로 우리나라의 대표적인 공영도매시장인 가락시장의 유통체계는 다음과 같다.

가락시장

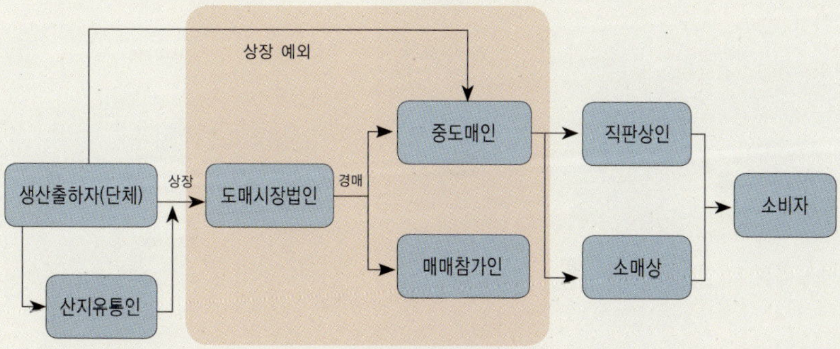

가락시장 유통체계도

유통인의 역할

유통인	역할
도매시장법인	생산자로부터 판매를 위탁받은 농수산물을 생산자를 대신하여 중도매인 또는 매매참가인에게 경매로 판매를 진행하고 정해진 수수료를 수령
중도매인	경매에 참가하여 농수산물을 낙찰받거나 생산자에게서 물건을 사서 소매상인 등에 도매로 판매
매매참가인	대형 슈퍼마켓 운영자 또는 농수산물 가공판매업자 등 대량 실수요자로서 중도매인과 같이 경매에 참가하여 물품을 매수함
관련 상품 상인	도매시장을 이용하는 사람들에게 편의를 제공하기 위해 각종 농수산물 가공식품이나 절임류, 포장재 등을 판매하는 상인
직판상인	중도매인으로부터 농수산물을 매입하여 소비자에게 직접 판매하는 상인

생산	출하	상장	경매	대금정산	배송분산
생산자는 수산물을 정성으로 생산하고 선별, 포장	개인이나 생산자단체별로 도매시장에 농산물을 출하	생산자(또는 단체)는 시장 내 도매시장법인에게 판매를 의뢰	도매시장법인은 상장된 농수산물을 경매를 통해 최고 가격을 제시한 중도매인이나 매매참가인에게 판매	도매시장법인은 경매해서 낙찰된 금액 중 상장 수수료 등을 공개하고 판매 대금을 출하자에게 지급	중도매인이 낙찰받은 상품은 소매상, 백화점, 슈퍼마켓 등에 판매

가락동 농수산물시장의 유통과정

더 알아보기

위탁급식 전문업체 물류시스템

현대 그린푸드

현대 그린푸드는 창고관리시스템(WMS)과 운송이동시스템(TMS)의 구축을 통해 전문적이고 차별화된 물류서비스를 제공하고 있다.

자료 : 현대그린푸드 홈페이지(https://hyundaigreenfood.com/po/is/lgs/ISLGS02L.hgc)

CJ프레시웨이

CJ프레시웨이는 품질과 위생 안전이 보장된 물류 프로세스를 통해 입고부터 배송까지 가장 신선하고 안전하게 식자재를 관리하여 공급하고 있다.

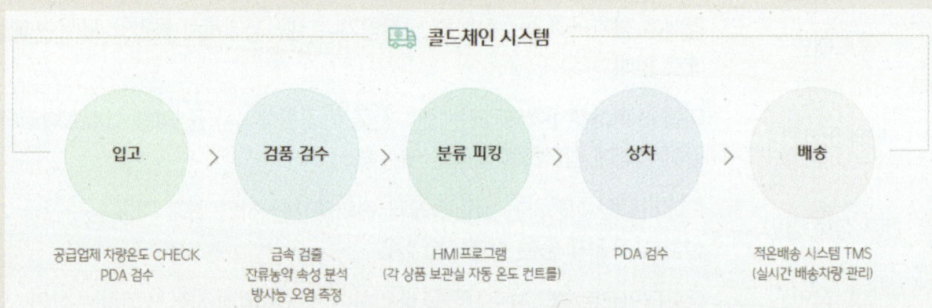

자료: CJ프레시웨이 홈페이지(http://www.cjfreshway.com/infra/logistics.jsp)

② 식품유통경로의 문제점

식품은 획일적으로 생산되는 공산품과 다르므로 다음과 같은 식품유통경로의 문제점이 있다.

- **생산수급의 불안정** : 농수산물은 기후 변화와 천재지변, 지구온난화로 인한 기상이변에 따라 안정적인 생산과 공급이 불안정할 수 있으며, 개별 농가에 의해 생산량이 결정되므로 소비자의 구매계획에 많은 영향을 줄 수 있다.
- **계절에 따른 가격변동 폭 심함** : 농수산물은 성수기와 비수기가 뚜렷하여 비수기에는 저장으로 인하여 품질이 떨어지지만 가치가 상승하여 가격도 상승한다. 반면, 성수기에는 유통량이 증가하여 가격 하락 폭이 커지는 문제점이 있다.
- **품질 유지 · 관리의 어려움** : 농수산물은 저장수명이 짧아 쉽게 변질 · 부패되고 시간경과에 따라 품질이 급격히 저하되므로 상품성 유지에 어려움이 있다.
- **규격화 · 표준화 어려움** : 공산품은 규격화 및 표준화가 용이하지만 농수산물은 동일품종이라도 생산품의 품질 및 표준규격화가 어려워 유통에 문제점이 많다. 이러한 문제점을 극복하기 위해 농산물품질관리법을 제정하여 표준 규격과 물류 표준을 제시하고 있으며, 축산물의 경우 축산물등급제도를 제정하여 실시하고 있다.
- **과다한 운송비** : 농수산물은 가격에 비해 상대적으로 무게와 부피가 크고 저장수명이 짧아 적절한 냉장 · 냉동시설이 필요하고 운반 및 수송에 많은 비용이 소요된다.
- **생산농가의 영세성** : 농수산물의 생산농가는 전국적으로 분산되어 있고 생산규모가 영세하며 소규모 분산 출하가 주를 이루고 있으므로 유통시장의 교섭력이 약하고 경쟁력이 부족하다.

5. 구매절차

급식소 내에서 구매활동을 정확하고 빠르게 운영하기 위해서 정확한 구매절차가 필요하다. 구매절차는 급식소의 상황에 따라 다양한 방법으로 수행하거나 새로운 과정이 생길 수도 있으나, 기본절차는 그림 3-8과 같다.

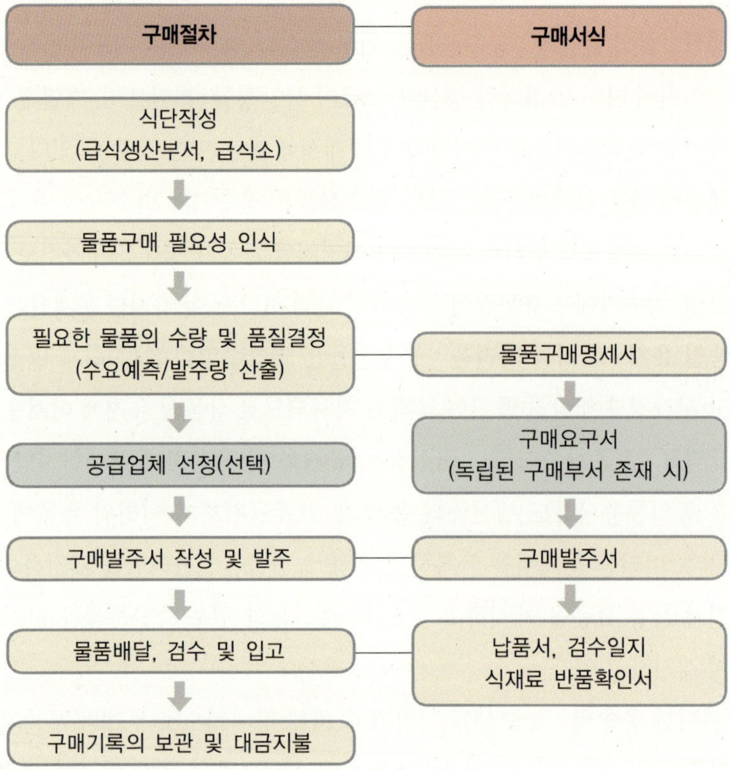

그림 3-8 구매절차

1) 물품구매 필요성 인식

급식업체에서 물품구매의 필요성을 인식하는 부서는 물품을 사용하는 급식생산부서와 적정재고를 유지해야 하는 창고관리부서이다. 급식생산부서는 급식소에서 가장 먼저 물품구매에 대한 필요성을 인식하는 곳으로 **식단작성**으로부터 구매의 필요성을 인식하게 된다.

2) 필요한 물품의 수량 및 품질 결정

필요한 물품의 수량은 수요예측을 한 후 작성된 식단을 기준으로 산출된 표준 레시피standardized recipe의 1인 분량을 기준으로 결정한다.

(1) 수요예측

① 수요예측의 의의

수요예측demand forecasting은 과거의 기록 또는 현재의 자료들을 이용하여 미래의 수요량을 예측하는 것이다. 급식소에서 수요예측이란 몇 명이 식사할지에 대한 식수를 예측하는 것이라고 할 수 있으며, 수요예측을 통하여 구매계획, 판매 및 생산계획이 이루어진다.

정확한 식수예측은 **생산부족**under production 또는 **생산과잉**over production에 따른 문제점표 3-9을 해결해주고 최종 생산에 따른 비용을 최소화할 수 있으며, 고객만족도 및 직무만족도 증가, 운영의 정확성을 확보할 수 있다.

표 3-9 생산부족과 생산과잉의 문제점

생산부족	생산과잉
• 고객 불만 초래(고객이탈현상) • 긴급발주 및 추가발주로 인한 비용 발생 • 조리사 및 종사원의 업무에 대한 긴장감 증가	• 잔식으로 인한 비용 낭비 • 인력 및 시설비용 손실 • 음식물 쓰레기비용 증가 • 식품의 품질저하 및 현금유동성 저하

② 수요예측을 위한 자료

수요예측은 대부분 과거의 기록을 근거로 이루어지므로 정확하고 지속적인 기록체계가 필요하다. 급식소의 수요예측을 위해서 수집해야 할 자료는 과거의 식수인원자료, 메뉴표, 급식소의 유형, 서비스 유형, 선택메뉴 여부, 레시피, 생산일정표 등이다.

③ 수요예측방법

수요량을 예측하기 위한 방법으로는 조직 내·외 사람들의 경험이나 견해, 직관에 의존하는 **주관적 수요예측방법**과 입증된 모형을 통해 예측하는 **객관적 수요예측방법**이 있다그림 3-9.

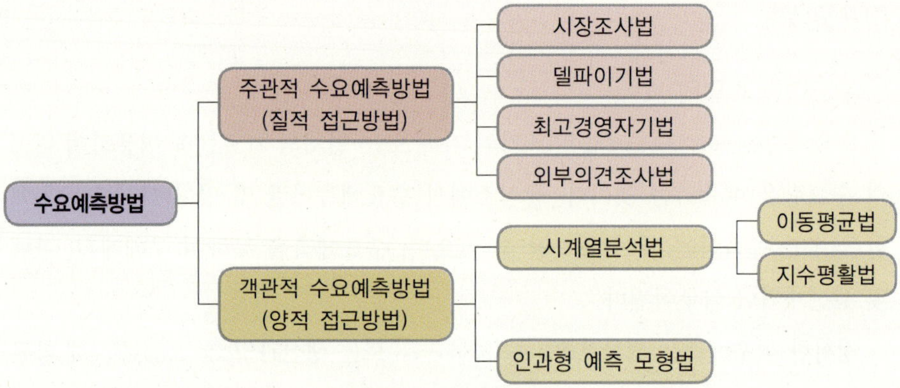

그림 3-9 수요예측방법

■ **주관적 수요예측방법**

주관적 수요예측subjective forecasting method방법은 **정성적 예측방법** 또는 **질적 접근방법**이라고도 하며, **시장**소비자**조사법**market research, **델파이기법**delphi method, **최고경영자기법**중역 의견법, **외부의견조사법** 등이 있다.

시장소비자**조사법**은 시장현황에 관한 가설을 설정하여 체계적이고 공식적인 방법으로 조사·분석하는 방법이며, **델파이기법**은 전문가에게 1차 설문조사를 실시하고 결과를 종합하여 합의된 결과가 도출될 때까지 설문조사를 반복하는 분석방법으로 비용과 시간이 많이 소요되므로 급식소에서 적용하기는 힘들다. **최고경영자기법**은 중역 의견법이라고도 하며 장기계획을 세울 때, 신제품을 개발할 때 많이 활용하는 방법이다. **외부의견조사법**은 외부전문가들의 의견을 수렴하는 방법이다.

주관적 수요예측방법은 기술예측이나 신제품을 출시할 때와 같이 과거의 예측자료가 불확실하거나 시간경과에 따른 예측에 일관성이 없고 자료가 충분하지 않을 때 이용된다.

■ **객관적 수요예측방법**

객관적 수요예측방법은 **정량적 접근방법** 또는 **양적 접근방법**이라고도 하며, **시계열분석법**과 **인과형 예측 모형법**이 있다.

• **시계열분석법**time series model : 과거의 시계열분석자료의 패턴이 현재와 미래

3-1

함께 풀어보기

A 급식소의 월별 식수인원이다. 4월, 5월, 6월 7월의 식수를 단순이동평균법을 활용하여 예측하시오.

월	1	2	3	4	5	6	7
실제식수(식)	500	530	510	520	525	517	
예측식수(식)							

에도 계속될 것이라는 가정하에 경향을 분석하고 장래를 예측하는 방법으로 **이동평균법**과 **지수평활법** 등이 있다. 단기예측에 가장 적합한 방법으로 시계열일, 주, 월, 연자료에 따른 과거의 생산수량, 식수인원, 판매량에 대한 기록을 근거로 미래를 예측한다. 시계열분석법은 수년간의 자료수집이 용이하고, 변화경향이 뚜렷하며 안정적일 때 사용되는 통계적 예측방법이다.

- **이동평균법**moving average method은 최근 일정기간 동안의 식수 평균을 구하여 미래의 수요를 예측하는 방법으로 가장 간단하면서도 **단체급식소**에서 많이 이용하는 방법이다. 새로운 기록이 발생하면 가장 오래된 기록을 제외하고 최근 기록의 평균을 이용하여 수요를 예측한다. 이동평균법에는 과거 여러 기간의 기록에 동일한 가중치를 적용한 후 최근 3개월 간의 자료에 대한 평균을 산출하는 **단순이동평균법**simple moving average과 과거기록 중 기간별로 다른 가중치를 적용하여 평균을 산출하는 **가중이동평균법**weighted moving average이 있다.
- **지수평활법**exponential smoothing method은 현 시점에서 가장 최근의 기록에 높은 가중치를 주고 수요를 예측하는 방법으로 최근 기록이 미래의 수요예측에 가장 큰 영향을 주도록 하는 방법이다. 지수평활법은 전산화 프로그램으로 쉽게 이용할 수 있으며 계산이 쉽고 필요한 정보의 양이 최소화된다는 장점이 있다. 지수평활법은 보다 정확한 예측을 하고자 할 때 사용한다.

$$F_{t+1} = \alpha D_t + (1-\alpha)F_t = F_t + \alpha(D_t - F_t)$$

F_{t+1} : 예측식수

F_t : 가장 최근의 예측식수

D_t : 가장 최근의 실제식수

$D_t - F_t$: 예측오차

α : 평활계수($0 \leq \alpha \leq 1$)

실제식수와 예측식수를 모두 사용하는 점에서 단순이동평균법과 차이가 있으며 이동평균법에서는 가중치가 일정하지만 지수평활법에서 지수평활계수(α)의 가중치는 현 시점에 가까울수록 크다. **지수평활계수**($0 \leq \alpha \leq 1$)는 급식소 상황이나 메뉴의 성질에 따라 정할 필요가 있다. 수요가 안정된 메뉴는 실제식수와 예측식수 간의 차이가 크지 않으므로 α값을 0에 가깝게 설정하고, 수요 변동이 심한 메뉴는 α값을 1에 가깝게 설정한다. 예를 들어, 수요가 안정된 메뉴는 0.1, 0.2, 0.3으로 수요가 불안정한 메뉴는 0.4, 0.5, 0.6으로 적용하며, 신메뉴의 경우 0.7, 0.8, 0.9로 적용한다.

3-2

함께 풀어보기

다음 B급식소의 식수를 지수평활법을 활용하여 6월의 식수를 예측하시오(평활계수 $\alpha = 0.1$).

월	1	2	3	4	5
실제식수(식)	500	550	495	540	525
예측식수(식)	510	509	513		

- **인과형 예측 모형법**casual forecasting model : 어떤 원인에 의하여 자료가 영향을 받는다고 생각하여 그 원인과 결과 사이의 수학적 인과관계를 찾아서 수요를 예측하는 방법으로 회귀 모델, 계량경제 모델 등이 있다. 인과형 예측 모형법

은 예측식수에 영향을 주는 요인과 관계를 나타내며, 예측식수에 영향을 주는 요인에는 날씨, 요일, 계절, 특별 이벤트, 메뉴선호도, 방문시간 등이 있다. 인과형 예측 모형법은 미래의 전환기를 예측하는 데 가장 좋은 방법이다.

(2) 발주량 산출

발주placement of order란 물품을 주문하는 것을 말한다. 급식소에서 각 식재료별 발주량의 산출은 **메뉴**에 기초하여 이루어진다.

① 발주량(구매량) 산출방법

폐기율이 없는 식재료의 경우 메뉴에 포함된 각 식재료의 표준 레시피로부터 식재료별 1인 분량을 산출한 후, 예측식수를 곱하여 다음과 같이 발주량을 산출하게 된다.

폐기율이 없는 식재료

$$\text{발주량} = \text{표준 레시피 1인 분량} \times \text{예측식수}$$

폐기율이 있는 식재료의 경우 메뉴에 포함된 각 식재료의 표준 레시피로부터 식재료별 1인 분량을 산출하고, 식재료 폐기율을 이용하여 출고계수를 산출한 후 예측식수를 곱하여 다음과 같이 발주량을 산출한다.

폐기율이 있는 식재료

$$\text{발주량} = \text{표준 레시피 1인 분량} \times \text{출고계수} \times \text{예측식수}$$

$$\text{출고계수} = \frac{100}{100-\text{폐기율}}$$

위와 같이 발주량을 산출하고 식재료의 재고를 파악한 후 **재고가 없는 품목**일 경우 발주량이 바로 구매량이 되고, **재고가 있는 품목**일 경우 재고를 차감한 후 적정 발주량을 산출한다.

식재료의 폐기율은 식품군마다, 그리고 같은 식품군에서도 식품마다 그 편차가 심하다. 또한 식재료의 가공 정도에 따라 그 폐기율이 달라지므로 각 급식소에서는 납품되는 식재료별 폐기율에 대한 정보를 자체적으로 잘 정리하여 보다 정확한 발주를 위한 자료로 사용하는 것이 필요하다. 일반적으로 곡류, 두류, 버섯류, 해조류, 유지류, 유제품, 조미료 등의 폐기율은 0%이나 난류는 ~15%, 서류는 ~20%, 채소 및 과일류는 ~70%, 육류는 ~65%, 어패류는 ~85%에 달하기도 한다. 개별 식품의 폐기율은 표 3-10과 같다.

3-3

함께 풀어보기

한국급식소의 3월 15일 점심 예상식수가 100명이다. 점심 메뉴로 갈치구이를 준비하는데, 갈치의 폐기율은 20%, 갈치구이의 1인 분량은 120g이다. 재고량이 5kg일 때 갈치의 발주량은 얼마인가?

표 3-10 식품별 폐기율

식품류	식품명	폐기율	식품류	분류	식품명	폐기율
육류	쇠고기(등심, 사태, 양지, 곱창)	0	어패류	어류	가자미	45
	쇠고기(꼬리)	50			갈치	33
	송아지(갈비)	35			고등어(생것)	41
	돼지고기(등심, 삼겹살, 간)	0			꽁치	44
	돼지고기(족발)	55			대구	52
	닭고기(살코기)	35			멸치	0
	닭고기(날개)	33			삼치	36
	닭고기(다리살)	43			조기	48
	오리고기	37		패류	굴(석굴)	72
난류	달걀	13			꼬막	74
	메추리알	12			바지락	79
해조류	김, 다시마, 미역, 톳, 청태	0			전복	53
버섯류	목이, 석이버섯(말린 것)	0		갑각류	꽃게	61
	송이버섯(생것)	5			낙지	13
	양송이, 표고, 느타리버섯(생)	0			대하	46
	팽이버섯(생것)	36			오징어	22

식품류	식품명	폐기율	식품류	분류	식품명	폐기율
과일류	곶감	11	채소류	엽경채류	두릅	18
	귤	18			미나리, 부추, 상추	0
	대추(말린 것)	13			배추	61
	대추(생것)	6			시금치	14
	딸기	2			쑥갓	5
	바나나	40			아욱	10
	배(신고)	17			양배추	20
	복숭아(백도)	5			청경채	9
	사과(부사 후지)	13			파	13
	수박	31		근채류	당근	11
	오렌지	27			도라지	16
	참외	22			무	6
	포도(캠벨얼리)	31			생강	17
곡류	쌀, 보리, 수수, 기장, 메밀	0			양파	8
두류	콩, 녹두, 완두, 강낭콩	0			연근	13
서류	감자	16			우엉	20
	고구마	7		과채류	가지	5
견과류	아몬드	0			브로콜리	39
	은행	30			애호박	0
	호두	55			오이	5
유제품	우유, 치즈, 요구르트, 크림	0			풋고추	7
유지류	대두유, 참기름, 버터, 참깨	0			피망	14

자료 : 농촌진흥청(2011).

② 경제적발주량

경제적발주량EOQ : Economic Order Quality이란 **저장비용**과 **주문비용**발주비용의 두 가지 비용에 의해 결정된다.

저장비용은 재고관리를 위해 소요되는 비용으로 저장시설의 유지비, 관리비, 보험비, 재고손실률 등을 말한다. **주문비용**은 주로 인건비가 차지하고 있으며, 업무처리 비용, 교통통신비, 소모품비, 검수에 따른 비용을 포함하고 있다.

그림 3-10은 경제적발주량을 결정하는 연간 저장비용과 연간 주문비용의 관계를 나타내는 것으로 **발주량**에 따라 변화가 있음을 보여 준다. 따라서 **연간 소요되는 총비용**은 발주량과 주문발주 횟수에 의해 결정되는 연간 저장비용과 연간 주문비용의 총합과 같다. 발주량이 증가하면 연간 저장비용은 늘어나고 연간 주문비용은 떨어

지며, 발주량이 적어지면 연간 저장비용은 적어지고 연간 주문비용은 늘어난다. 그러므로 연간 저장비용과 연간 주문비용의 총합이 가장 적은 부분의 발주량이 **경제적발주량**이 되며 **적정발주량**이라 할 수 있다. 산출공식은 다음과 같다.

경제적 발주량의 산출 공식

- 발주점 : 평균소요량×공급기간 중의 소요량+안전재고량
- 경제적발주량(비용) = $\sqrt{\dfrac{2\times\text{연간 사용한 품목의 비용}}{\text{단가}\times\text{재고유지비용(재고의 평균가치비용의 비율)}}}$
- 경제적발주량(품목의 수) = $\sqrt{\dfrac{2\times\text{발주비용}\times\text{연간 사용한 품목의 양}}{\text{단가}\times\text{재고유지비용(재고의 평균가치비용의 비율)}}}$
- 안전재고량 : 예측되지 않은 수요의 변화에 대비하기 위해 설정해 놓은 재고량

경제적발주량은 냉동식품 또는 제과에서는 사용이 편리한 반면, 수요변동이 심하고 계절별로 메뉴가 자주 변하는 단체급식소에서는 사용하기가 어렵다. 그러나 발주량을 계산할 때 보조적인 도구로는 활용할 수 있다.

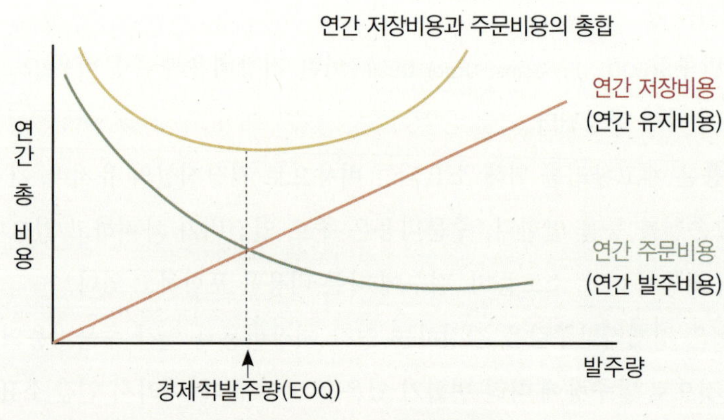

그림 3-10 경제적발주량

3-4

함께 풀어보기

1. 급식업체에서 생표고버섯의 사용량이 연간 1,300kg이고 생표고를 유지 및 관리하는 데 소요되는 비용이 재고가의 15%에 해당하며, 단위당 가격이 800원이다. 이때 발주에 소요되는 고정비가 15원이라고 한다면 1회 경제적 발주량은?
2. 또한 1년간 발주 횟수는?

③ 발주방식의 결정

발주방식은 발주해야 할 품목에 따라 결정되며 그림 3-11을 참고로 **정기발주방식**과 **정량발주방식**을 결정하게 된다. 당일 배달 또는 당일 사용을 원칙으로 하는 신선

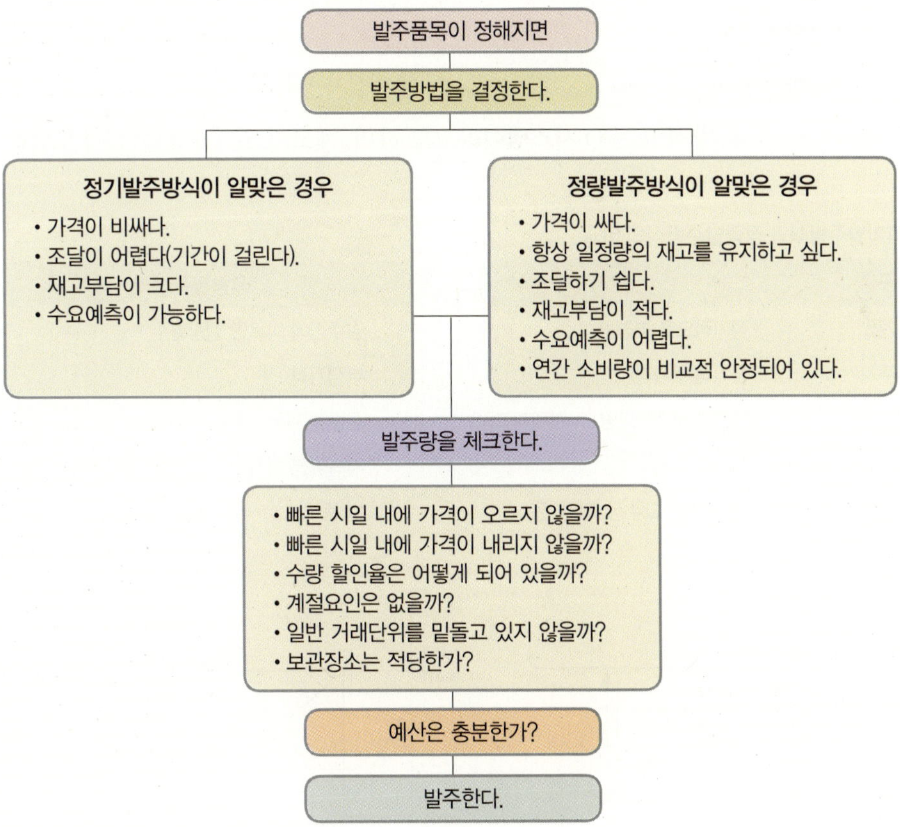

그림 3-11 발주방식의 결정

자료 : 박정숙(2011).

식품의 경우 일주일분을 모아서 특정 요일에 발주하거나, 사용계획이 있는 며칠 전에 발주하기도 한다. 곡류, 식용류, 통조림 등 상온보관식품은 저장 시설의 크기, 1일 필요량, 발주 후 배달까지 소요되는 시간 등을 고려하여 정량발주방식, 정기발주방식 등의 방법을 이용한다.

■ **정기발주방식**

정기발주방식fixed-order period system은 **정기실사방식**periodic inventory system 또는 **P 시스템**이라고도 하며, 이미 정해놓은 일정한 주기마다 부정량을 발주하는 방식이다. 발주량은 최대 재고량에서 현재 재고량을 차감한 양이 된다. 일반적으로 가격이 고가여서 재고부담이 크거나 공급하는 데 기간이 많이 걸리는 물품 또는 수요예측이 가능한 물품에 적합하다. 정기발주방식의 특징의 비교는 표 3-11과 같다.

■ **정량발주방식**

정량발주방식fixed-order quantity system은 **계속실사방식**perpetual inventory, **발주점** order point system**방식** 또는 **Q 시스템**이라고도 하며, 재고가 일정수준발주점에 도달하

표 3-11 정기발주방식과 정량발주방식의 비교

구분	정기발주방식	정량발주방식
개요	정기적으로 부정량	발주점에 이르면 정량발주
발주시기	정기적(주기적)	부정기적
발주량	부정량(최대재고량 – 현재재고량)	정량(경제적발주량 : EOQ)
재고조사 방법	정기적 실사	계속적인 실사
해당품목	장류(된장, 고추장, 자장) 등	쌀 등

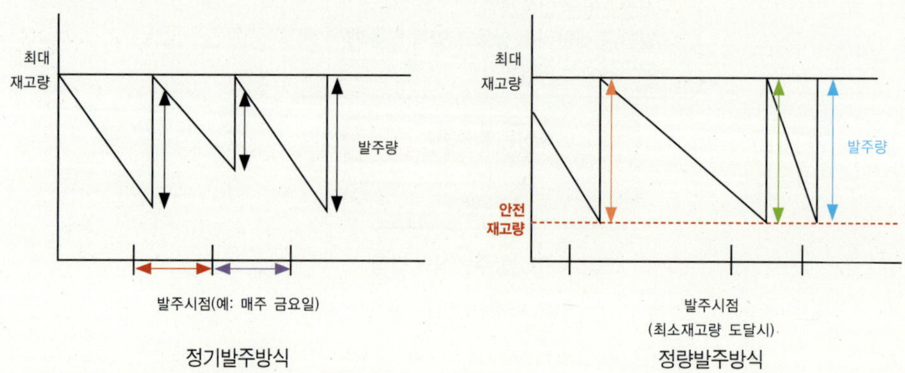

면 일정량을 발주하는 방식이다. 이때 발주점은 발주부터 입고까지 조달기간 중에 예측되는 소비량과 안전재고량의 합계가 재고로 남아 있는 시점이 된다. 일반적으로 재고부담이 적은 저가물품의 발주에 이용되고, 항상 수요가 있기 때문에 일정한 재고량을 확보해야 하는 물품에 적합하다. 정량발주방식의 특징의 비교는 표 3-11과 같다.

(3) 물품구매명세서

물품구매명세서specification는 구입명세서, 물품명세서, 시방서라고도 하며, 구매하고자 하는 물품의 품질 표준을 유지하기 위해 물품의 특성 및 품질에 대해 기술한 서식이다그림 3-12. 물품구매명세서는 발주서와 함께 공급업체에 송부하여 기재된 품질에 맞게 물품을 공급할 수 있도록 돕고 검수담당자는 검수할 때 물품구매명세서에 적힌 품질에 맞는 물품과 수량이 공급되었는지 확인한다.

물품구매명세서에는 식품에 대한 다음의 내용이 적혀 있어야 한다.

물품구매명세서(학교)

기간 : 2021년 9~10월　　　　○○고등학교 급식소

NO	식품명/상세식품명(단위)	규격	식품 설명	일자	용량	단가	총 금액
1	가래떡(흰떡)/떡국용(kg)	(kg)	떡국 떡, 1kg, 쌀(국내산)				
2	가츠오부시/가다랑어포(g)	(kg)	가츠오부시, 500g(국물용)				
3	가츠오부시/가츠오우동소스(kg)	(kg)	가츠오부시 메밀생면수프, 2kg				
4	간장/양조간장(kg)	(kg)	진간장, 15kg				
5	간장/재래간장(kg)	(kg)	국간장, 15kg				
6	감(홍시)/아이스홍시(kg)	(kg)	아이스홍시 60g(일반 농산물)				
7	겨자/분말(kg)	(kg)	겨자분, 200g				
8	고춧가루/고춧가루(kg)	(kg)	국내산, 고운 고춧가루, HACCP 인증				
9	고춧가루/김치제조용(kg)	(kg)	국내산, 굵은 고춧가루, HACCP 인증				
10	바나나/생과(kg)	(kg)	바나나(상, Dole, 9다발, kg-9개 이상 필리핀산, 일반 농산물)				
11	배추/생것(kg)	(kg)	국내산 '상', 겉잎 제거(일반 농산물)				
12	배추/얼갈이(kg)	(kg)	국내산 '상'(일반 농산물)				
13	보리/찰보리(kg)	(kg)	2011년산 국내산(일반 농산물)				
14	부추(재래종)/생것(kg)	(kg)	국내산 '상'(일반 농산물)				
15	브로콜리/생것(kg)	(kg)	국내산 '상'(일반 농산물)				
16	사과(생과)/부사(후지)(kg)	(kg)	국내산 '상', 개당 220~230g(일반 농산물)				
17	상추/꽃상추(kg)	(kg)	국내산 '상', 꽃적상추(일반 농산물)				

그림 3-12 물품구매명세서

• 사람들이 쉽게 인식할 수 있는 식품의 일반적 제품명 및 상표명
• 식품의 품질등급, 냉장 및 냉동상태
• 식품의 포장단위 혹은 포장 용량
• 식품 포장에 사용된 용기의 크기와 포장 단위 내의 개수
• 식품의 가공 처리 정도와 숙성의 정도
• 그 외 구매식품의 품종, 산지, 포장 내의 당분과 지방 등의 함량, 고형분 중량 등

물품구매명세서는 위와 같은 내용이 구매계약 체결 전에 구매자에 의해 작성되며, 작성을 할 때 물품구매명세서에 들어가는 내용은 간단하고 명료하게 꼭 필요한 정보만을 서술한다. 물품 사용부서인 급식생산부서급식소를 비롯하여 구매부서, 검수부서, 창고관리부서 등 여러 부서에서 이용할 수 있으며, 구매부서, 검수부서, 공급업체 세 곳에서 가지고 있는 물품구매명세서의 내용은 같아야 한다.

3) 구매요구서 작성

구매요구서purchase requisition는 **구매청구서**라고도 하며, 독립된 구매부서가 존재하는 경우 필요성을 인식한 생산부서와 구매부서 간 업무처리를 위해 기록되는 공식적인 문서이다. 물품구매명세서를 근거로 구매요구서 2부를 작성하여, 원본은 구매부서에 송부하고 사본은 구매를 요구한 부서에서 보관한다.

식재료 구매요구서

기간 : 2021.05.07~2021.05.13(중식) ○○고등학교

관	항	목	세목	결재	교감	교장		

아래와 같이 (매입, 수리, 운반)토록 하여 주시기 바랍니다.

[물품(매입, 수리, 운반)요구]

No.	[코드] 상품명/ 상세식품명	식품 설명	단위	05.07	05.07	05.08	05.09	05.10	05.11	05.12	05.13	총량	업체 정보/ 비고
1	[170100] 된장/된장, 개량식	문옥례고추장, 10 kg	kg				10.00					10.00	공동 구매
2	[011020] 밀가루/강력분 (국내산)	우리밀 통밀가루 (1 kg, 밀다원)	kg						3.00			3.00	공동 구매
3	[010109] 우동/삶은 것	상호식품/ 사누끼 냉동 우동면 1 kg	kg			40.00						40.00	공산품
4													
5													
6													
7													
8													

그림 3-13 식재료 구매요구서

4) 공급업체 선정

공급업체는 **거래처**, **납품처**, **거래선**이라고 하며, 독립된 구매조직이 존재하는 경우 구매담당자는 구매요구서에 따라 구매 물품에 대한 공급조건을 충족시킬 수 있는 업체를 선정해야 한다. 대규모 학교의 경우 품목별로 구분하여 경쟁입찰계약을 실시하여 각 품목별로 공급업체를 선정하고 소규모 학교의 경우 수의계약에 의해 업체를 선정하게 된다. 학교급식 선정 및 관리기준은 표 3-12와 같다.

위탁급식전문업체의 경우 급식소의 영양사와 급식소 관리자는 공급업체 선정에

표 3-12 학교급식 공급업체 방문평가표

- 점검업체명 : • 공급학교수 : ( )개교
- HACCP업체 지정 여부 (지정□, 미지정□)

구분	점검사항	평가		
		우수	보통	미흡
❶ 작업공정 및 환경위생	1. 원재료의 보존상태			
	2. 작업장 청결상태			
	3. 작업된 식품 보관상태			
	4. 작업장의 온도 · 습도 관리			
	5. 작업장의 방충설비 관리상태			
	6. 작업장의 위치, 조명, 환기 시설의 적절성			
	7. 작업장의 바닥, 벽, 천장 등 파손 여부			
	8. 작업용구(칼, 장갑, 기구류)의 세척, 소독 상태			
	9. 냉장 · 냉동고의 식재료 보관 및 관리상태(위생 및 유통기한)			
	10. 냉장 · 냉동 시설의 적정 용량 확보 및 온도 유지 (냉장 5℃, 냉동 –18℃ 이하)			
	11. 작업장 주위시설 위생관리(화장실 및 쓰레기처리)			
	12. 사용용수의 적합성(상수도 또는 지하수 검사성적서)			
	13. 작업장 정기소독 실시 여부			
❷ 개인위생	14. 작업복, 작업모, 작업화 착용 및 청결상태			
	15. 정기건강진단 실시 여부(6개월에 1회 실시)			
	16. 작업장 내 수세시설 및 손소독기 비치여부			
	17. 작업자 위생교육 실시 여부(위생교육일지 열람)			
❸ 수송위생	18. 제품 수송 차량 청결 및 온도유지			
	19. 제품 수송 차량 내에 교차오염을 방지할 수 있는 설비 여부			
❹ 기타	20. 배상물 책임보험 가입 여부			
	21. 급식품 제조 또는 운송 시 하청 여부 (전체 납품 물량과 작업장 종사자수 및 운반차량의 적정성)			
❺ 서류비치 (축산물)	22. 축산물 등급판정서, 도축확인 증명서 비치 여부			
❻ 종합의견및 참고사항				

점검일자 : 2020년 월 일

점 검 자(학 교) : 직 급식소위원회 위원 성명 (서명)

점 검 자(학 교) : 직 급식소위원회 위원 성명 (서명)

확 인 자(납품업체) : 직 성명 (서명)

자료 : 교육부(2021). 학교급식위생관리지침서 5차 개정.

더 알아보기

식자재 전문유통기업 '푸드머스'의 공급업체 선정기준

식자재 전문유통기업 '푸드머스'는 농산물, 수산물, 축산물, 공산품 등으로 공급 품목을 분류하고 최상의 식재만을 엄선해 위생적으로 가공하여 고객에게 공급하기 위해 엄정한 협력업체 선정기준을 적용하고 있다.

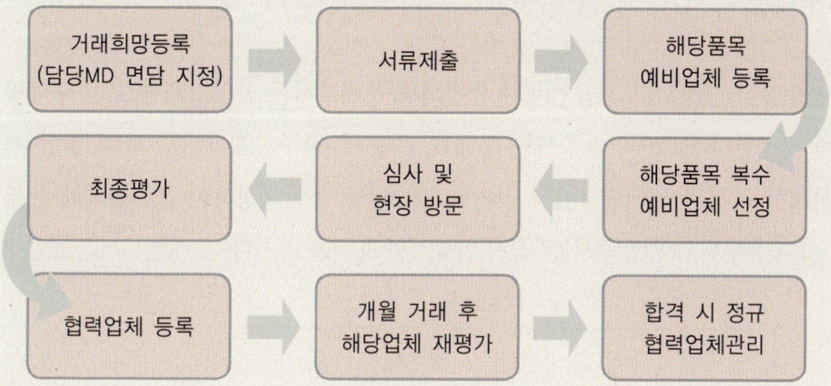

업체등록 흐름

업체평가 기준

재무/위생평가를 거쳐 당사 기준을 통과한 업체에 한해 MD실에서 항목별로 최종 검토평가 후 대상 업체가 복수인 경우 최고점을 득한 업체로 선정하며 단수인 경우 총 평가점수가 60점 이상일 경우에만 선정

유통인	역할	관련 서류
가격 경쟁력	당사 견적가 대비 구성비(%)	견적서류
동 업계 거래현황	동종업계 거래현황 파악	최근 1년간 거래 실적 증명원
송신력(매출실적)	당사 구매액 대비 매출 구매 비중	최근 1년간 소득세 납부 증명서
해당상품 취급 경력	해당 상품 구매 관련 취급 연수	차량등록증, 실사

자료 : (주)푸드머스 홈페이지(2012).

직접 참여하지는 못한다. 구매부서에서 채소 및 과일류, 육류, 생선, 김치, 공산품, 소모품으로 구분하여 공급업체를 선정한 후, 협력업체로 등록하고 급식관리 전산 프로그램에 공급업체를 공개해주면 영양사는 급식소에서 필요한 품목의 품질기준을 제시한 공급업체를 온라인상에서 선택하게 된다.

5) 구매발주서 작성 및 발주

발주량이 결정되고 공급업체가 선정되면 구매부서는 공급업체에 보낼 **구매발주서**를 작성한다그림 3-14. 발주서는 구매표, 주문서, 발주전표라고도 하며, 물품 사용 부서에서 작성된 구매요구서를 근거로 구매담당자가 작성하여 공급업체에 송부한다. 이때 송부된 구매발주서는 즉시 법률적인 효력을 가진다. 구매발주서는 보통 3부

발주서

기간 : 2022. 1. 03~2022. 01. 09 (중식)

[수신] 납품업체군 : 농산품 [발송] : ○○○고등학교

NO	식품명	속성설명/물품구매명세서	단위	01.03	01.04	01.05	01.06
1	고구마/껍질제거(깐 것)	1000g/kg/껍질제거(깐것)/필요사항 절단/맛탕용3×3	kg		30.00		
2	고사리/삶은것	1000g/kg/Non-GMO/삶은것/국내산 상 이물질 없는것/삶은 것	kg	7.00			
3	고추(붉은고추(홍고추))	1000g/kg/Non-GMO/삶은것/국내산 상/싱싱하여 꼭지가 무르지 않을것 너무 맵지 않은것/국내산 상/생것	kg		0.10	0.30	
4	고추(청양고추)/일반	1000g/kg/일반/삶은것/국내산 상/ 싱싱하여 꼭지가 무르지 않은것	kg			0.30	
5	기능성찹쌀(칼슘강화)	1000g/kg/국내산/Non-GMO/국내산 칼슘강화 찹쌀/국내산/농협	kg	1.00			
6	깻잎순	1000g/kg/국내산/Non-GMO/[상] 등급 이상/상급이상/발아순/이물질 없이 깨끗할것	kg		1.50		
7	다채(그린비타민)	1000g/kg/국내산/Non-GMO/상급품/잎이 누렇게 되지 않으며 싱싱하고 넘 크지 않을 것/샐러드 용	kg			2.00	
8	당근/세척한 것	1000g/kg/국내산/Non-GMO/[상] 등급 이상/세척당근 진공포장/ 싱싱하고 무르지 않으며 온도 나올것/ 국내산 상	kg	2.00	2.00	2.00	
9	도라지/껍질제거(깐것), 실채	1000g/kg/Non-GMO/껍질제거(깐것)/실채/국내산 이물질 없고 깨끗한것	kg	7.00			
10	마늘/껍질제거(깐것), 꼭지제거	1000g/kg/국내산/Non-GMO/[상] 등급 이상/껍질제거(깐것)/꼭지제거/국내산, 꼭지제거 깐것	kg	1.00	1.00	1.00	1.00

그림 3-14 구매발주서

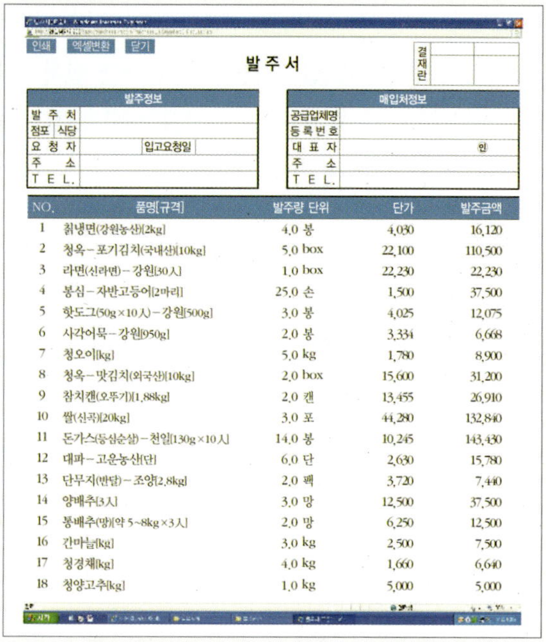

인쇄 엑셀변환 닫기

발주서

결재란		

발주정보			
발 주 처			
점포 식당			
요 청 자		입고요청일	
주 소			
T E L.			

매입처정보	
공급업체명	
등록번호	
대 표 자	인
주 소	
T E L.	

NO.	품명[규격]	발주량 단위	단가	발주금액
1	칡냉면(강원농산)[2kg]	4.0 봉	4,030	16,120
2	청옥－포기김치(국내산)[10kg]	5.0 box	22,100	110,500
3	라면(신라면)－강원[30人]	1.0 box	22,230	22,230
4	봉심－자반고등어[2마리]	25.0 손	1,500	37,500
5	핫도그(50g×10人)－강원[500g]	3.0 봉	4,025	12,075
6	사각어묵－강원[950g]	2.0 봉	3,334	6,668
7	청오이[kg]	5.0 kg	1,780	8,900
8	청옥－맛김치(외국산)[10kg]	2.0 box	15,600	31,200
9	참치캔(오뚜기)[1.88kg]	2.0 캔	13,455	26,910
10	쌀(신곡)[20kg]	3.0 포	44,280	132,840
11	돈가스(등심순살)－천일[130g×10人]	14.0 봉	10,245	143,430
12	대파－고운농산[단]	6.0 단	2,630	15,780
13	단무지(반달)－조양[2.8kg]	2.0 팩	3,720	7,440
14	양배추[3人]	3.0 망	12,500	37,500
15	통배추(망)[약 5~8kg×3人]	2.0 망	6,250	12,500
16	간마늘[kg]	3.0 kg	2,500	7,500
17	청경채[kg]	4.0 kg	1,660	6,640
18	청양고추[kg]	1.0 kg	5,000	5,000

그림 3-15 전산 발주 프로그램

를 작성하여 원본은 공급업체, 사본 1부는 구매부서, 나머지 사본 1부는 물품 입고 후 대금지불의 근거로 회계부서에 보관한다. 발주서에는 급식소의 이름과 주소, 공급업체의 이름과 주소, 공급업체에 대한 일반정보, 구매품목에 대한 설명, 구매계약단가, 구매자의 서명 등의 항목이 포함되어야 한다. 위탁급식전문업체의 경우 급식관리 전산 프로그램과 식자재유통전문업체의 통합발주시스템에서 영양사가 필요한 품목, 물품구매명세서의 내용, 공급업체를 확인하고 온라인상에서 수량입력을 하고 저장하면 발주가 마무리된다. 이때 공급업체에서는 급식소의 품목과 발주량을 온라인상에서 확인하고 공급할 물품을 준비하게 된다.

6) 물품배달, 검수 및 입고

구매발주서에 근거하여 공급업체가 물품을 배달하면 검수담당자는 공급업체가 제출한 **납품서**송장, 거래명세서를 **발주서**와 대조하고 **물품구매명세서**를 기준으로 품질을 확인한다.

검수receiving는 **납품검사**라고도 하며, 공급업체에 의해 납품되는 물품의 품질, 위생, 수량, 선도, 규격이 주문내용과 일치하는지 확인하는 절차이다. 물품에 문제가 발생한 경우 반환조치와 함께 식재료 반품확인서를 작성하고, 그렇지 않은 경우 물품을 인수하여 저장하고 검수일지에 기록한다.

(1) 검수방법

납품된 물품의 검수는 품목에 따라 검사에 소요되는 시간과 비용을 최소화할 수 있도록 다양한 방법을 활용할 수 있다. 급식소에서 많이 사용하는 검수방법에는 납품된 모든 물품을 검사하는 전수검수법과 일부만 샘플로 취해 검사하는 발췌검수법이 있다.

① 전수검수법

전수검수법은 납품된 식재료 전체를 하나하나 검사하는 방법으로 식재료가 소량이면서 개별 식재료의 가격이 육류와 같이 고가인 경우 희귀 식재료 및 특별한 경우에 전수검수법을 활용한다. 전수검수를 할 경우 우수한 품질의 식재료를 입고할 수 있으나 시간과 비용이 많이 소모되는 단점이 있다.

② 발췌검수법

발췌검수법은 일부 식재료를 무작위로 선별하여 검사하고 그 결과를 토대로 전체의 품질을 평가하여 합격과 불합격을 평가하는 방법으로 시간과 비용면에서 유리하다. 대량 구입하는 식재료 중 어느 정도 불량품이 혼입되어도 문제가 되지 않는 경우, 검수항목이 많은 경우, 파괴검사인 경우, 검수시간과 비용을 절약해야 하는 경우에 적합한 방법이나 품질이 좋지 않은 식재료가 섞여 있을 가능성이 있다.

(2) 검수절차

급식소의 기본적인 검수절차는 납품된 물품의 수량과 품질 확인, 납품된 물품과 납품서 대조, 물품의 인수 또는 반품, 인수 물품의 입고, 검수 기록 및 문서정리 순으로 진행된다그림 3-16.

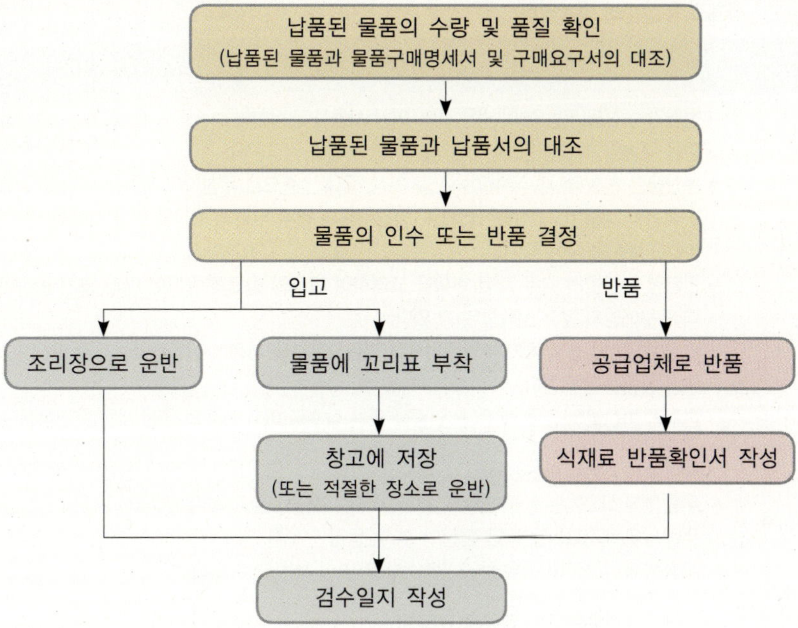

그림 3-16 검수절차

① 납품된 물품의 수량과 품질 확인

주문사항과 납품된 수량과 품질을 대조한다.

- 물품의 종류, 포장단위는 물품과 구매요구서 또는 발주서와 대조한다.
- 물품의 품질은 물품과 물품구매명세서와 대조하고, 품질에 맞는 물품이 납품되었는지 확인한다.

표 3-13 식재료 품질관리기준 권장

구분	품질관리기준 권장
농산물	• 친환경 농산물(무농약 이상)은 70% 이상 사용을 권장한다. • 쌀은 무농약 이상 사용 및 직거래를 통한 구입을 권장한다. • 농산물은 친환경인증 무농약농산물 이상, 국내산 순으로 우선하여 사용을 권장한다. 특히, 잔류농약 검출빈도가 높은 엽채류, 엽경채류의 경우 무농약 농산물 이상 사용을 권장한다(GMO 농산물 사용 금지). • 친환경 농산물의 경우 재배 현황을 고려하여 학교의 필요와 용도에 따라 크기 등 표준규격에 구애받지 않고 선택할 수가 있다. • 일반농산물의 경우 국가가 인증한 검사기관으로부터 사전에 잔류농약검사를 마친 제품의 우선 사용을 권장한다. • 전처리 농산물의 경우 HACCP 인증품 또는 상수도 이용 제품의 우선 사용을 권장한다.
축산물	• 국내산 무항생제 축산물(쇠고기, 돼지고기, 닭고기, 오리고기, 계란) 사용을 권장한다. 무항생제 쇠고기는 등급 판정의 결과 한우는 2등급 이상, 육우는 3등급 이상을 권장한다. 무항생제 돼지고기는 등급 판정의 결과 2등급 이상을 사용 권장한다. 무항생제 유정란의 경우 등급 판정에 관계없이 사용할 수 있다.
수산물	• 국내산 수산물의 우선 사용을 권장한다. • 수입산 및 원양산 수산물은 국가가 인증한 검사기관으로부터 사전 방사능검사 시험성적서를 제출한 제품의 사용을 권장한다. 또한 그 결과는 필요 시 공개할 수 있다.
김치류	• 모든 원재료는 국내산 사용을 권장한다. • L-글루탐산나트륨 및 식품첨가물을 사용하지 않는 것을 권장한다. • 국내산 천일염, 식염 사용을 권장한다.

표 3-14 학교급식 원산지 표시대상(농축산물 9개, 수산물 12개)

품목	표시대상(원산지표시법 제5조, 시행법 제3조)
농축산물	축산물(쇠고기, 돼지고기, 닭고기, 오리고기, 양고기, 염소고기〈유산양 포함〉) 및 그 가공품, 배추김치(배추김치가공품 포함) 중 배추와 고춧가루, 쌀(밥, 죽, 주룽지), 콩(두부류〈가공두부, 유바는 제외〉), 콩국수, 콩비지)
수산물	수산물(넙치, 조피볼락, 참돔, 미꾸라지, 뱀장어, 낙지, 고등어, 갈치, 명태〈황태, 북어 등 건조한 것은 제외〉, 참조기, 오징어, 꽃게) 및 그 가공품, 다랑어, 아귀, 주꾸미

자료: 서울특별시교육청(2020). 2020학년도 학교급식 기본방향

② 납품된 물품과 납품서의 대조

• 발주서와 납품서를 대조하여 기록된 물품의 수량이 실제로 배달된 물품의 수량과 일치하는지 확인한다.

- 납품서는 물품대금청구의 근거로 사용되므로 오류사항이 있으면 꼭 정정하도록 한다.
- 검수 순서는 냉장식품, 냉동식품, 채소, 공산품의 순서로 검수한다.

③ 물품의 인수 또는 반품 결정

- 납품된 물품에 문제가 없는 경우에는 물품을 인도받고 납품서에 검수 확인 및 서명한다.

식재료 부적합품 확인서

납품일시	202○년 월 일 요일 00:00					
납품업체	업체명				대표자	
	식품군				연락처	
요구품목	식품명	규격	수량	단위	지적사항	비고

구분	항목내용	세부항목/위반항목	비고
❶ 품질(Quality)	일반품질불량	□ 사양 및 규격 미준수	
		□ 수량 및 중량 부족	
		□ 품질 등급 불량	
		□ 미납, 미배송분 발생	
		□ 포장 및 외관 불량	
	오염 및 신선도불량	□ 교차오염, 이물질 혼입	
		□ 식품온도 불량	
		□ 상품 변질	
	법적 표시 사항	□ 법적 표시사항 준수여부	
		□ 원산지 표시사항 준수 여부	
❷ 납기(Delivery)	일반납기	□ 납품시각 준수 여부	
	반품 및 미배송 납기	□ 미배송분 납품시각 준수 여부	
		□ 반품 후 재배송 납품시각 준수 여부	
❸ 위생 및 안전(Safety)	배송차량 위생	□ 차량 청소상태 불량	
		□ 차량온도 및 표기	
	운반자 위생	□ 운반자 위생불량	
	배송차량 안전	□ 차량으로 인한 교내사고	
	위생관련 제출서류	□ 위생관련 법정 서류 미제출 (건강진단 결과서 등)	
❹ 서비스 및협조도 (Responsiveness)	클레임처리 협조도	□ 반품 및 납품 거부	
		□ 반품 시 재납품 품질 불량	
	검수 협조도	□ 대면검수 불이행	
		□ 무책임한 배송(택배)	
	업무 협조도	□ 시정서, 확인서 거부 및 미제출	
❺ 기타	계약위임위탁	□ 타업체 차량 이용	
	공급업체 점검	□ 식약처 합동 및 교육청 점검 시 지적 발생(계약기간 내)	
	기타	□ 그 외 식재료 납품 과실로 원활한 학교급식 운영에 차질을 발생한 경우	

상기 내용으로 인하여 학교급식에 지장을 초래한 사실이 있었음을 확인하며 차후 이러한 사례가 없도록 하겠습니다.

202○년 월 일

검 수 자 : 학교 직) 성명) ㊞

검수참여자 : 학교 직) 성명) ㊞

납 품 자 : 업체명) 성명) ㊞

상기 내용으로 인하여 학교급식에 지장을 초래한 사실이 있었음을 확인하며
차후 이러한 사례가 없도록 하겠습니다.

202○년 월 일

그림 3-17 식재료 부적합품 확인서

자료 : 교육부(2021). 학교급식위생관리지침서 5차 개정

• 납품된 물품이 온도, 품질, 위생상태 등 정해진 검수기준에 미달되거나 주문하지 않은 물품, 가격이 일치하지 않은 물품, 배달 시기가 잘못된 물품인 경우에는 식재료 반품확인서를 작성한 후 반품조치한다.
• 반품 절차와 규칙은 사전에 정해야 하며, 반품 이유는 검수담당자와 공급업체 간에 서로 확인하고 기록으로 남겨야 한다.

④ 인수 물품의 입고

• 즉시 사용하는 식재료는 조리구역으로 이동하는데, 이때 외부 포장은 오염될 수 있으므로 포장을 제거한 후 조리구역으로 운반한다.
• 보관해야 하는 식재료는 저장구역으로 이동하고, 이동할 때 포장이나 케이스에 **라벨**이나 **꼬리표**tag를 부착한다.
• 라벨이나 꼬리표에는 검수날짜, 공급업체, 무게 또는 수량, 보관방법, 가격 등을 기재한다.

⑤ 검수기록 및 문서정리

검수담당자는 **검수일지**에 납품된 물품과 공급업체에 대한 검수내용을 기록하고 보관한다.

(3) 효과적인 검수를 위한 구비조건

검수를 효과적으로 수행하기 위해서는 유능한 검수담당자, 적절한 검수 설비 및 기기, 검수일정의 계획, 발주서 및 물품구매명세서 등의 검수서류가 구비되어 있어야 한다.

① 검수담당자(검수원)

검수를 효과적으로 수행하기 위해서는 식품에 대한 전문지식과 경험을 소유한 유능한 검수담당자를 확보해야 한다. 검수담당자의 자격요건 및 업무내용은 다음과 같다.

■ **검수담당자의 자격요건**

검수담당자는 검수업무를 수행하기 위해 4I'S라는 지식이 필요하며, 4I'S는 지식

[검수일자 : 2021년12월20일]

식재료 검수서

아래와 같이 검수합니다. 검 수 일 자 : 2021년 12월 20일 중식 검 수 자 : (인) ○○고등학교장 귀 하	결재	영양사	담당자	행정실장	교장

No	식사구분	식품명	속성설명	단위	수량	원산지	포장상태	식품온도	유통기한 제조일	품질상태	업체군	조치사항
1	중식	고춧가루/국산	1000g/kg/국산/국내산 haccp인증 고춧가루 / 색깔 고운 것/맵지않은 것	kg	2						공산품	
2	중식	두유(바나나두유)	1000g/kg/풀무원 바나나라떼 125ml	kg	60						공산품	
3	중식	밀가루(중력분)	1000g/kg/수입밀 사용/청정원,cj, 곰표 외 동급 이상	kg	2						공산품	
4	중식	불닭소스	1000g/kg/Non-GMO/청정원 불닭소 스 2k/ 아워홈 불닭소스 2k	kg	4						공산품	
5	중식	사워크림소스	1000g/kg/면사랑 크림소스	kg	2						공산품	
6	중식	샌드위치(햄, 치즈 샌드위치)	1000g/kg/국내산/Non-GMO/천년풍 미 식빵 위 네모 햄 18g*30/550g	kg	4						공산품	
7	중식	소금(천일염)	1000g/kg/국내산/[상]등급 이상/ 국내산 천일염 /신안산/이물질이 없고 깨끗하며 간수가 빠진것	kg	6						공산품	
8	중식	식빵	1000g/kg/뚜레쥬르 750g	kg	14.25						공산품	
9	중식	연유	1000g/kg/서울우유 연유 0.5k	kg	1						공산품	
10	중식	우유	1000g/kg/200g/국내산/Non-GMO/서 울우유 1L	kg	5						공산품	
11	중식	참기름	1000g/kg/국내가공/Non-GMO/세프 원 1kg/ pet 포장	kg	1						공산품	
12	중식	후추	1000g/kg/국내가공/오뚜기 순후추 100g 캔포장	kg	0.1						공산품	
13	중식	훈제향소스	1000g/kg/Non-GMO/청정원 불맛 베 이스 2kg	kg	4						공산품	
14	중식	김치(깍두기)	1000g/kg/국내산/Non-GMO/김치용/ 냉장/국내산 HACCP인증,적당히 숙 성요함,맛있게 요망	kg	20						김치류	
15	중식	마늘/껍질제거(깐것), 꼭지제거	1000g/kg/국내산/Non-GMO/[상]등 급 이상/껍질제거(깐것)||꼭지제 거/국내산,꼭지제거 깐것	kg	1						농산품	
16	중식	무(조선무)/세척한 것	1000g/kg/국내산/Non-GMO/[상]등 급 이상/세척한것/(일반농산물) 국내산 상 세척무,속이 차고 바람 들지 않은것/하얗고 윤기가 있으며 단단하며 온도 나올것	kg	15						농산품	
17	중식	생강/국산, 껍질제거(깐것)	1000g/kg/국산/껍질제거(깐것)	kg	0.1						농산품	
18	중식	시금치/일반	1000g/kg/국내산/일반/Non-GMO/ [상]등급 이상/국내산 이물질 없 이 깨끗한것	kg	3						농산품	
19	중식	양파/껍질제거(깐것)	1000g/kg/국내산/Non-GMO/[상]등 급 이상/껍질제거(깐것)/국내산 햇양파 상/ 진공포장 싱싱하고 온 도나오는것	kg	8						농산품	
20	중식	청경채/일반	1000g/kg/일반	kg	4						농산품	
21	중식	콩나물	1000g/kg/국내가공/Non-GMO/수입 콩/ 국내가공 / 온도나오는것	kg	5						농산품	
22	중식	파(대파)/껍질제거(깐것)	1000g/kg/껍질제거(깐것)/국산 싱 싱하고 온도나오는것	kg	0.5						농산품	
23	중식	팽이버섯/일반	1000g/kg/국내산/일반/Non-GMO/국 내산/상급품/국내산 상/ 진공포장 / 진공상태가 풀리지 않고 무르지 않은것	kg	4						농산품	
24	중식	닭고기(다리살)/탕수용	1000g/kg/탕수용/국내산 1등급이 상 /G마크 우수축산물 /필요사항 절단/20g씩 절단								축산품	

그림 3-18 검수일지

intelligence, 성실integrity, 관심interest, 식품에 대한 정보information about food를 말한다. 세부적인 자격요건은 다음과 같다.

- 검수절차나 클레임 처리에 대한 업무를 숙지하고 있어야 한다.
- 다양한 식품품목에 대한 품질특성을 이해하고 식품에 대한 전문적인 지식과 경험이 풍부해야 한다.
- 식재료의 평가, 분석, 실험능력을 구비해야 한다.
- 구매 및 급식 생산업무에 대해서도 일정수준의 업무를 파악하고 있어야 한다.
- 발주서, 물품구매명세서, 견적서 등의 작성방법을 숙지하고 있어야 한다.
- 시장동향, 신제품 출하, 가격정보 등에 대한 조사방법 및 지식을 가지고 있어야 한다.
- 거래처의 평판, 신용도, 성실도 등에 대해 숙지하고 있어야 한다.
- 물품의 저장관리에 대한 지식을 가지고 있어야 한다.

■ 검수담당자의 업무내용

- 공급업자의 물품 배달시간과 검수일정을 미리 계획한다.
- 관련 서류계약서, 견적서, 발주서, 거래명세서에 근거하여 검수를 수행한다.
- 주문한 물품의 품질품질특성검사과 수량을 검사한다.
- 물품의 부족 여부 및 불량품 등의 반품 여부를 결정하고 해당 부서에 보고한다.
- 검수결과를 검수일지에 기입하고 반드시 서명을 한다.

② 적절한 검수 설비 및 기기

검수구역은 배달장소, 전처리구역, 저장구역과 인접한 장소에 위치하는 것이 좋으며, 검수에 필요한 기기 또는 비품으로는 정확한 저울, 온도계전자식 온도계, 적외선 온도계, 비접촉식 적외선표면온도계와 같은 측정도구, 통조림 따개, 칼, 가위, 운반차cart, 돌리dolly와 같은 운반도구, 비닐장갑, 소독액 등이 구비되어 있어야 한다제5장 급식 시설관리, 제6장 급식 위생 및 안전관리 참조.

③ 검수일정의 계획

검수일정은 공급업체와 협의하여 다른 물품의 납품시간과 겹치지 않는 시간으로 계획해야 하며 검수담당자가 있는 시간에 납품하도록 해야 한다. 선도에 영향을 주거나 당일 이용하는 식재료의 경우 아침시간을 활용하고, 건조식품이나 소모품 등은 바쁜 시간을 피해 오후에 납품하게 하는 등 합리적인 시간계획이 필요하다.

④ 검수서류

검수를 할 때 **급식소**에서 준비해야 할 서류는 **발주서**, **물품구매명세서** 사본, **검수기준서**, **구매요구서** 사본 등이며, **공급업체**에서는 **납품서**를 준비해야 한다그림 3-19. **납품서**statement of delivery는 **거래명세서** 또는 **송장**이라고도 하며, 공급업체가 물품을 납품할 때 구매담당자에게 송부하는 것으로 물품의 명세와 대금에 대한 내용이 기록되어 있다. 납품서에는 납품자 · 공급업체명과 주소, 납품일자, 식재료명, 규격, 단위, 단가, 공급가액, 검수담당자의 서명 등의 내용이 포함되어야 한다.

거래명세서(공급받는 자용)

서기 년 월 일(요일) (입고기준)

공급자	등록번호				공급받는 자	등록번호			
	상호		성명			상호		성명	
	주소					주소			

No.	품목코드	품명	규격	수량	단위	단가	공급가액	세액	총액
1	1000014546	모두부, 대두 : 외국산, Soga	Soga, 300g/EA, 부침용	3.0	EA	1,260	3,780	0	3,780
2	1000018908	오렌지주스병, 코카콜라, 미닛메이드	180mL/EA, 12EA	12.0	EA	600	7,200	720	7,920
3	1000162975	숙주나물, 녹두 : 중국, 해오름	1kg/EA	1.0	EA	1,130	1,130	0	1,130
4	1000006800	미나리, 국내산	kg	0.6	kg	3,070	1,842	0	1,842
5	1000011621	배추김치, 국내산, 한성	kg	1.0	kg	3,380	3,380	0	3,380
6	1000007922	육우정육우둔, 육우 : 국내산	kg, 덩어리, D-2, 3등급	1.0	kg	17,650	17,650	0	17,650
7	1000156888	달걀, 국내산, 대란	국내산, 대란, PAC, PE 포장	1.0	P/K	5,580	5,580	0	5,580
							40,562	720	41,282
							40,562	720	41,282

그림 3-19 거래명세서

7) 구매기록의 보관 및 대금지불

구매활동 중 수행된 모든 업무내용은 문서로 기록하여 일정기간 동안 보관하고 다음 구매활동의 참고자료, 대금결제의 근거로 사용한다. 법적인 효력이 발생하는 계약서나 발주서는 반드시 일정기간 동안 보관해 두어야 한다.

대금결제는 구매활동의 종결단계이며, 공급업체는 검수담당자의 검수승인을 받은 납품서거래명세표를 회계부서에 제출하면 대금지불의 근거로 사용한다.

6. 저장 및 출고

1) 저장

저장이란 납품된 식재료를 조리에 이용하거나 직접 고객에게 서비스되기 전까지 일정기간 동안 합리적인 방법으로 품질을 유지하도록 보존하는 것이다. 저장된 식재료는 현금이 상품으로 전환되기 전의 형태로 철저한 저장관리는 도난이나 부패의 위험을 줄일 수 있고, 적절한 재고량 확보로 이어져 수익성과 원가관리에 도움을 줄 수 있다. 급식관리자는 전 종사원에게 식재료가 곧 현금이라는 사실을 인식시키고 중요성에 맞는 철저한 관리가 이루어질 수 있도록 교육해야 한다.

(1) 식재료 저장관리의 원칙

식재료 저장관리는 납품된 식재료를 조리에 이용하거나 직접 고객에게 서비스되기 전까지 품질유지와 원가관리 측면에서 매우 중요하다. 식품의 품질 유지를 위해 저장 시설의 온도 및 습도를 적절하게 통제하고 위생적으로 관리하며, 식재료 저장관리의 원칙을 고려하여 보관하여야 한다.

더 알아보기

식재료 저장관리의 원칙

식재료를 저장할 때에는 다음과 같은 다섯 가지 원칙을 고려하여 저장하여야 한다.

- **품질 보존의 원칙** : 식품별 특성을 고려하여 일정기간 동안 합리적인 방법으로 품질을 유지하도록 보존하는 것을 말한다. 식품별 온도 · 습도 · 통풍 등을 관리하고 구충 · 구서 등의 기능을 갖춘 시설에서 품질 변화를 최소화해야 한다.
- **분류 저장의 원칙(분류 저장 체계화의 원칙)** : 입고된 식재료는 적절한 저장환경에서 품목별, 규격별, 품질특성별로 체계적이고 위생적인 상태로 분류하여 보관되어야 한다. 알파벳, 가나다, 숫자 등으로 원칙을 가지고 분류하면 편하다.
- **저장품 위치 표시의 원칙** : 저장된 식재료는 재고조사표 순서대로 배열되는 것이 좋다. 저장실의 물품배치표를 출입문 주위에 부착해 놓으면 위치를 파악하기 쉽고 시간을 절약할 수 있다.
- **선입 선출의 원칙(First-In First-Out : FIFO)** : 저장시설에 먼저 입고된 물품이 먼저 출고되어야 한다는 원칙으로 선입선출을 활용하면 식품의 낭비를 최소화하고 선도를 유지하여 양질의 음식생산에 도움을 준다.
- **공간 활용 극대화의 원칙** : 저장시설 및 선반 등을 경제적으로 활용하여 과도한 공간확보 때문에 발생하는 급식소 관리비용을 줄이자는 원칙이다.

(2) 식재료 저장 시설의 종류와 조건

식재료 저장 시설은 **냉장**창**고**, **냉동**창**고**, **건조창고**로 분류할 수 있다**제5장 급식 시설관리, 제6장 급식 위생 및 안전관리 참조**. 각 저장시설은 적절한 **온도**와 **습도**가 유지되어야 하며, 방충, 방서, 환기 시설 등의 위생조건을 갖추어야 한다. 부정유출과 도난 방지 등을 위해서 식재료 저장실의 출입구에는 잠금장치를 설치하여 엄격히 통제해야 한다. 선반은 조립식으로 조정할 수 있도록 목재보다는 녹이 슬지 않는 **스테인리스스틸** 등의 금속제가 바람직하다. 선반은 습기 방지를 위해 바닥에서 15 cm, 환기를 위해 벽에서 약 15 cm 떨어뜨려 설치하는 것이 이상적이다.

(3) 식재료 저장 시설의 크기

식재료 저장 시설의 크기는 급식소의 운영시스템과 메뉴의 구성, 배달 빈도, 구매량, 구매정책 등에 따라 다르게 산정될 수 있다. 만약 전통적 급식체계로 운영하는 급식소의 경우 냉장 · 냉동 저장시설의 크기가 적어도 되지만 가공식품을 많이 사용하는 조합식 급식체계와 조리저장식 급식체계에서는 냉장 · 냉동 저장공간이 많이 필요하다. 이때 저장실이 너무 크면 광열비 등의 경비가 낭비될 수 있고 식재료를 지나치게 많이 보유하는 결과를 초래하여 현금유동성이 저하되며 안전유지에 허점이 생길 수 있다.

2) 출고

출고issuing란 생산부서의 요구에 의하여 저장시설에 보관된 물품을 반출하는 것을 말한다. 검수 직후 바로 조리에 이용되는 경우 직접출고direct issues라고 하며, 당일 원가에 포함시킨다. 저장 시설에 1일 이상 보관하였다가 반출하는 것은 저장품 출고storeroom issues라 하며 사용일의 원가로 계산된다. 출고는 필요한 양을 정해진 절차에 따라 출고전표에 기록과 함께 반출하는 것이 중요하다. 위탁급식전문업체의 경우 출고전표를 별도로 작성하지 않으며 급식관리 전산 프로그램 안에서 출고부분에 사용량을 올리고 저장하면 온라인상에서 출고처리가 완료된다.

7. 재고관리

재고inventory란 조직이 보유하고 있는 물품자산의 기록으로 물품재고자산의 흐름이 어떤 지점에 정체되어 있는 상태를 말한다. **재고관리**inventory control란 물품의 수요가 발생했을 때 신속하고 경제적으로 조달할 수 있도록 재고를 최적의 상태로 관리하는 절차를 의미한다.

1) 재고조사방법

재고조사의 방법유형으로는 **실사재고조사**physical inventory와 **영구재고조사**perpetual inventory가 있으며, 두 가지 방법을 병행하여 활용하면 적정재고관리에 도움이 된다.

(1) 실사재고조사

실사재고조사physical inventory는 정기적으로 현재 저장시설에 보유하고 있는 물품의 수량을 직접 조사하여 기록하는 방법으로 영구재고조사의 정확성을 확인하기 위해 보완적으로 사용한다그림 3-20. 주로 월 1회, 월말에 실시하며, 2인 1조로 구성하여 한 사람은 수량을 확인하고 한 사람은 기록을 하는데, 수량 확인은 창고관리와 무관한 종사원이 맡아서 하는 것이 좋다. 실사재고조사는 물품의 도난, 변패, 손실, 영구재고조사, 입·출고의 기록상의 문제점을 파악할 수 있으며, 재고물품의 단위당 단가와 재고량을 계산하여 재고금액을 산출할 수 있다. 또한 재고자산의 총 가치를 평가하여 사용한 물품의 비용을 산출하는 데 정보를 제공한다. 반면, 시간이 많이 걸리고 부정확하게 재료량을 파악하게 되는 단점이 있다. 실사재고조사는 소규모 급식업체에서 주로 활용하며, 품목의 회전속도가 빠른 것에 적합하다. 급식소의 영양사들도 발주량 산출과 월말 정산 시 재고금액의 산출을 위해 실사재고를 실시하며 실사재고조사의 장·단점은 표 3-13과 같다.

(2) 영구재고조사

영구재고조사perpetual inventory는 각 물품의 입고와 출고시점에서 재고자산의 증가나 감소를 계속해서 기록하는 방법으로 특정시점의 재고품목과 수량을 언제나 파악할 수 있다그림 3-21. 영구재고조사는 적절한 재고량 유지에 관한 정보를 제공하여 특정시점의 재고자산을 쉽게 파악할 수 있으며, 효율적인 재고관리에 도움이 된다.

실사재고기록카드

조사일시 : 년 월 일( )
조 사 자 : (인)
확 인 자 : (인)

품명	단위	수량	단가	금액	비고	품명	단위	수량	단가	금액	비고

그림 3-20 실사재고조사지

품목 :

영구재고기록카드

입고						출고					차이	
날짜	제공자	수량	단가	가격	액수	날짜	수령자	청구번호	수량	액수	수량	액수

그림 3-21 영구재고조사지

그러나 재고관리가 수작업으로 진행될 경우 노동력이 소요되면서 경비도 함께 증가하며 기록체계의 정확성의 문제로 인하여 효율성이 떨어질 수 있다. 최근에는 컴퓨터시스템의 활용으로 관리가 용이해졌으며 영구재고조사의 정확성을 확인하기 위해 실사재고조사를 함께 실시하면 좋다. 영구재고조사는 규모가 큰 급식업체에서 대량 재고를 보유할 때, 건조식품 또는 냉동저장품, 고가의 품목에 많이 활용되며 영구재고조사의 장·단점은 표 3-15와 같다.

표 3-15 실사재고조사와 영구재고조사의 장·단점

구분	실사재고조사	영구재고조사
장점	• 재고자산의 총 가치를 평가함 • 재고금액의 확인이 가능함	• 적절한 재고량 유지에 관한 정보를 제공함 • 특정시점의 재고량과 재고자산을 쉽게 파악할 수 있음
단점	• 많은 시간이 소요됨 • 신속하지 못함 • 부정확하게 재고량이 파악될 수 있음	• 많은 경비가 소요됨 • 기록체계의 정확성에 문제가 발생함 (수작업 기록체계의 문제점)

재고조사 결과, 실사재고조사의 재고량과 영구재고조사의 장부상의 재고량이 불일치하면 원인을 규명하고 재고관리에 반영해야 한다. 실제 재고량이 장부상의 재고량보다 부족한 경우 식재료의 부패, 변질에 의한 손실 때문인지, 장부 기록의 오류 때문인지, 아니면 식재료의 외부 유출이 있어서인지 등의 원인을 찾은 후 두 재고량이 일치하도록 장부를 정정하고, 향후 이러한 일의 재발 방지를 위한 조치를 취해야 한다.

2) 재고관리기법

급식관리자는 원가관리, 적정 재고수준, 발주량, 재고 유지비용 등을 결정할 때 재고관리기법을 이용한다. **재고관리기법**에는 ABC **관리기법**, 80 : 20 **관리기법**, **최소-최대 관리기법**이 있다.

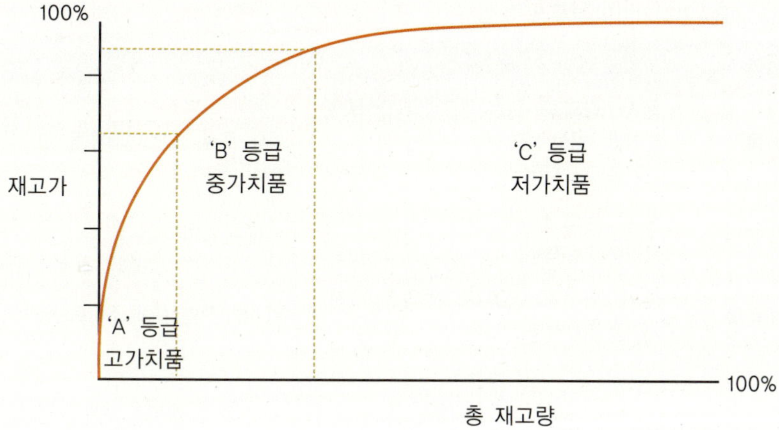

그림 3-22 ABC 관리기법

(1) ABC 관리기법

ABC 관리기법ABC inventory control method은 재고 물품의 가치에 따라 A, B, C 3등급으로 분류하고 재고관리에 소요되는 노력, 시간, 비용 등을 할당하여 차별적으로 관리하는 재고관리기법이다. 재고품의 단가는 재고량과 통제에 영향을 주기 때문에 용도에 맞게 등급을 분류하는 과정이 중요하며, 이때 재고가와 총 재고량을 기준으로 **파레토분석**pareto analysis을 통하여 곡선을 그린 후 물품의 중요도와 가치도에 따라 ABC로 순위를 결정한다그림 3-22.

파레토분석에서 A에 해당되는 품목은 고가치 또는 고가품목으로 재고량의 10~20%, 재고가의 70~80%를 차지하는 품목이므로 각별한 주의를 기울여 중점적으로 관리해야 한다. B품목은 중가치 또는 중가품목으로 재고량의 20~40%, 재고가의 15~20%를 차지하는 품목이다. 일반적으로 A품목보다는 중요도가 떨어지는 품목들로 일반적인 재고관리를 하면 된다. C품목은 저가치 또는 저가품목으로 전체 재고량의 40~60%, 재고가의 5~10%를 차지하는 품목이다. 유통기한을 검토한 후 수개월분을 일괄 구매할 수 있는 품목에 적합하다.

ABC 관리기법은 가급적 관리의 효과를 높일 수 있는 부분을 중점적으로 관리하여 시간과 노력의 우선 순위를 결정하기 위한 방법으로 식품 및 급식업체와 같은 제조업에 유리하다. ABC 관리기법의 분류 및 특성은 표 3-16과 같다.

표 3-16 ABC 관리기법의 분류 및 특성

품목	분류	특성
A형 품목	• 총 재고량의 10~20%(재고액의 70~80%) • 정기발주방식 적용 • 고가품목에 적용	육류, 주류, 생선, 어패류 등
B형 품목	• 총 재고량의 20~40%(재고액의 15~20%) • 중가품목에 적용	유제품, 과일, 채소 등
C형 품목	• 총 재고량의 40~60%(재고액의 5~10%) • 저가품목에 적용	밀가루, 전분, 설탕, 조미료 등

(2) 80 : 20 관리기법

80 : 20 관리기법80 : 20 inventory control method은 재고관리와 원가관리 두 가지 측면에서 접근한 재고관리이론으로 구매물품의 20%가 전체 구매액의 80%를 차지하고 있으며, 구매물품 20%가 전체 매출액의 80%를 차지하고 있다는 기법이다. 따라서 20%를 차지하는 구매물품은 80%를 차지하는 구매물품에 비해 집중적으로 관리해야 한다는 것을 의미한다.

3-5

함께 풀어보기

다음 표는 만세급식소의 연간 식재료 사용금액이다. 표를 보고 ABC로 품목의 등급을 분류하시오.

ABC 관리기법 (단위 : 원, %)

품목		단가(a)	연간 사용량(b)	연간사용금액			등급
번호	누계품목 백분비			금액(a×b)	누계금액	누계금액 백분율	
22	10	2,500	380	950,000	950,000	41.4	
48	20	2,500	625	750,000	1,700,000	74.1	
23	30	500	500	250,000	1,950,000	85.0	
51	40	500	300	150,000	2,100,000	91.5	
65	50	200	450	90,000	2,190,000	95.4	
78	60	500	150	75,000	2,265,000	98.7	
36	70	100	150	15,000	2,280,000	99.4	
18	80	40	200	8,000	2,288,000	99.7	
41	90	50	85	4,250	2,292,250	99.9	
88	100	50	45	2,250	2,294,500	100.0	
합계				2,294,500		100.0	

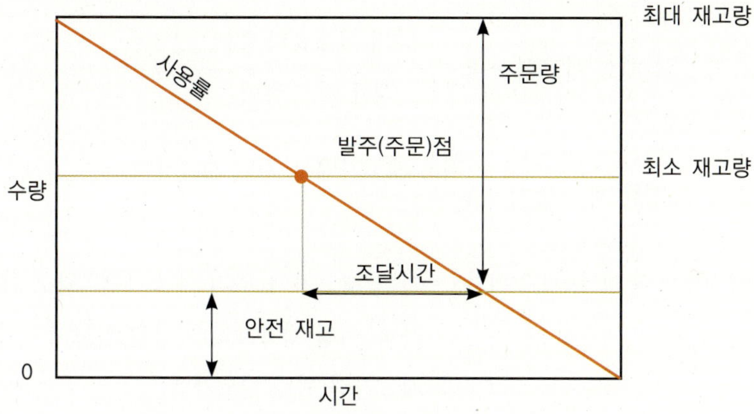

그림 3-23 최소-최대 관리기법

(3) 최소-최대 관리기법

최소-최대 관리방식기법minimum-maximum method은 예기치 못한 상황에 대비하여 최소한의 안전재고량을 유지하면서 재고량이 최소재고량에 도달하면 적정량을 주문하여 최대재고량을 보유하도록 하는 관리방식이다그림 3-23. 실제로 **단체급식소**에서 많이 사용되고 있으며, 최대재고량은 최소의 안전재고량과 적정발주량의 합과 같다.

3) 재고회전율

(1) 재고회전율

재고회전율inventory turnover은 급식소의 재고가 평균 회전하는 속도를 말하며, 일정기간 동안 저장고에 있는 물품이 몇 차례나 사용되고 판매되었는가에 대한 평균 사용 횟수를 의미하며 자금이 재고자산으로 묶여 있는 정도를 평가하는 척도이다. 재고회전율은 당기 식재료비의 총액총 매출원가을 평균 재고 총액으로 나누어 산출한다. 이때 평균 재고 총액은 실사재고조사를 통해 계산한 기초 재고가액과 기말 재고가액의 평균값이다.

$$\text{식재료 재고회전율} = \frac{\text{당기 식재료비 총액}}{\text{평균 재고 총액}}$$

$$\text{평균 재고 총액} = \frac{\text{기초 재고가액} + \text{기말 재고가액}}{2}$$

당기 식재료비 총액(총 매출원가) = 기초 재고가액(초기 재고가액, 월초 재고가액, 이월 재고가액) + 당월 입고액 − 기말 재고가액(월말 재고가액)

(2) 재고회전율과 재고량 및 수요량의 관계

재고회전율과 **재고량**은 **반비례 관계**에 있다그림 3-24. 재고량이 많으면 재고량이 0zero이 되는 기간이 길어지므로 재고회전율은 감소하고, 재고량이 적으면 재고량이 0이 되는 기간이 짧아지므로 재고회전율은 증가한다. 따라서 재고회전율이 너무 높으면 재고의 고갈을 초래한다는 뜻이고, 재고회전율이 너무 낮으면 불필요하게 과잉재고를 보유함으로써 관리비용을 증가시킨다.

재고회전율과 **수요량**은 **정비례 관계**에 있다그림 3-25. 수요량이 적으면 재고량이 0이 되는 기간이 길어지므로 재고회전율은 감소하고, 수요량이 많으면 재고량이 0이 되는 기간이 짧아지므로 재고회전율도 증가한다. 따라서 수요량이 감소할 때는 재

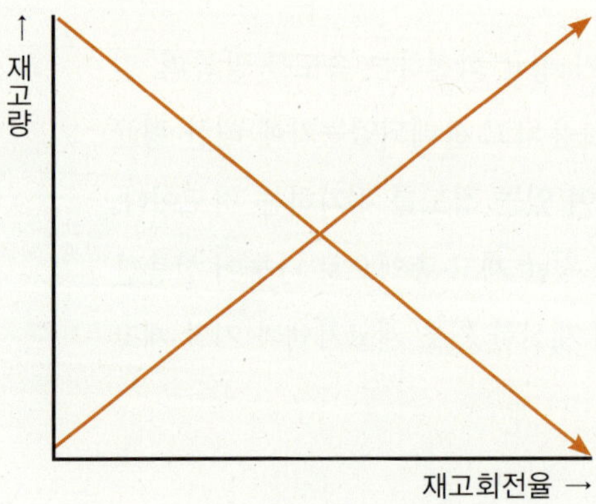

그림 3-24 재고회전율과 재고량의 관계

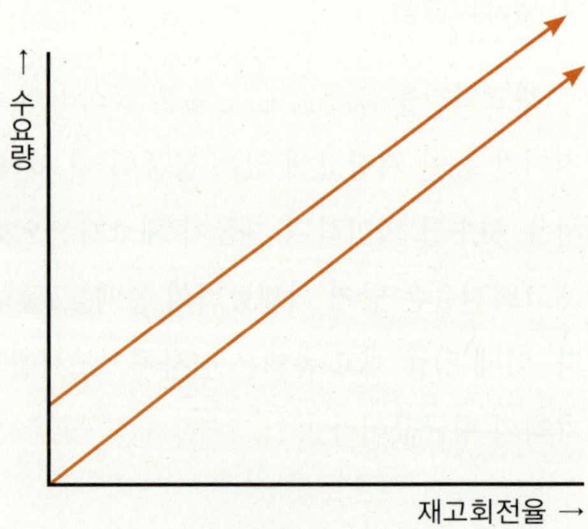

그림 3-25 재고회전율과 수요량의 관계

고량의 보충을 중단하고, 반대로 수요량이 증가할 때는 재고의 보충수준을 높여 적정 재고수준에 도달하도록 조정한다.

재고회전율이 높을수록 현금자본의 회전이 빠르므로 각 급식소에서는 여건에 맞는 표준 재고회전율을 설정하고 실제의 재고회전율과 비교하여 차이를 줄이도록 노력해야 한다.

(3) 적정재고수준

적정재고수준이란 수요를 가장 경제적으로 충족시킬 수 있는 재고량을 의미하며, 일반적으로 재고량은 월 매출액의 10~15%가 적정범위로 알려져 있다. 물품 공급이 원활한 상태에서 일정기간 동안 소비량이나 소비액의 1.5배 수준으로 적정 재고가 유지될 때 비용절감에 도움이 된다. 과잉재고는 식재료의 변질과 손상 가능성을 높이고 유지와 관리비용의 낭비를 유발할 수 있다. 과소재고의 경우 품절로 인한 판매기회의 상실을 야기할 수 있고 기업의 이미지와 고객만족도를 떨어뜨릴 수 있다표 3-17.

표 3-17 과잉재고와 과소재고의 문제점

구분	과잉재고	과소재고
문제점	• 식재료의 변질과 손상 가능성 증가 • 유지와 관리비용의 낭비 증가 • 필요 이상의 과잉공간 확보 증가 • 종업원의 부정의 기회 증가 • 현금유동성(자본회전) 저하 • 기회이익의 상실 • 저장기간의 장기화로 물품 가치 저하	• 품절로 인한 판매기회의 상실 • 기업의 이미지와 고객만족도 저하

3-6

함께 풀어보기

A 급식소의 2016년 3월 초 이월 재고가액이 650,000원이었고, 3월 말 마감 재고가액이 120,000원, 한 달 동안 사용된 총 식재료비가 3,400,000원이었다. 2016년 3월 식재료의 재고회전율을 구하시오.

4) 재고자산의 평가

재고는 자산으로 평가되므로 재고조사를 실시한 후 현재의 재고상품에 대한 화폐적 가치로 환산이 필요하다. 따라서 급식소의 이익 및 손실을 파악하기 위해 재고자산평가가 주기적으로 이루어져야 한다. 대표적인 재고자산평가방법으로는 **실제구매가법**, **총 평균법**, **선입선출법**, **후입선출법**, **최종구매가법**이 있다.

(1) 실제구매가법

실제구매가법actual purchase price method은 **개별법**이라고도 하며 평가 대상 물품의 실제 구매가격을 바탕으로 재고가를 산출하는 방법이다. 작은 규모의 급식소에서 주로 사용하며, 검수 후 구입단가를 표시한 후 저장시설에 보관해야 한다.

(2) 총 평균법

총 평균법weighted average method은 **가중평균법**이라고도 하며 일정기간 동안 구입한 물품의 평균단가를 이용하여 재고가를 산출하는 방법이다. 대량으로 입·출고되는 물품의 재고가 산출에 사용된다.

(3) 선입선출법

선입선출법FIFO method : First-In, First-Out method은 먼저 입고된 물품이 먼저 출고된다는 원리에 따라 재고자산의 가치를 산출하는 방법이다. 최근 구입 단가를 우선 사용하고 순차적으로 이전 구입 시의 단가를 적용한다. 물가가 인상되고 있을 때 재고자산을 높게 평가하기 위해 사용한다.

(4) 후입선출법

후입선출법LIFOmethod : Last-In, First-Out method은 선입선출법과 반대로 가장 최근에 구입한 물품부터 사용했다는 가정하에 가장 오래된 물품이 재고로 남았다고 생각하고 재고가를 산출하는 방법이다. 물가가 인상되는 상황에서 소득세를 줄여 재무재표상의 이익을 최소화하고자 할 때 사용한다.

(5) 최종구매가법

최종구매가법latest purchase price method은 **최종매입원가법**이라고도 하며 가장 최근에 구매한 단가를 적용하여 재고가를 산출하는 방법이다. 계산이 간단하고 신속하므로 단체급식소에서 많이 사용한다.

3-7

함께 풀어보기

어느 급식소에서 6월 한 달간 스팸을 구입한 내역과 6월 말 기준 스팸의 재고현황이 다음과 같았다. 아래의 자료를 바탕으로 다섯 가지 재고자산평가법을 이용하여 재고자산을 평가하시오.

날짜	스팸 구입량(box)	단가(원)	스팸 월말 재고량 (box)
6월 5일	7	20,500	0
6월 15일	5	21,000	1
6월 20일	6	19,500	2
6월 25일	4	21,000	4

함께 풀어보기 정답

3-1 풀어보기

- 4월 예측식수 : (500 + 530 + 510) / 3 = 514(1월, 2월, 3월 실제식수 평균)
- 5월 예측식수 : (530 + 510 + 520) / 3 = 520(2월, 3월, 4월 실제식수 평균)
- 6월 예측식수 : (510 + 520 + 525) / 3 = 519(3월, 4월, 5월 실제식수 평균)
- 7월 예측식수 : (520 + 525 + 517) / 3 = 521(520.7) (4월, 5월, 6월 실제식수 평균)

3-2 풀어보기

- 2월 예측식수 : (500 × 0.1) + (510 × 0.9) = 509
- 3월 예측식수 : (550 × 0.1) + (509 × 0.9) = 513.1≒513
- 4월 예측식수 : (495 × 0.1) + (513 × 0.9) = 511.2≒511
- 5월 예측식수 : (540 × 0.1) + (511 × 0.9) = 513.9≒514

3-3 풀어보기

발주량 = 120 g × 100/(100 − 20) × 100 = 15,000 g
(급식소는 kg 발주가 기본이므로 환산해 줄 것)
= 15 kg − 5 kg = 10 kg

3-4 풀어보기

1. 경제적발주량(EOQ) $=\sqrt{\dfrac{2\times 15\times 1{,}300}{0.15\times 800}}=\sqrt{\dfrac{39{,}000}{120}}=\sqrt{325}=16.12\text{(kg)}$

   1회 경제적발주량은 16(kg)이 된다.

2. 1,300(kg) ÷ 16(kg) = 81.25(회)

   즉, 1년간 발주 횟수는 81(회)가 된다.

3-5 풀어보기

- 품목번호 22, 48 : A
- 품목번호 23, 51 : B
- 품목번호 65, 78, 36, 18, 41, 88 : C

3-6 풀어보기

3월의 평균 재고 총액 = 650,000원 + 120,000원 / 2 = 385,000원
3월의 식재료 재고회전율 = 3,400,000원 / 385,000원 = 8.8311≒8.83회

3-7 풀어보기

1) 실제구매가법

재고자산 = (21,000원 × 5box) + (19,500원 × 2box) = 144,000원

2) 총 평균법

총 평균 단가 = (19,500원 × 6box) + (20,500원 × 7box) + (21,000원 × 9box) / 22box = 20,431.8원

재고자산 = 20,431.8원 × 7box = 143,022.6원

3) 선입선출법

재고자산 = (19,500원 × 3box) + (21,000원 × 4box) = 142,500원

4) 후입선출법

재고자산 = 20,500원 × 7box = 143,500원

5) 최종구매가법

재고자산 = 21,000원 × 7box = 147,000원

재고자산은 사용하는 재고자산평가법에 따라 다르게 산출된다. 그러나 선입선출이 잘 이루어지는 급식소의 경우 실제구매가법과 선입선출법으로 계산한 재고자산이 동일할 수 있다.

급식 생산관리

Chapter 4

1. 급식 생산관리의 개요 | 2. 대량조리
3. 배식관리 | 4. 급식 생산성 | 5. 작업관리

Chapter

4

학습목표

- 표준 레시피의 구성요소와 작성방법을 이해하고 각 급식소의 로컬 레시피(지점 레시피)를 작성할 수 있다.
- 표준 레시피에 변환계수방법 또는 백분율방법을 적용하여 대량조리 산출량을 조정할 수 있다.
- 대량조리의 특징과 조리방법, 기기를 이해하고 급식소 메뉴에 적용할 수 있다.
- 노동생산성지표와 비용생산성지표의 계산을 통하여 급식소 인력효율성과 인력채용기준을 산출할 수 있다.
- 작업관리영역을 이해하고 다양한 작업측정방법의 조사 · 연구를 통하여 합리적인 작업일정계획표 및 작업공정표를 작성할 수 있다.

1. 급식 생산관리의 개요

1) 급식 생산관리의 의의

경영학에서 생산이란 원자재, 노동력, 기계, 데이터 등과 같은 투입요소input를 제품, 서비스, 정보 등과 같은 유·무형의 최종 산출물output 형태로 변환transformation하는 과정을 말한다. 급식에서의 생산이란 구매한 식재료를 이용하여 고객에게 제공할 수 있는 음식의 형태로 전환시키는 과정을 말하는데, 생산의 결과물인 음식의 품질에 따라 급식소의 이익 및 고객의 만족도가 달라질 수 있기 때문에 생산은 급식소에서 발생하는 변환과정 중에서 아주 중요한 단계라고 할 수 있다.

그러나 급식에서의 생산은 가성에서의 소량조리와 달리 대량조리의 특징을 가지며, 또한 주문을 통하여 음식을 제공하는 외식업체와는 다른 조리과정을 갖는다. 따라서 급식의 생산은 단순히 '조리cooking'의 과정만을 의미하는 것이 아니라, 미리 작성된 식단을 중심으로 생산수량, 생산시기 및 생산방법을 결정하고, 적절히 인력을 배치하여 효율적으로 음식을 제공하는 과정을 포함한다.

생산관리production management는 생산에 관한 활동을 관리하는 것으로 기업의 목적을 달성하기 위해 인적·물적자원을 효율적으로 운영하는 것이다. 즉, 생산의 목적인 고객만족과 이익창출을 효과적으로 달성하기 위해 생산활동과 생산과정을 효율적으로 관리하는 것으로 생산계획의 수립, 실행, 통제와 같은 일련의 경영활동을 말한다. 이에 급식에서의 생산관리는 예측된 수요량을 바탕으로 레시피를 표준화recipe standardization하고, 대량조리mass cooking의 과정을 거쳐 배식 및 서비스distribution & service를 하는 일련의 생산과정을 계획하고 통제하는 것이라 할 수 있다. 이러한 과정을 효율적으로 운영하기 위한 작업관리job management도 생산관리에 포함된다고 할 수 있다.

급식의 생산관리는 학교, 병원, 산업체 등 급식의 유형에 따라 달라질 수 있기 때문에 운영 형태의 특성에 따라 과학적이고 효율적인 생산관리가 이루어질 수 있도록 여러 가지 요소를 고려해야 한다.

2) 급식 생산관리의 영역

급식소의 업무는 급식운영 형태에 따라 조금씩 상이할 수 있으나 일반적으로 적용될 수 있는 업무의 흐름과 관리사항은 그림 4-1과 같다. 급식소에서의 생산관리영역으로는 직접적인 생산영역이라고 할 수 있는 조리공정뿐만 아니라 식재료의 전처리부터 고객 서비스에 해당하는 배식 및 배식 후 관리까지를 포함한다.

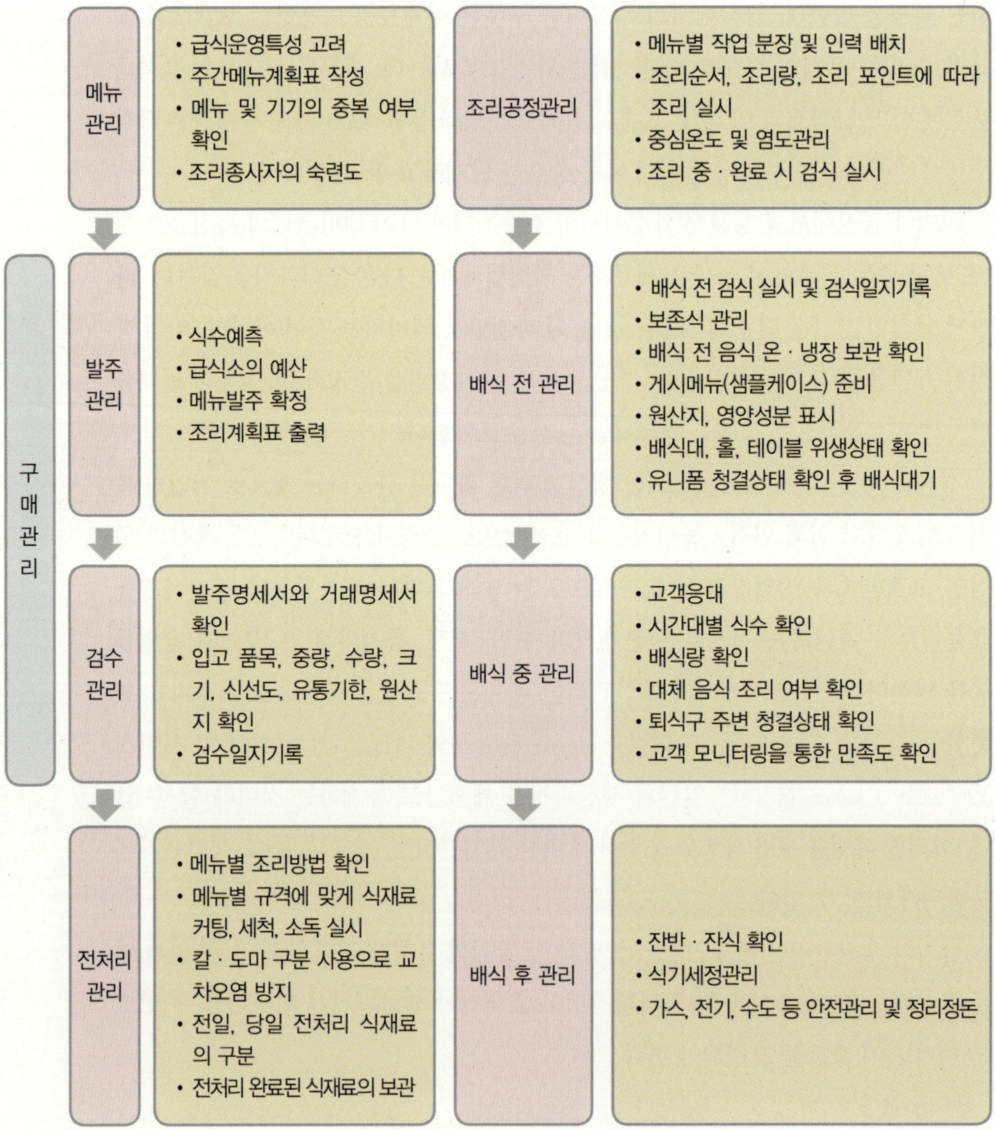

그림 4-1 급식소 업무 흐름도에 따른 관리사항

급식 생산관리를 효율적으로 운영하기 위하여 다음과 같은 사항을 이해하도록 한다.

- 급식의 생산절차를 파악한다 : 대량생산을 위한 레시피의 표준화, 기기 및 설비, 배식방법에 대한 이해를 통해 영양적 · 관능적으로 우수한 품질의 음식을 효율적으로 만들어 고객에게 제공할 수 있도록 해야 한다.
- 생산공정별로 적절한 인원을 산정하고 배치한다 : 급식소의 운영 형태에 따라 생산성을 반영하여 필요 인력을 산출하고 작업의 소요시간을 고려하여 전처리 및 조리공정, 배식공정, 세척작업 등에 대한 작업 일정표를 작성한다.
- 작업관리를 통한 효율적인 생산이 이루어져야 한다 : 생산성 향상 및 원가 절감을 위해 생산공정별로 작업방법을 측정하고 연구하여 효율적인 작업이 이루어질 수 있도록 계획하고 통제한다.

2. 대량조리

단체급식에서의 **대량조리**란 50인분 이상의 음식을 동시에 생산할 수 있는 시설에서의 조리를 말한다. 대량조리는 작성된 식단을 급식시설의 시간과 시설 · 설비, 조리원 수 등의 한정된 조건에서 조리하여 위생적으로 안전하면서 맛있고 만족할 수 있는 식사를 제공하는 것을 목적으로 한다. 대량조리를 통하여 완성된 식단은 제품으로서의 생산성과 품질관리가 요구되므로 시설 · 설비, 조리원, 조리시간 등의 많은 조건을 효율적으로 사용하여 급식의 품질을 일정하게 유지하기 위한 철저한 품질관리가 선행되어야 하며 계획적인 생산관리를 위해 표준화된 레시피가 필요하다.

1) 표준 레시피

표준 레시피standardized recipe란 조리원의 숙련도, 조리 도구 및 기기 등에 알맞게 만들어진 레시피로 어느 누가 만들어도 같은 양, 같은 품질의 결과물이 나올 수 있도록 음식 생산의 과정과 재료계량에 대한 공식을 문서화하여 급식소에서 의사소통의 도구로 사용한다. 급식소에서는 급식소를 이용하는 고객의 특성과 요구, 사용식재료, 종업원, 시설 및 기기가 동일하지 않으므로 각 급식소에 맞도록 기존의 레시피를 변경하는 레시피 표준화 작업이 필요하다. 레시피 표준화 작업은 급식소의 기준에 맞는 음식의 질과 양이 충족되는지 여러 번의 실험이 필요하다. 예를 들어, 식재료의 교체와 급식소의 상황에 변화가 있을 때마다 레시피를 실험하고 목표한 품질과 양이 생산되는지 확인하는 과정이 필요하다.

표준 레시피는 그림 4-2와 같은 과정을 통하여 개발된다. 표준 레시피를 개발하는 과정은 3가지 단계를 포함한다. 레시피 검증–음식평가–산출량 수정단계이며, 이 과정은 한 번 이루어지는 것이 아니라 이상적인 표준 레시피가 완성되기까지 여러 번 반복된다.

- 레시피 검증 : 이 단계에서는 레시피에 포함될 세부 내용(메뉴명, 식재료명, 식재료량, 조리과정, 조리온도, 조리시간, 배식량, 산출량, 기기 및 도구)을 검토한다. 조리를 통하여 실제 산출량을 검토하고, 개선되어야 할 부분은 반복하여 수정한다.
- 음식평가 : 표준 레시피 개발과정에서 가장 중요한 단계로, 이전 단계에서 검증된 레시피가 고객에게 제공되어도 될지를 결정한다. 비공식적으로 급식관리자 및 종사원들이 음식을 평가하고 고객에게 제공되어도 좋다고 생각했을 때 공식적인 평가방법을 이용한다. 공식적인 평가를 위해서 먼저 평가를 할 수 있는 심사위원을 선정한다. 보통 심사위원은 종사원과 고객들로 이루어진다. 심

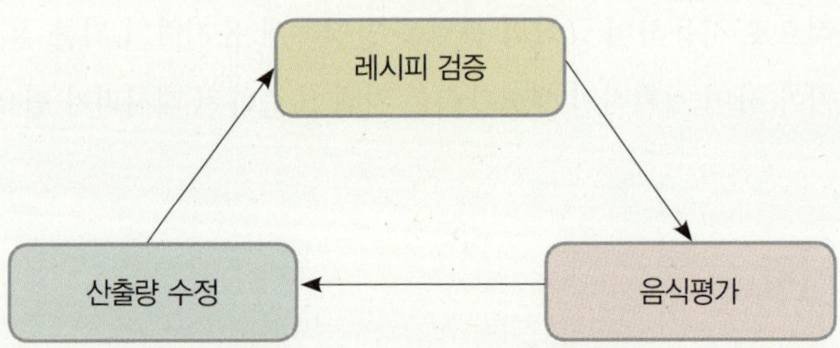

그림 4-2 표준 레시피 개발과정

자료 : Gregoire, M. B.(2010).

사공간에 물, 식기도구, 냅킨, 평가지, 펜을 준비한다. 준비된 음식을 심사위원이 시식하고 평가하는 시간을 준다. 취합된 결과를 분석하여 수정 등 다음 계획을 마련한다.

- 산출량 수정 : 이전 단계를 거쳐 완성된 표준 레시피의 산출량을 수정하고자 할 때는 여러 가지 방법을 쓸 수 있다. 널리 쓰이는 변환계수방법과 백분율방법은 다음 부분에 설명되어 있다.

위의 표준레시피 개발과정을 통해 반복되는 시행착오를 거친 후 완성된 레시피는 다음과 같은 장점을 가지고 있다.

- 음식의 일정한 품질과 균일한 생산량을 유지할 수 있다.
- 조리종사원의 작업생산성과 만족도를 향상시킬 수 있다.
- 구매품목과 구매량을 정확하게 산출할 수 있다.
- 메뉴에 포함되는 재료를 정확히 알 수 있어 식이 알레르기가 있는 고객에 맞게 재료를 수정하여 조리할 수 있다.
- 정확한 음식원가와 판매가격을 산출할 수 있어 경제적 손실을 줄일 수 있다.
- 사용된 식재료와 산출량을 정확하게 비교할 수 있다.
- 조리종사원을 더 빠르고 효율적으로 교육 · 훈련할 수 있다.

더 알아보기

위탁급식 전문업체 표준레시피 개발과정

풀무원푸드앤컬쳐의 표준레시피 개발과정은 다음과 같다.

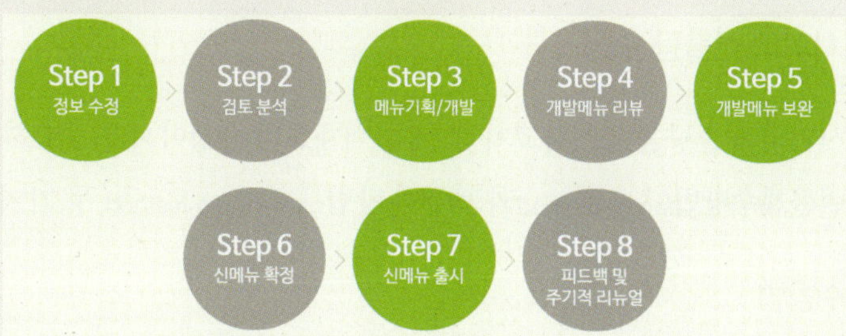

자료: 풀무원푸드앤컬쳐 홈페이지(https://www.pulmuonefnc.com/main/main_contents.do)

(1) 표준 레시피의 기본

표준 레시피는 재료의 준비과정 및 사용되는 조리도구, 조리방법이 최대한 자세하게 설명되어야 하며, 일반적인 레시피는 부피단위로 재료의 양을 제시하지만 대량조리용 표준 레시피는 **무게단위**로 재료량을 산출한다. 표준 레시피에는 메뉴 이름과 음식분류 코드, 총 산출량, 재료 이름과 분량, 조리방법, 조리시간과 적정온도, 1인 분량, 배식도구 등의 내용이 포함되어 있어야 한다.

표준 레시피를 이해하기 위해서는 가식량, 구매량, 산출량 등의 용어에 대한 이해가 필요하다.

- **가식량**edible portion : 구매 시 무게 또는 부피에서 손실된 양을 감한 후 실제 식용 가능한 부분만을 측정한 것을 말한다. 표준 레시피에 제시하는 식재료량은 가식량을 표시한다.
- **구매량**as purchased : 식재료를 구매했을 때 무게 또는 부피로 전처리가 되기 전의 측정량을 말한다. 표준 레시피에 표시된 양은 가식량이므로 식재료를 구매할 때 손실될 부분을 모두 고려하여 구매량을 산출하여야 한다.
- **산출량**yield : 표준 레시피에 표시된 산출량은 레시피에 따라 요리하였을 경우, 결과물로 얻게 되는 총 생산량을 말한다. 산출량은 부피나 무게로 표시할 수도 있고, 배식 가능 인원수로 제시하기도 한다. 산출량은 각각의 재료에도 쓰이는데, 전처리 및 조리과정을 거친 후 남는 재료의 양을 말한다. 예를 들면, 1 kg의 닭가슴살을 지방 및 뼈를 제거하고 조리과정을 거친 후 약 500 g의 조리된 닭가슴살이 남았을 때 산출량은 500 g, 산출량 50%로 표현하기도 한다.

(2) 표준 레시피의 산출량 수정

표준 레시피의 산출량을 조정하고자 할 때는 식재료의 수정이 매우 중요하며 대표적인 방법은 **변환계수방법**factor method과 **백분율방법**percentage method 두 가지가 있다.

① 변환계수방법

변환계수방법factor method은 새로 생산하고자 하는 산출량을 본래 표준 레시피의 산출량으로 나누어 계수를 얻어 계산하는 방법이다.

- 1단계 : 변환 계수conversion factor를 다음의 공식을 이용해 얻는다.

$$변환계수 = \frac{새로운\ 산출량}{표준\ 레시피의\ 산출량}$$

- 2단계 : 산출된 변환계수를 표준 레시피의 재료량에 곱하여 수정된 재료량을 산출한다.
- 3단계 : 수정된 재료량을 사용하기 편한 kg 단위로 전환한다. 제한된 시간에 조리를 해야 하는 조리원을 위해 효율적으로 식재료를 측정할 수 있게 하기 위함이다.

> **4-1**
>
> **함께 풀어보기**
>
> A 급식소에서는 50인분으로 제시된 김치전의 표준 레시피를 이용하여 200인분의 김치전을 만들려고 한다. 표준 레시피에 밀가루가 500 g이 필요하다면 200인분의 김치전에는 몇 kg의 밀가루가 필요한지 계산하시오.

② 백분율방법

백분율방법percentage method은 표준 레시피의 모든 재료의 양을 같은 단위로 환산한 후, 총 재료량에 대한 각 재료의 백분율을 구하여 계산한다. 또한 손실률handling loss이 고려되어 손실률을 퍼센트로 측정하며 범위는 1~10%로 다양하다. 예를 들어, 100g의 부침개 반죽을 만들고 요리하는 과정에서 1g이 조리 도구에 묻거나 떨어지는 등 손실되면, 이 부침개의 손실률은 1%로 본다. 백분율방법을 이용하는 과정은 다음과 같다.

- 1단계 : 표준 레시피에 있는 모든 재료의 양을 같은 단위로 변환한다.
  예) kg을 g으로 변환
- 2단계 : 변환된 재료의 양을 모두 합하여 표준 레시피의 총 재료량을 계산한다.

- 3단계 : 총 재료량에 대한 각 재료의 백분율을 구한다.
- 4단계 : 새롭게 생산하고자 하는 인원수에 대한 재료의 총량을 계산한다.
- 5단계 : 조리하는 과정에서 발생할 손실률handling loss을 예측하여 4단계에서 계산된 양에 곱한다. 공식은 다음과 같다.

총 재료량 = 4단계에서 계산된 양 × (1+ 손실률)

- 6단계 : 3단계에서 얻어진 각 재료의 백분율을 5단계에서 얻어진 총 재료량에 곱하여, 최종적으로 새로운 총 생산량을 만들기 위한 각 재료의 필요량을 계산한다.
- 7단계 : 수정된 재료량을 사용하기 편한 kg 단위로 전환한다. 백분율방법을 이용하여 재료량을 수정한 예는 함께 풀어보기 4-2의 표에서 볼 수 있다.

4-2

함께 풀어보기

시금치된장국 100인분의 표준 레시피를 이용하여 시금치된장국 250인분을 끓이고자 한다. 백분율방법을 사용하여 표준 레시피의 총 생산량을 조정하시오(손실률: 2%, 시금치 된장국 1인분량: 200 g).

재료	100인분
시금치	10 kg
된장	3 kg
멸치	1.5 kg
다진 마늘	0.5 kg
대파	1 kg

(3) 표준 레시피의 산출량 수정 시 주의사항

레시피의 산출량을 변환계수와 백분율방법을 이용하여 수정하여도 산출량을 의도한 대로 얻지 못하는 경우가 발생할 수 있다. 예를 들어, 대량조리 시 무거운 중량에 의해 완성된 요리가 단단하게 눌리거나 대형 솥에서 오랜 시간 가열에 의해 수분이 증발하여 총 생산량이 줄어들 수가 있다. 또한 산출량 수정 시 요구되는 총 조리시간의 수정이 요구되기도 한다. 예를 들면, 10컵의 쌀로 밥을 지을 때보다 100컵의 쌀로 밥을 지을 때 많은 시간이 요구된다.

표준 레시피의 수정 시 소금과 같은 조미료의 경우 반올림은 피해야 한다. 예를 들어, 푸딩 한 개를 만들기 위해 2큰술과 2작은술의 소금이 필요한 경우 계산을 쉽게 하기 위해서 이를 3큰술로 반올림하고 레시피 수정에 따라 2배 또는 3배를 할 수 있다. 이렇게 수정된 레시피에 의해 만들어진 푸딩은 상당히 짜고 먹을 수 없는 수준이 될 것이다. 그러므로 표준 레시피의 수정 시 정확한 양을 계산하는 것이 매우 중요하다.

2) 대량조리

(1) 대량조리의 기본

대량조리는 소량조리와 달리 많은 양을 한꺼번에 조리하므로 대량조리 기기를 합리적으로 활용할 수 있어야 하며, 정해진 시간 내에 조리종사원들이 협력하여 음식생산을 완료해야 하므로 대량조리 기기의 활용방법과 지식, 숙련도가 필요하다. 또한 음식의 맛과 질의 저하가 급속히 이루어지므로 작업일정에 따른 계획적인 생산관리가 필요하다.

① 대량조리 기기의 사용

대량조리는 한정된 시간 안에 많은 양의 음식을 준비해야 하므로 조리종사원의 작업이 과중하다. 따라서 수작업보다는 대량조리 기기나 도구를 효율적으로 사용하면 좋다. 급식관리자는 대량조리 기기의 특징과 기능, 사용법, 처리용량, 사용비용 등을 정확히 파악하고 조리시간을 단축시킬 수 있는 고성능 기계나 기구 등을 적절히 활용하여 인건비를 절감하며 또 조리원의 피로 경감과 식품의 위생적 처리를 통하여 생산성을 높일 수 있어야 한다. 대량조리 기기를 효율적으로 활용하기 위해서는 조리종사원에게 사용방법을 확실히 교육 · 훈련시키고 작업에 필요한 도구나 기기를 작업 시작 전 작업하기 편하도록 동선에 맞게 배치할 필요가 있다. 대량조리 기기나 도구에 대한 자세한 설명은 제5장 급식 시설관리에 제시하였다.

② 조리종사자의 숙련도

대량조리에서는 조리종사원의 수작업을 최대한 줄이고 표준 레시피를 잘 활용하기 위한 적절한 조리 기기 및 도구가 구비되어 있어야 하고, 이것을 사용할 수 있는 조리종사원들의 기술과 숙련도가 필요하다. 또한 대량조리를 위해서는 가정에서와는 다른 조리법과 조리 기기를 사용하므로 대량조리에 대한 기술과 높은 숙련도를 가진 조리종사원들이 참여해야 좋은 품질의 급식을 생산할 수 있다. 따라서 급식관리자는 대량조리의 원리와 방법에 대한 전문적인 기술을 파악하고 조리종사원의 지식 및 기술 향상을 위한 교육 · 훈련 프로그램의 개발이 선행되어야 한다.

(2) 대량조리의 생산관리

급식소에서 음식을 생산할 때는 일정한 품질이 확보되어야 하며, 과잉 및 과소생산이 되지 않아야 한다. 따라서 생산되는 음식의 양과 품질을 조절하기 위한 생산관리가 필요하며 생산관리를 통하여 비용의 낭비를 최소화할 수 있고 최종 생산되는 음식의 양과 품질을 확보할 수 있다.

① 온도-시간관리

대량조리를 위한 표준 레시피에는 정확한 생산온도와 시간이 기재되어 있어야 하고, 음식의 재료에 맞는 적절한 온도와 시간을 관리하여야 한다. 대량조리공정에서 잘못된 온도와 시간관리는 식재료와 음식의 수분증발, 음식표면의 색 변화, 전처리한 식재료의 건조 등에 따른 중량 변화, 경도 변화, 음식의 맛 변화를 가져올 수 있다. 따라서 대량조리를 할 때는 온도를 체크할 수 있는 중심온도계와 적외선온도계(제6장 급식 위생 및 안전관리)와 같은 기기를 구비해야 하며, 시간을 측정하고 체크할 수 있는 타이머 등을 효율적으로 활용해야 한다. 조리종사원은 온도계를 사용하여 음식의 내부온도를 측정하고 기준온도에 도달되었는지를 확인한 후 조리를 마쳐야 한다. 육류의 경우 **여열**carry-over cooking이 오래 지속되므로 가열시간관리에

더 알아보기

여열조리

가스레인지나 부침기 등 열원에서 완성된 요리를 용기에 담은 후 조리과정이 끝났다고 생각하는 실수를 저지를 수 있다. 조리된 음식이 대량으로 저장될 경우, 특히 육류의 경우, 조리된 음식의 내부온도가 빨리 내려가지 않고 비교적 오래 지속된다. 이렇게 조리된 음식의 내부 온도 자체로 계속 조리가 되는 과정을 여열조리(carry-over cooking)라고 한다.

특히 주의해야 한다. 또한 배식시간이 긴 경우에는 처음에 조리된 음식의 품질과 식감이 배식 끝까지 유지되지 않으므로 **분산조리**(시차조리)batch cooking를 시행하는 것이 이상적이다.

② 산출량 조절

산출량yield은 구매부터 생산과 배식공정이 완료되었을 때의 제품의 최종 분량을 말하며, 중량, 부피, 분량으로 표현한다. 육류와 같은 대부분의 식품은 대량조리공정을 거치는 동안 산출량이 감소하나 쌀과 국수와 같은 탄수화물 식품은 부피가 증가한다. 따라서 대량조리를 할 때 정확한 생산량을 산출하기 위해서는 전처리 및 대량조리공정 중에 일어나는 중량 및 부피의 증감을 충분히 고려하여 식재료를 구매해야 한다. 예를 들어, 육류의 경우 뼈, 껍질, 지방 등의 비가식부는 전처리 과정에서 제거되어 1차적 손실이 발생하며, 굽기의 생산공정 중 대략 35%까지 수축하며 절단하는 과정에서도 약 5% 추가손실이 발생한다. 따라서 전처리된 식재료를 구매하면 1차적 손실은 일부 줄일 수 있다.

③ 배식량 조절

배식량은 대량조리에서 생산량과 원가를 통제하는 필수적인 요소이며, 고객만족도에 큰 영향을 주는 부분이다. 음식을 균일한 분량으로 나누어 배식하는 것, 즉 1인 분량의 조절은 식단작성에서 1인 분량에 대한 기준을 설정하고 수요를 곱하여 구매를 한 후 1인 분량이 명시되어 있는 표준 레시피를 활용하는 대량조리 생산과정까지 1인 분량에 대한 개념이 확립되어 있어야 한다.

정확한 1인 분량을 배식하기 위해 급식소에서는 1인 분량을 담을 수 있는 개별식기를 사용하거나 배식용량에 맞는 도구(국자, 주걱, 집게, 스푼 등)를 활용하며, 개수단위로 배식이 가능한 음식과 식재료(사과 1/4쪽, 생선 80 g 1토막, 달걀 1/2쪽, 우유 200 mL 1팩 등)는 가능한 낱개로 배식하면 정해진 양을 배식할 수 있다. 또한 급식관리자를 비롯한 배식담당 종사원은 음식에 대한 배식량을 정확하게 인식하고, 1인 분량 배식을 위한 도구들의 용량을 파악하도록 하여 배식담당 종사원이 바뀌더라도 동일한 양을 제공할 수 있도록 해야 한다.

(3) 대량조리의 방법

대량조리를 위한 전처리과정과 조리방법에 대한 설명은 다음에 제시하였다.

① 전처리

대량조리에서 **전처리**mise en place는 프랑스어로 '모든 것을 한 곳에 모아둔다'라는 의미를 가지고 있으며, 정해진 시간 내에 제한된 인력으로 대량조리를 효과적으로 실행하기 위해 꼭 필요하다. 조리사들은 전처리과정의 완벽함을 이상적인 품질의 음식을 생산하는 데 중요한 과정이라고 한다. 전처리과정은 재료에 열을 가하기 전에 재료의 세척 및 썰기 그리고 필요한 조리 도구 및 기기를 준비하는 것으로 채소 등을 표준 레시피에 제시된 크기로 썰어놓는 것, 육수를 미리 만들어 놓는 것, 고기의 연육작용을 위해 양념에 미리 재워두는 것, 오븐을 쓸 경우 적정 온도로 예열해 놓는 것을 포함하고 있다. 다음과 같은 사항을 고려하여 전처리를 진행해야 효과적으로 대량조리를 할 수 있다.

- 세척에서는 물기를 제거하는 방법, 즉 부착수를 최소화하도록 한다. 부착수는 삶거나 볶은 음식의 완성된 요리의 품질에 영향을 줄 수 있다. 생채소의 경우는 조미료의 투과에 따른 채소조직에서 나오는 물도 고려해야 한다.
- 폐기량은 써는 방법, 조리방법, 기계의 성능에 따라 달라진다.
- 조미(밑간)는 재료의 처리량, 조리조작, 조미순서, 조미시간을 통제해야 일정한 품질을 유지할 수 있다.

② 조리방법

조리방법은 크게 **물을 이용하는 방법**과 **기름을 이용하는 방법**, **공기를 이용하는**

방법이 있다. 물을 이용하는 조리방법은 **습식가열**이라고도 하며 끓이기, 삶기, 데치기, 찌기 등이 있다. 기름을 이용하는 방법은 **건식가열**이라고도 하며, 볶기, 튀기기, 부치기 등이 있고, 공기를 이용하는 방법에는 굽기가 있다. 자세한 내용은 표 4-1과 같다.

표 4-1 조리방법의 종류 및 특징

구분		내용
물을 이용한 조리 (습식가열)	끓이기	• 국, 찌개, 전골, 탕 등 조미료가 첨가되는 100℃의 끓는 국물 중에서 식품을 가열하는 방법 • 익힘과 조미를 동시에 진행함 • 식품에서 용출된 성분과 조미성분 간의 맛의 교류가 일어남 • 고기, 생선, 달걀의 단백질을 단단하게 만들고 생선과 같은 부서지기 쉬운 재료를 분해함 • 질긴 고기의 경우 100℃보다 85~96℃의 조금 더 낮은 온도에서 오래 끓이는 것이 고기의 조직을 연하게 하는 데 적당함
	삶기	• 끓는 물에 식품을 넣어서 익히는 가열방법 • 물의 대류현상을 이용하여 식품을 익힘 • 삶은 음식은 식욕과 소화율을 증가시키며 살균이 되어 안전함 • 부서지기 쉬운 생선, 달걀 등에 이용, 고기의 잡냄새 또는 기름과 피 등을 제거하기 위해 활용함 • 가열 기기, 물의 양, 식품의 투입량에 따라 가열시간이 달라짐
	데치기	• 다량의 물에서 단시간 식품의 표면을 가볍게 익히는 가열방법 • 조직의 연화, 건조식품의 불림, 효소작용의 억제, 나쁜 맛 및 독소 제거, 선명한 색의 발현과 영양성분의 유지를 위해 사용함 • 숙채요리에 많이 활용함
	찌기	• 수증기를 열매체로 활용하는 방법으로 재료를 물과 접촉시키지 않고 증기로 익히는 방법 • 초기 가열속도가 빠르고 100℃ 이하에서도 잠열을 이용하여 가열이 가능함 • 수용성성분의 용출이 적어 영양성분의 손실을 최소화할 수 있음 • 부서지기 쉬운 생선이나 모양을 유지해야 하는 음식에 활용함 • 시간이 오래 걸리고 연료의 소모가 많음
기름을 이용한 조리 (건식가열)	볶기	• 소량의 기름을 이용하여 고온에서 재료를 빨리 익히는 방법 • 수용성성분의 용출이 적고, 색이 선명하게 유지되며, 비타민의 손실이 적음 • 볶는 시간이 길어질 경우 채소에서 물이 용출되고, 조미료나 영양성분의 용출로 품질이 저하됨
	튀기기	• 150~200℃의 고온으로 가열된 유지의 대류작용을 통하여 식품에 열이 전달되는 방법 • 많은 양의 재료를 튀기는 데 사용되고 비용이 저렴함
	부치기 (지짐이)	• 번철 또는 프라이팬에 소량의 기름을 두르고 지져내는 방법 • 채소 또는 해물, 육류 등의 재료에 밀가루와 달걀을 넣어 반죽하여 지져냄
공기를 이용한 조리	굽기 (구이)	• 수분 없이 불로 직접 구워서 만드는 방법 • 겉의 단백질이 먼저 응고되므로 수용성성분의 용출이 적고 모든 영양소가 조직 내에 포함되어 있으며 구웠을 때 특유의 향미를 냄

③ 조미방법

대량조리의 생산공정 중 조미방법은 다음과 같다.

- 조림국물이 남지 않는 조림류의 경우, 전체 식품재료에 대한 조미료의 비율을 정한다.
- 구이나 튀김의 경우, 날재료의 양에 대한 비율로 정하는데, 조리 후 감소되는 중량을 고려할 필요가 있다. 예를 들면, 고등어구이의 염도를 1%로 하고 싶을 때, 날 고등어가 가열 후 중량이 80%가 된다면, 조미료의 비율을 날 고등어 무게의 0.8%로 조정한다.

3. 배식관리

대량조리가 완료되면 **배식**distribution이라는 과정을 거쳐서 고객에게 급식이 제공된다. 여기서 **배식관리**란 조리가 완료된 음식을 급식 대상자인 고객에게 서비스하는 시간 동안 안전성을 확보하고 영양적 · 관능적으로 우수한 품질의 음식을 제공하여 고객 만족을 향상시킬 수 있도록 관리하는 활동이라고 할 수 있다.

급식의 경우 조리와 배식이 시간적 · 공간적으로 분리되어 있는 특징을 가지고 있다. 즉, 조리가 완료된 음식은 고객에게 제공하기 위해 배식대로 옮겨져야 하며, 또한 배식시간이 정해져 있는 급식의 특성상 준비된 음식을 고객에게 제공하기 전까지 일정시간 보관holding해야 한다. 병원급식의 경우에는 조리실에서 준비한 음식을 환자별로 1인분씩 식기에 담아 식판에 세팅하는 배선assembly과정을 거쳐 고객이 있는 병실까지 운반delivery해주는 형태를 가지고 있다. 따라서 음식의 운반 · 보관 · 배식의 과정에서 발생할 수 있는 품질저하 요소를 확인하고 이를 방지하기 위한 방안을 모색해야 한다.

배식관리의 단계는 조리된 음식의 안전성 확보와 영양적 · 관능적 품질 유지를 위한 배식 전 관리, 고객 응대, 적절한 배식, 고객 모니터링 등의 배식 중 관리, 마지막으로 식기세정 및 안전관리를 위한 배식 후 관리의 세 단계로 나누어 살펴볼 수 있다. 식기 세정 및 안전관리는 본 교재 제6장에서 다루고 있으므로 본 장에서는 배식 전 관리, 배식 중 관리에 대해서만 살펴보기로 한다.

1) 배식 전 관리

조리가 완료된 후 배식시간 전까지의 관리업무로는 검식, 보존식 관리, 음식의 적온보관, 게시메뉴 준비, 배식을 위한 위생상태 점검 등이 있다. 특히, 검식 및 보존식은 급식운영을 위한 의무적이고 법적인 사항으로 아주 중요한 관리사항이라 할 수 있다.

(1) 검식

검식은 조리가 완료된 후 표준 레시피, 조리순서, 조리포인트 등 생산계획에 따라 적정하게 생산되었는지 평가하고 기록하는 관리 절차이다. 조리가 완료되면 배식 전 배식을 위한 1인 분량의 음식을 상차림한 후 배식량, 음식의 맛, 온도, 외관, 색상, 이물, 이취, 위생상태 등과 같은 음식의 품질을 확인한 후 평가하여 검식일지 그림 4-3에 기록하는 과정으로 진행된다.

검식의 목적은 관능적, 기호적, 영양적, 위생적인 관점에서 음식을 평가하고 그에 대한 개선 및 보완사항을 사전에 조치함으로써 고객의 식사에 대한 불만을 줄이고 고객 만족을 향상시키는 데 있다. 따라서 고객에게 제공될 음식을 사전에 점검한다는 의미에서 검식은 중요한 과정이다.

검식은 영양사, 조리책임자, 조리종사자 등 최소 2인 이상이 참여하여 실시하며, 검식의 과정에서 음식의 맛, 색깔, 온도 등 조리상태가 부적합할 경우 양념 및 조리방법 조절, 재가열 등을 통하여 보완한 후 제공하도록 한다. 또한 이물, 이취 등이

검식일지

200 년 월 일 요일 날짜 :	결재	담당자	행정실장	교장
			전결	

구분 \ 식단평					
검식담당자		직 :		성명 :	
평가(상, 중, 하)		상	중	하	비교
외관평가	1인분의 양				
	영양적인 균형				
	색과 형태				
관능평가	맛				
	질감				
	풍미				
위생평가	적온급식(배식)				
	청결도				
참고사항					

그림 4-3 검식일지

발견되어 배식이 불가능하다고 판단될 경우에는 전량 폐기하고 대체식품으로 조리하여 제공한다. 이러한 평가결과에 대한 최종 승인 및 사후 조치는 급식관리자인 영양사에게 권한이 있다. 검식방법 및 주의할 점은 다음과 같다.

- 검식은 조리 완료 후 배식 전에 실시한다.
- 조리 완료된 음식을 모두 확인한다.
- 검식을 위한 음식을 1인 분량씩 상차림 한다.
- 검식을 실시한다.
- 검식할 때는 한 번 사용한 검식용기와 검식기구는 재사용하지 않는다.
- 관능적, 위생적, 1인 분량의 적절성 평가를 통한 영양적 평가 등을 실시한다.
  - 맛을 느끼는 혀의 부위가 다르므로 혀 전체로 맛을 본다.
  - 여러 번 맛을 보면 미각 둔화로 인해 정확한 맛을 보기 힘들므로 한 번만 본다. 만약 반복하여 맛을 볼 경우에는 물로 입을 헹군 후 보도록 한다.
- 의견을 공유한다.
- 검식일지에 기록하고 보관한다.
  - 날짜, 검식시간, 검식 참여자, 식단명, 관능적 · 위생적 · 영양적 평가 및 조치사항 등을 검식일지에 기록한다.

(2) 보존식

집단급식의 경우 **보존식**은 법적 의무사항으로 급식을 위생적으로 관리하고, 식

> 더 알아보기
>
> **식품위생법 88조(집단급식소)**
>
> - 집단급식소에서 조리 · 제공한 식품의 매회 1인분 144시간 이상 보관하여야 한다.
> - 식중독 발생 시 보관 또는 사용 중인 식품은 역학조사가 완료될 때까지 폐기하거나 소독 등으로 현장을 훼손하여서는 아니 되고 원상태로 보존하여야 하며, 식중독 원인규명을 위한 행위를 방해하여서는 안 된다.
>
> ※ 식품의약품안전처의 식품안전관리지침 및 식중독표준업무지침에 의하면 각 반찬별로 150 g 이상을 채취하도록 권장하고 있다.

올바르지 못한 사례

올바른 사례

그림 4-4 보존식 용기 및 보관 예시

중독 발생 시 역학조사를 통한 원인규명을 위해 매회 제공되는 음식을 용기에 담아 냉동 보관해두는 것을 말한다. 식품위생법 시행규칙에서는 보존식의 보관 및 식중독 발생 시 조치사항으로 더 알아보기에 제시한 것과 같이 명시하고 있다.

50인 이상에게 급식을 제공하는 집단급식소에서 보존식을 미보관할 경우 과태료는 1차 위반 시 300만 원, 2차 위반 시 400만 원, 3차 위반식 500만 원이 부과된다(식품위생법 시행령, 별표 2). 따라서 보존식의 채취 및 폐기는 급식관리자인 영양사가 직접 해야 한다. 보존식의 관리방법은 표 4-2와 같다.

표 4-2 보존식 관리방법

구분	내용
보관방법	• 보존식 담당자는 검식이 끝난 직후 전 메뉴마다 배식 전 제공될 음식의 1인 분량을 채취하여 보존식 용기에(그림 4-4) 담음(개별포장된 식재료의 경우 포장상태 그대로 보관). • 식힌 후 뚜껑을 닫고 날짜와 끼니 등 보존식 기록표(그림 4-5)를 작성한 후 보존식 냉동고에 보관 • 보존식 보존기간은 144시간(6일) 이상으로 하며, 폐기일이 휴일인 경우 그 다음날 폐기
주의사항	• 대체메뉴도 보존식을 실시하되, 동일메뉴를 추가조리한 경우는 예외로 함 • 샘플케이스에 전시한 음식을 보존식으로 사용하지 않음 • 식중독 사고 발생 시 보존식 제출은 보건소의 지시에 따라야 하며 보존식을 이동할 때에는 냉동상태로 이동해야 함
보존식 용기관리	• 약품소독의 경우 소독 후 충분히 헹구어 소독액이 남아 있지 않도록 하며 행주로 닦지 말고 자연 건조시킴 • 자외선 소독을 하는 경우는 보존식 용기의 입구부분이 위쪽을 보게 하여 뚜껑을 연 상태로 자외선 소독고 상단에 넣음 • 용기 부족 시 소독된 적합한 용기로 대체하여 사용

자료 : 식품의약품안전처(2014).

2022년 2월 16일	중식	
식단명	• 발아현미밥 • 우거지감자탕 • 미나리초무침 • 코다리살강정	• 총각김치 • 귤 • 우유
채취 일시	2015년 12월 3일	11시 30분
냉동고온도	−18℃	
폐기 일시	2015년 12월 9일	시 분
채취자	윤급식	
비고(특이사항)		

그림 4-5 보존식 기록표 예시

4-3

함께 풀어보기

A급식소는 1월 5일(화) 중식에 해당되는 식단을 보존식으로 보관하였다. 보존식을 언제 폐기해야 하는지 제시하시오.

더 알아보기

보존식 보관기간 계산하기

- 월요일에 보존식을 보관하였으면 6일 후인 일요일 이후에 폐기한다.
  - 일요일이 쉬는 날이면 월요일에 폐기하면 된다(144시간(6일) 이상 보관해야 함).
  - 토, 일, 국경일 등 상관없이 무조건 144시간(6일) 이후에 폐기하면 된다.
- 화요일 보존식 → 월요일 이후 폐기
- 수요일 보존식 → 화요일 이후 폐기
- 목요일 보존식 → 수요일 이후 폐기
- 금요일 보존식 → 목요일 이후 폐기
- 토요일 보존식 → 금요일 이후 폐기
- 일요일 보존식 → 토요일 이후 폐기

(3) 적온보관

급식소에서 조리가 완료된 음식은 고객에게 제공되기 전까지 또한 배식을 하는 동안 일정시간 보관과정을 거치게 된다. 따라서 배식 전 보관부터 배식하는 동안에 음식의 품질 저하가 일어나지 않도록 적절하게 관리해야 할 필요가 있다. 특히, 음식의 안전성을 확보하고 영양적, 관능적으로 우수한 품질의 음식을 고객에게 제공하기 위해서는 뜨거운 음식은 뜨겁게, 차가운 음식은 차갑게 유지될 수 있도록 보온 · 보냉 기기그림 4-6를 이용하여 적온보관을 해야 한다. 적온보관을 위한 고려사항은 다음과 같다.

- 조리가 완료된 음식은 배식 용기에 담은 후 덮개를 덮어 이물질이 혼입되지 않도록 한다.
- 더운 음식은 57℃ 이상의 온도에서 보온한다.
- 찬 음식은 5℃ 이하의 온도에서 보냉한다.
- 분산조리batch cooking방법으로 배식 전까지의 보관시간을 줄인다.

보온 · 보냉 배식대 　 보온 · 보냉고 　 국 보온 배식차

그림 4-6 적온보관을 위한 보온 · 보냉 기기

(4) 기타

그 밖에 배식 전 관리사항으로는 다음과 같다.

- 배식대는 청결하게 관리하며, 배식 1시간 전 보온 · 보냉고를 사전 예열하고

그림 4-7 샘플케이스

더 알아보기

분산조리란

분산조리(batch cooking)는 급식소 생산방식의 한 형태로 해당 메뉴의 전체 생산량을 한 번에 조리하는 것이 아니라 시차를 두고 몇 회로 나누어 일정량씩 조리하는 방식이다. 특히, 채소를 이용한 요리는 장시간 보관하며 배식할 경우 품질 저하가 일어나게 된다. 따라서 분산조리를 통해 배식 전까지의 보관시간을 줄임으로써 배식시간 동안 일정한 품질의 음식을 고객에게 제공할 수 있다.

분산조리의 목적은 배식시간 동안 음식의 품질을 유지하여 고객 만족도를 향상시키는 데 있으며, 또한 과잉생산에 의해 잔식이 발생하지 않도록 하는 데 있다. 다음은 대학교 기숙사의 저녁 배식을 위한 분산조리를 예시로 보여 주고 있다.

가지볶음(800인분)	
시간	조리량
오후 3 : 30	1팬
오후 3 : 45	1팬
오후 4 : 00	2팬
오후 4 : 30	4팬
오후 4 : 45	2팬

1팬=80인분, 10팬 =800인분

관리한다.

- 식판, 수저, 국그릇은 덮개를 사용하며, 이물이 없이 건조가 잘 되었는지 확인한다.
- 배식 전 제공 음식이 배식대에 모두 세팅되었는지 확인한다.
- 당일 메뉴에 대한 음식을 고객에게 제공되는 음식과 동일하게 상차림하여 급식소 입구에 게시(샘플케이스) 그림 4-7 함으로써 메뉴에 대한 정보를 사전에 고객에게 제공할 수 있도록 한다.
- 음식 품절로 인하여 대체메뉴가 조리되어 배식되면 게시용 음식도 교체해야 한다.
- 테이블 및 의자, 식수대, 컵 보관고, 퇴식구 등 홀의 청결상태를 확인한다.
- 게시용 식단표 내에 영양성분, 원산지, 알레르기 유발물질 등에 대한 정보가 기록되어 있는지 확인한다.
- 배식담당자들의 용모, 복장 등 개인위생상태를 최종적으로 점검하고 배식을 위한 대기를 한다.

2) 배식 중 관리

배식 중 관리사항에는 고객응대, 적절한 배식을 위한 배식관리, 퇴식구 주변 청결상태 확인, 고객 모니터링을 통한 만족도 확인 등이 있다.

(1) 고객 응대 및 적절한 배식

고객을 응대하는 배식시간은 이전의 준비사항들을 최종적으로 고객들에게 평가받는 시간으로 고객의 불만 또는 만족도에 직접적으로 영향을 미치는 시간이다. 특히, 단체급식소의 경우 외식업소와 달리 조리종사원이 음식을 조리하는 것은 물론 고객 서비스까지 담당하고 있기 때문에 고객 응대를 위한 서비스의 질 관리가 중요하다. 또한 배식 시 1인 배식량을 관리하여 음식이 부족하거나 남지 않도록 해야 한다. 배식량 조절은 식재료비 관리 차원에서 중요할 뿐만 아니라 고객의 만족도에도 영향을 미치기 때문이다. 따라서 배식 유형에 따라 그 방법이 다를 수 있으나 고객

응대를 비롯하여 적절한 배식이 이루어질 수 있도록 관리해야 한다.

① 고객 응대를 위한 관리사항

- 배식 시 반갑게 고객을 맞이하고 먼저 인사를 한다.
- 고객의 요구사항 및 불만 등에 신속하고 적극적으로 대응한다.
- 배식 시 고객과의 눈 맞춤을 통하여 인사를 한다.
- 고객 안내 시에는 정중하고 친절하게 한다.

② 적절한 배식을 위한 관리사항

- 배식 초기 · 중기 · 후반기 음식의 중심온도관리를 통해 적정보관온도표 4-3가 유지되는지 확인한다.
- 배식 중의 음식이 부족하면 신속하게 교체한다.
- 배식 중에 남아 있는 음식과 바로 조리한 음식이 섞이지 않도록 한다.
- 음식 품절 시 유사 메뉴로 대체하여 고객의 불만을 최소화한다.
- 음식의 품질 유지 및 안전을 위해 조리 후 최대 2시간 이내에 배식이 완료될 수 있도록 한다.

표 4-3 적온배식을 위한 음식 종류별 관리온도

구분	관리온도(℃)
밥	75~85
국	60~70
찌개	80~90
조림, 볶음류 등의 더운 찬	45~55
김치, 샐러드 등의 차가운 찬	2~8
음용수, 차	60~70

(2) 서비스의 분류

배식 서비스 방법은 급식소의 **생산체계**, **서비스 수준**, **생산 완료 후 고객에게 제공되기까지의 물리적 거리**, **생산 완료 후 고객에게 제공되기까지의 시간**에 따라 **테이블 서비스**, **카운터 서비스**, **셀프 서비스**, 트레이 서비스로 구분할 수 있다.

① 테이블 서비스

테이블 서비스table service는 호텔이나 일반적인 레스토랑에서 널리 이용되는 서비스 방법으로 직원wait person이 고객으로부터 주문을 받고 준비된 음식을 고객이 있는 테이블까지 직접 가져다주는 형태이다. 고급 레스토랑의 경우에는 정교하고 전문화된 서비스가 요구되기도 한다. 따라서 테이블 서비스에서는 고객 응대를 위한 직원의 교육과 훈련이 아주 중요하다.

② 카운터 서비스

카운터 서비스counter service는 간이식당, 커피숍, 초밥집, 스낵바 등과 같은 곳에서 빠른 서비스를 원하거나 혼자 식사를 하는 고객들을 대상으로 이루어지는 서비스 형태이다. 카운터 서비스는 신속한 서비스를 할 수 있을 뿐만 아니라 주문을 받는 것부터 음식의 제공, 정리, 경우에 따라서는 계산까지 카운터에 위치한 1~2명의 직원이 담당하기 때문에 적은 수의 직원으로 효율적인 운영이 가능하다는 장점이 있다.

③ 셀프 서비스

셀프 서비스self service는 진열된 음식을 고객이 직접 가져다가 식사하는 방식으로 급식 및 외식업체에서 널리 이용되고 있는 서비스 형태이다. 특히, 다수의 고객을 대상으로 일정한 시간 내에 신속하게 음식을 제공해야 하는 급식소의 경우 효율적인 운영방법이다.

급식소의 셀프 서비스는 자율배식과 대면배식, 카페테리아의 형태로 운영되고 있다. 자율배식은 일정 금액을 지불한 후 자율 배식대에 준비된 음식을 고객이 원하는 양만큼 식판 또는 용기에 담아 가져다가 식사하는 방식이다. 대면배식은 직원이 정량씩 배식해주는 음식을 받아다가 식사하는 방법이다. 일반적인 급식소의 경우 자율배식과 대면배식을 혼합하여 운영하고 있다.

카페테리아 서비스cafeteria service는 용기에 담겨 진열된 다양한 음식을 고객이 원하는 음식만 선택하여 식판에 담은 후 그 음식에 대한 금액만 지불하고 가져가 식사하는 방식이다. 최근 백화점이나 대형마트에서 볼 수 있는 **푸드코트**food court 또한 카페테리아 서비스의 형태로 공동의 식사공간을 두고 다양한 코너의 음식 중 한 가지를 선택한 후 계산하고 가져가 식사하는 방법이다. **뷔페 서비스**buffet service는 일정 금액만 지불하면 진열된 음식을 횟수나 양에 상관없이 고객이 원하는 만큼 가져다가 먹을 수 있는 서비스 유형이다.

국내 일부 급식소의 경우 고품질의 다양한 음식을 고객들에게 제공하기 위해 푸드코트 또는 뷔페방식의 서비스를 도입하여 운영하고 있다.

④ 트레이 서비스

트레이 서비스tray service는 병원 또는 요양원, 호텔 룸서비스room service, 기내식에서 이용하는 방법으로 트레이(식판)에 1인분 분량으로 음식을 차린 후 고객이 있는 곳까지 직접 가져다주는 서비스 형태이다. 병원의 경우 **중앙배선** 또는 **분산배선**을 통해 트레이에 차려진 음식을 병실까지 운반하여 환자에게 제공한다. 호텔의 룸서비스도 이와 비슷한 형태로 고객이 원할 경우 주문한 음식을 객실까지 운반·제공한다. 기내식의 경우 공항 근처 기내식센터catering center에서 조리를 완료한 후 1인분씩 포장하여 냉장·냉동상태 등으로 기내까지 운반한 후 제공 전에 재가열하여 고객에게 제공한다.

이와 같이 트레이 서비스에서는 운반과정 중에 음식의 품질저하가 일어나지 않도록 온도 및 신선도를 유지하는 것이 중요하다. 따라서 적절하게 음식을 운반하기 위해 보온·보냉 운반차와 같은 기기들이 필요하다그림 4-8.

그림 4-8 보온·보냉 운반차

자료 : www.mscmk.co.kr

더 알아보기

병원급식에서의 배선방법

병원급식은 중앙배선(centralized meal assembly)과 분산배선(decentralized meal assembly) 과정을 통해 트레이 서비스 방식으로 제공된다.

1. 중앙배선

중앙 조리실 또는 중앙 배선실에서 환자별로 1인분씩 음식을 상차림한 후 병실로 운반하여 환자에게 제공하는 방식이다. 1인분씩 상차림하는 과정에서 생산 효율성을 높이기 위해 자동배선시스템(tray line)을 사용하는 것이 특징이다. 또한 상차림을 한 음식을 각 병실로 이동하는 과정에서 적온유지를 위해 보온 · 보냉 운반차를 사용한다.

중앙배선의 경우 자동배선시스템 설치 등을 위한 넓은 공간이 요구되며, 이동 간에 적온유지를 위한 고가의 기기들이 필요하다는 단점이 있다. 하지만 중앙에서 통제함으로써 상차림의 표준화, 식재료비의 절감, 효율적인 인력운영이 가능하다는 장점이 있다.

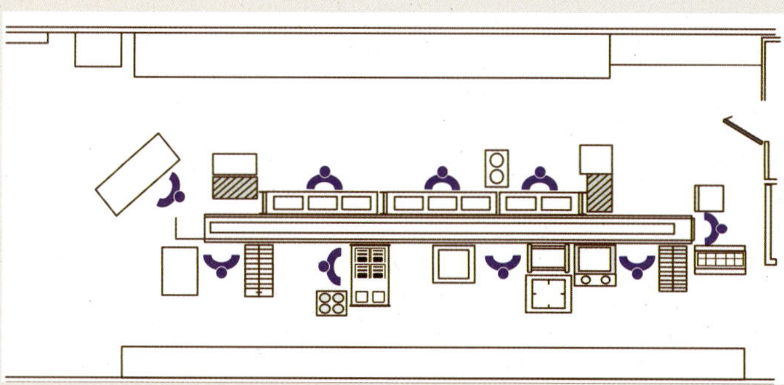

중앙배선방법
자료 : Gregoire, M. B.(2013).

2. 분산배선(병동배선)

중앙조리실에서 병동별로 필요한 양 만큼 음식을 배분한 후 각 병동의 배선실에서 상차림하여 환자에게 제공하는 방식이다. 중앙배선과 같이 넓은 조리실 또는 배선공간을 필요로 하지 않으며, 배선 후 고객에게 제공되기까지의 시간이 단축되기 때문에 음식의 품질 유지 및 적온급식이 용이하다는 장점이 있다. 반면, 병동별로 배선시설이 필요하며 인력 운영 및 식재료비 관리에 어려움이 있다는 단점이 있다.

테이블 서비스(레스토랑)

카운터 서비스(스낵바)

셀프 서비스(카페테리아)

자율배식

대면배식

트레이 서비스(기내식)

그림 4-9 다양한 서비스 형태

(3) 고객 모니터링

급식소에서 고객 모니터링monitering이란 급식운영이 처음 계획한 대로 잘 운영되고 있는지 또는 운영되었는지 고객평가결과를 바탕으로 확인하고 점검하는 과정이다. 즉, 생산부터 배식 완료 시점까지 제공된 음식과 서비스에 대하여 고객 모니터링이라는 과정을 통하여 점검하고 평가한다.

정기적으로 실시되는 고객 만족도 조사와 함께 급식소 입구에 고객평가용 간이 설문지나 게시판을 항상 배치하여 당일 제공된 식단, 음식의 맛, 친절도, 위생 등에 관한 사항들을 고객들로 하여금 평가하도록 하고 매일 확인한다그림 4-10. 그 결과는 영업 종료 후 회의 등을 통하여 급식관리자를 포함한 종사원 모두가 공유함으로써 당일 생산결과에 대하여 평가를 하고 다음 생산을 위한 계획에 반영하도록 한다. 이러한 과정을 통해 급식소의 문제점 및 고객 요구도를 파악하고 적극적으로 급식소 운영에 반영함으로써 고객 만족도를 향상시킬 수 있도록 해야 한다.

그림 4-10 고객 모니터링 양식

4. 급식 생산성

1) 생산성의 개념

생산성productivity은 투입요소와 생산활동의 결과물인 산출요소 간의 비율로 정의되며, 조직이 얼마나 효율적으로 자원을 이용하고 있는지 측정하는 지표로 활용되고 있다.

$$\text{생산성} = \frac{\text{산출량(output)}}{\text{투입량(input)}}$$

생산성은 기업과 조직의 경쟁력에 영향을 미치게 된다. 즉, 생산성 향상은 비용을 감소시키고 생산량과 기업의 이윤을 증대시키는 반면, 생산성 저하는 제품의 가격 인상과 경비를 증가시켜 기업의 이윤을 감소시키게 된다. 따라서 생산성 향상은 생산관리의 주요한 목표라고 할 수 있다. 이에 관리자는 생산성 향상을 위한 방법을 모색하고 이를 적용할 수 있도록 항상 노력해야 한다.

급식시스템의 투입요소로는 노동력, 식재료, 기술, 기기 및 설비, 비용 등이 해당되며 산출요소로는 음식, 식수, 고객만족, 종사원 직무 만족, 기업의 이윤 등이라 할 수 있다. 그러나 인적자원에 의존하고 있는 급식산업의 경우 투입되는 노동력의 생산성에 따라 운영 효율성이 달라질 수 있기 때문에 **노동생산성**labor productivity을 급식의 생산성 지표로 많이 활용하고 있다. 또한 투입된 비용 대비 산출량으로 계산한 **비용생산성**cost productivity도 사용되고 있다. 한편, 생산의 전반적인 효율성을 측정하기 위해서는 투입된 전체 요소를 고려한 지표가 필요한데, 노동력, 재료, 서비스, 설비, 자본의 다섯 가지 요소를 고려하여 측정한 지표로 **총 요소생산성**total factor productivity이 사용되기도 한다.

2) 생산성 지표

생산성 지표는 일정기간 급식소의 운영 효율성을 평가하기 위한 자료로 활용될 뿐만 아니라 기업 내에서 급식소별 운영실적을 비교 평가하기 위한 자료로도 활용된다. 따라서 급식관리자는 생산성 지표를 조사·기록하여 급식운영에 대한 효율성을 평가하고, 그 결과를 바탕으로 생산성 향상을 위한 노력을 해야 한다. 하지만 생산성은 조리종사자의 숙련 정도, 메뉴의 수, 배식 형태, 전처리 식재료의 사용 정도, 시설 및 조리 기기의 자동화 정도, 급식의 유형에 따라 영향을 받는다. 따라서 생산성 지표를 해석하고 비교할 때에는 이러한 여러 가지 요소들도 함께 고려해야 한다. 급식산업에서는 생산성 지표로 노동생산성 지표와 비용생산성 지표를 많이 활용하고 있다.

(1) 노동생산성

급식소의 노동생산성을 향상시키기 위해서는 먼저 생산성을 측정할 수 있어야 한다. 일반적으로 급식산업에서는 노동생산성 측정지표로 작업시간당 식수, 1식당 작업시간, 작업시간당 식당량, 작업시간당 서빙수가 많이 사용되고 있다. 이러한 지표분석을 통하여 현재 급식소 인력운영의 효율성을 평가하고, 필요한 인력을 산정하기 위한 근거자료로 활용한다.

작업시간은 근무자의 출퇴근 기록카드 또는 근무(근태)일지로부터 계산할 수 있다. 산출요소로 사용되는 식수meals는 당일 예측된 고객의 수만큼 준비된 식사의 수를 말하며, **식당량**meals equivalents은 스낵 또는 면류에 적용되는 것으로 1식에 소요되는 작업시간을 일반적인 식사류에 소요되는 작업시간의 1/2을 반영하여 1식수를 1/2식당량으로 계산한다. **서빙수**servings는 카페테리아 운영 형태에서 적용되는 것으로 주식 또는 반찬 한 종류를 1서빙수로 계산하여 산출한다.

$$\text{작업시간당 식수(식/시간)} = \frac{\text{일정기간 제공된 총 식수}}{\text{일정기간 총 작업시간}}$$

$$\text{1식당 작업시간(분/식)} = \frac{\text{일정기간 작업시간}}{\text{일정기간 제공된 총 식수}}$$

$$\text{작업시간당 식당량(식당량/시간)} = \frac{\text{일정기간 제공한 총 식당량}}{\text{일정기간 총 작업시간}}$$

$$\text{작업시간당 서빙수(서빙수/시간)} = \frac{\text{일정기간 제공한 총 서빙수}}{\text{일정기간 총 작업시간}}$$

국내 급식 시설별 노동생산성 지표에 대한 일부 연구를 살펴보면표 4-4 공동조리 방식의 학교급식의 생산성이 가장 높고, 환자식만을 제공하는 병원급식의 생산성이 가장 낮은 것을 알 수 있다.

표 4-4 국내 급식 시설별 생산성 지표

유형	노동시간당 식수(식/시간)	1식당 노동시간(분/식)
사업체 급식(단일식단)	6.9	8.7
병원급식(환자식만 운영)	4.8	12.4
병원급식(환자식, 직원식 운영)	5.6	10.7
학교급식(단독조리방식)	13.1	4.6
학교급식(공동조리방식)	14.8	4.1

자료 : 양일선(2015).

(2) 비용생산성

급식소에서 제공되는 음식을 만드는 데 투입되는 비용으로는 크게 식재료비, 인건비, 경비의 세 가지 요소로 구성되어 있다. 비용생산성에서는 일반적으로 인건비만을 반영하여 산출한 1식당 인건비와 모든 비용을 반영하여 산출한 1식당 총 비용을 지표로 사용하고 있다.

$$\text{식당 인건비} = \frac{\text{일정기간 총 인건비}}{\text{일정기간 제공된 총 식수}}$$

$$\text{식당 총 비용} = \frac{\text{일정기간의 총 비용}}{\text{일정기간 제공된 총 식수}}$$

4-4

함께 풀어보기

다음 급식소별 운영현황을 참고하여 노동생산성 및 비용생산성 지표를 산출하시오.

A 급식소 : 단일메뉴(세트 메뉴) 운영

- 끼니 수 : 조 · 중 · 석식 운영
- 일 식수 : 850식(조식 50식, 중식 700식, 석식 100식)
- 운영일수 : 월 20일
- 인력구성 : 영양사 1명, 조리실장 1명, 조리원(파트타임) 7명
- 근무시간 : 영양사, 조리실장 각각 8시간, 조리원 각각 6.5시간
- 총 인건비(월) : 900만 원
- 총 식재료비(월) : 2,000만 원
- 총 경비(월) : 300만 원

1. A 급식소의 작업시간당 식수, 1식당 작업시간, 1식당 인건비, 1식당 총 비용을 계산하시오.

B 급식소 : 복수코너 운영

- 일 식수 : 600식(스낵코너 200식, 일반정식코너 400식)
- 인력구성 : 영양사 1명, 조리실장 1명, 조리원(파트타임) 4명
- 근무시간 : 영양사, 조리실장 각각 8시간, 조리원 각각 6.5시간

2. B 급식소의 작업시간당 식당량을 계산하시오(스낵류는 일반식의 1/2 식당량 적용함).

C 급식소 : 카페테리아식 운영

- 일 식수 : 1,200식
- 인력구성 : 영양사 1명, 조리실장 1명, 조리원(파트타임) 4명
- 근무시간 : 영양사, 조리실장 각각 8시간, 조리원 각각 6.5시간

3. C 급식소의 작업시간당 서빙수를 계산하시오.

3) 급식생산성의 증대방안

최근에는 위탁급식전문업체의 등장과 운영기법의 전문화로 인하여 현대화된 기기 및 다양한 형태의 전처리 제품, 조리가공식품의 이용그림 4-11, 종업원 교육 등을 통해 급식생산의 효율성을 증대시키고 있다. 급식의 생산성을 증대시키기 위한 방법은 다음과 같다.

- 식단의 평가 : 메뉴, 조리법 및 조리 기기의 중복 여부, 조리원의 숙련 정도 등을 고려하여 메뉴를 평가하고 식단작성에 반영한다.
- 자동화 기기 및 전처리 · 가공식재료 사용 : 인건비 절감을 위해 노동력을 대체할 수 있는 자동 조리 기기 및 전처리 · 가공된 식재료를 사용함으로써 생산 효율성을 기대할 수 있다.

그림 4-11 단체급식에서 활용되고 있는 다양한 편의 식재료

자료 : www.ourhometfs.co.kr

사례 들여다보기

편의 식재료 사용에 따른 효율성

최근 급식산업에서는 다양한 편의 식재료 등을 사용하여 급식 운영에 효율성을 기하고 있다. 전처리된 채소를 비롯하여 양념류, 소스류, 국류, 탕류, 반찬류 등 냉장·냉동 제품을 자체 브랜드(private brand)로 만들어 단위급식소에 공급하고 있으며 이러한 제품은 단순 가열 및 해동, 희석을 통해서 바로 사용할 수 있다. 따라서 조리법을 단순화할 수 있어 조리 스킬이 부족하거나 인력이 부족하여도 손쉽게 조리할 수 있으며, 조리법의 표준화를 통해 급식소마다 균일한 품질의 음식을 생산할 수 있다는 장점이 있다. 또한 식재료의 전처리, 조리, 정리 등에 소요되는 시간을 절약함으로써 생산성 향상을 기대할 수 있다.

불고기조리법

양념장 사용 전		양념장 사용	
식재명	소요량	식재명	소요량
깐 대파	6.0	깐 대파	4.0
양파(C/C)	40.0	양파(C/C)	36.0
우불고기	80.0	우불고기	80.0
다진 마늘	3.0	양념장	23.1
민찌생강	0.8		
볶음참깨	0.8		
순후추	0.3		
설탕	8.0		
참기름	2.0		
파인애플	30.0		
간장	10.0		
미원	0.3		
물엿	6.0		
소주	0.8		

효과

- 업무효율
  - 발주 용이
  - 재고관리
- 비용절감
  - 인력운영효율
  - 물류비용
- 음식 맛 향상
  - 맛 표준화
  - 파트사원 요리 가능

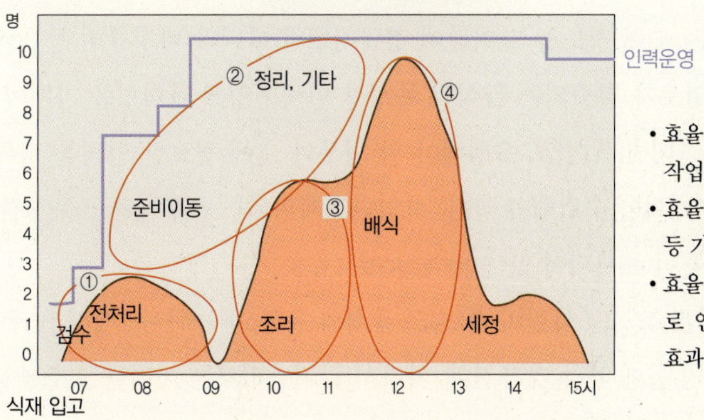

- 효율성 1 : 전처리 ①, 조리 ③의 작업량 및 인원 감소
- 효율성 2 : 준비 및 이동, 정리 등 기타 작업 ② 감소
- 효율성 3 : 작업량 및 인원 감소로 인한 생산성·효율성 증대 효과

- 자동판매기 및 셀프 서비스 활용 : 식권구매 및 결재를 위한 방법으로 자동판매기를 활용하고 대면배식보다는 자율배식 등 셀프 서비스를 활용한다.
- 종업원의 동기부여 : 작업자의 교육 및 훈련을 통하여 직무수행에 대한 동기를 부여함으로써 작업 효율성을 개선한다.
- 단순화 · 표준화된 작업공정 개발 : 불필요한 작업요소를 제거하기 위해 작업시간을 설정하고 작업공정을 단순화 · 표준화한다.
- 작업일정계획 : 생산량 및 작업자의 업무능력을 기준으로 작업일정계획 및 작업배치를 유연하게 한다.
- 작업장 및 장비배치 : 작업의 흐름을 극대화하고 작업 간에 교차오염을 방지할 수 있도록 작업자의 동선을 확보하고 기기 등을 배치한다.
- 일반 업무의 공유 : 생산과 직접적으로 관련이 없는 업장청소, 워드 및 인쇄와 같은 사무업무 등은 다른 부서와 공유한다.

4) 작업일정계획

급식소의 인력관리는 생산 효율성 증대를 위한 관리효과가 가장 큰 부분으로 급식소의 운영에 있어서 아주 중요하다. 따라서 적절한 인력을 산정staffing하고 담당업무에 따라 시간별로 배치scheduling하여 효율적인 인력운영이 이루어질 수 있도록 해야 한다.

인원 구성과 인력의 수는 급식소운영을 위한 최적의 구성을 가져야 한다. 노동강도 및 요구되는 숙련 정도를 고려하여 정규직뿐만 아니라 비정규직 등을 활용하고 배식시간에 업무가 집중되는 급식의 특성상 인력운영에 탄력성을 가져야 할 것이다. 따라서 시간대별, 일별로 수행해야 할 업무와 그에 필요한 인력을 정확히 고려하여 작업일정계획을 수립해야 한다. 작업일정계획에는 근무자와 근무시간, 교대시간, 담당업무 등이 표시되어 있다사례 들여다보기 참조.

작업일정계획은 조리 종사원의 숙련도, 급식의 유형, 메뉴의 수, 배식 형태, 일 식수, 작업장의 배치 등에 따라 달라진다. 따라서 급식관리자는 이러한 요소를 고려하여 최소의 노동시간으로 질적 · 양적 생산계획을 달성할 수 있도록 작업일정계획을 작성하고 실행해야 한다. 표 4-5는 조리종사자의 배치기준을 제시하고 있다.

표 4-5 조리종사자(조리사+조리실무사) 배치기준

조리사 수	조리실무사 수		
	배치인원 수	초등학교 급식인원 수	중학교 급식인원 수
급식학교당 1명	1	1~149	1~149
	2	150~299	150~299
	3	300~625	300~516
	4	626~835	517~689
	5	836~1,007	690~862
	6	1,008~1,177	863~1,030
	7	1,178~1,347	1,031~1,182
	8	1,348~1,517	1,183~1,332
	9	1,518~1,687	1,333~1,482
	10	1,688~1,857	1,483~1,632
	11	1,858~2,027	1,633~1,782
	12	2,028~2,197	1,783~1,932
	13	2,198~2,367	1,933~2,082

※ 직영(단독조리)급식 운영 중인 고, 각종 중 · 고등학교는 중학교 배치기준으로 운영 권장
※ 공동조리학교는 총 급식인원으로 산정한 배치기준을 초과할 수 없음
※ 무상급식비에서 인건비가 지출되는 경우 인건비 범위 내에서 학교운영위원회 심의 등을 통해 배치인원 조정 가능

자료: 서울특별시교육청(2020). 2020학년도 학교급식 기본방향

사례 들여다보기

급식사업장의 작업스케줄 예시

1) 운영현황

- 끼니 수 : 조식, 중식, 석식 운영
- 일식수 : 1,400식(조식 300식, 중식 1,000식, 석식 100식)
- 인력구성 : 영양사 1명, 조리실장 1명, 조리사 2명, 조리원(파트타임) 12명

끼니	식수	인원수	구분	근무시간(총 근무시간)	작업시간 6	7	8	9	10	11	12	13	14	15	16	17	18	19
아침	300	1	조리사 1	6:00-16:00 (10시간)	취반 및 조식 조리		배식	다음날 사용 식재료 전처리 및 조리										
		1	파트사원1	6:00-14:00 (8시간)				식기세척		다음날 사용 식재료 전처리								
		1	파트사원2	6:00-14:00 (8시간)	배식준비													
		1	파트사원3	6:00-11:00 (5시간)														
점심	1,000	1	조리실장	8:00-18:00 (10시간)			조리 및 배식 총괄						관리 총괄 및 다음날 사용 식재료 전처리					
		1	조리사 2	8:00-15:00 (7시간)			점심조리			다음날 사용 식재료 전처리								
		1	파트사원4	8:00-17:00 (9시간)						점심배식				다음날 사용 식재료 전처리				
		1	파트사원5	8:00-17:00 (9시간)														
		1	파트사원6	8:00-17:00 (9시간)														
		1	파트사원7	8:00-15:00 (7시간)														
		1	파트사원8	8:00-15:00 (7시간)														
		1	파트사원9	8:00-15:00 (7시간)						식기세척								
		1	파트사원10	8:00-15:00 (7시간)														
		1	파트사원11	8:00-15:00 (7시간)														
		1	파트사원12	8:00-15:00 (7시간)														
저녁	100		조리사 2	15:00-19:30 (4시간)										취반 및 석식조리		배식		정리정돈
			파트사원 11	12:00-19:30 (7.5시간)														식기세척
			파트사원 12	12:00-19:30 (7.5시간)										배식준비				
총계		15명		129시간	4명	4명	13명	13명	13명	12명	14명	14명	12명	7명	6명	4명	3명	3명

2) 적용

아침, 점심, 저녁의 식수 식수를 고려하여 인력을 배치함

- 아침의 경우 조리 및 배식 준비를 위해 적절한 인력을 배치함
- 점심의 경우 당일 끼니에 대한 조리와 다음날 전처리 작업이 동시에 이루어지므로 많은 인력을 배치함
- 석식의 경우 조리작업 및 전처리 작업이 모두 완료되었으므로, 배식에 필요한 최소 인원만 배치함

5. 작업관리

1) 작업관리의 의의

급식 생산관리의 주요 목표는 생산성의 향상에 있으며 이는 작업관리를 통해 이루어질 수 있다. **작업관리**work study는 작업자가 관여하는 생산활동의 과정을 체계적으로 검토하고 조사하여 작업의 경제성과 효율성에 미치는 요인들을 분석, 연구하는 분야이다. 경영기법으로서 작업관리가 갖는 의의는 다음과 같다.

- 기존의 작업방법을 철저하게 분석함으로써 조직 내의 비효율성을 분석하는 데 도움이 된다.
- 단순히 작업공정만을 개선함으로써 적은 비용으로도 작업의 효율성을 높일 수 있다.
- 비용절감효과가 신속히 나타나고, 효과의 지속성을 기대할 수 있다.
- 작업관리를 통해 달성하고자 하는 성과의 기준을 정확하게 설정할 수 있다.
- 제조업뿐만 아니라 서비스 산업 등 인간과 관련된 모든 업종에 적용이 가능하다.

작업관리는 **방법연구**method study와 **작업측정**work measurement을 주요한 내용으로 다루고 있으며, 그 범위는 그림 4-12와 같다.

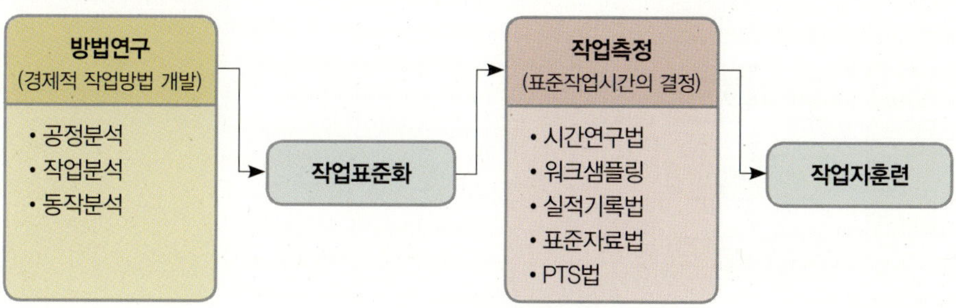

그림 4-12 작업관리의 범위

자료 : 황학(2007).

2) 방법연구

방법연구는 작업공정, 장비 및 설비, 작업동선 등을 체계적으로 조사하고 분석하여 보다 효율적이고 경제적인 작업방법을 개발하는 기법이다. 이를 통해 기존의 방법을 개선하고 새로운 작업방법을 표준화하게 된다. 작업개선을 위해서는 다음 사항을 고려해야 한다.

- 제거elimination : 불필요한 작업이나 요소를 제거한다.
- 결합combination : 동일한 작업 또는 함께해서 개선의 효과를 가져올 수 있는 작

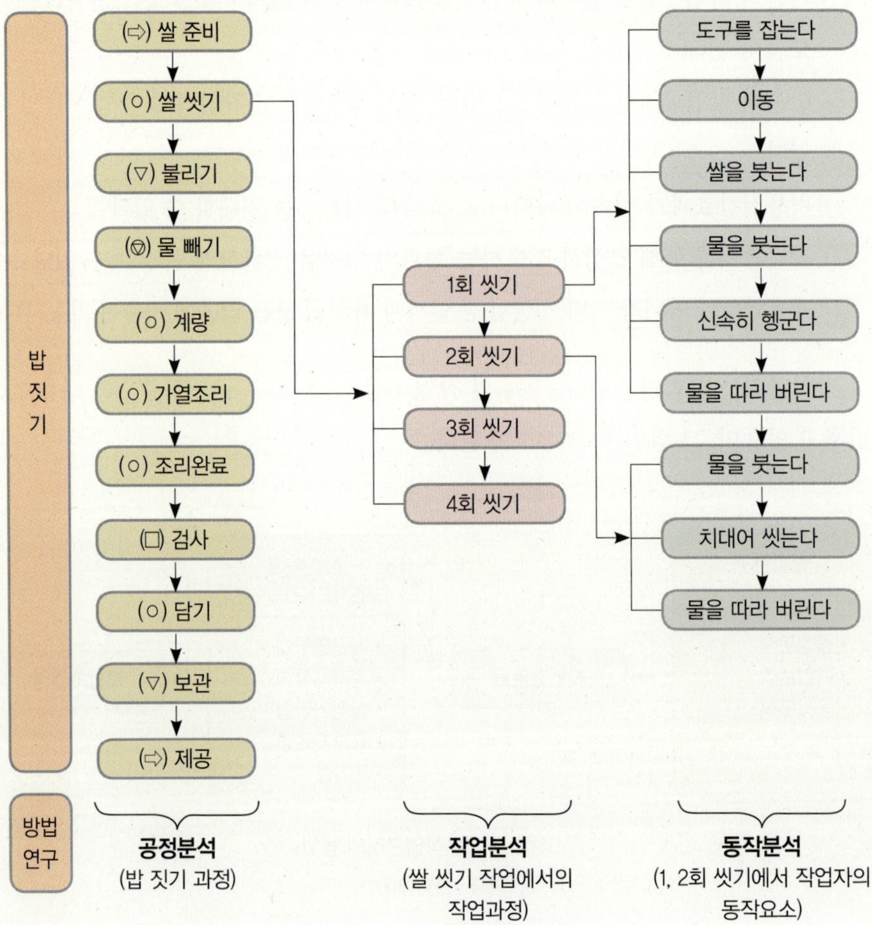

그림 4-13 방법연구의 내용

업은 결합한다.

- 재배열rearrange : 공정의 재배치 또는 작업 순서를 변경하여 개선한다.
- 단순화simplification : 시간, 동작, 노력 등을 절감할 수 있도록 작업방법을 단순화한다.

이러한 작업개선을 위한 방법연구기법으로는 **공정분석**, **작업분석**, **동작분석**이 있다. 재료가 제품이 되는 과정에서 필요한 '일'을 분할한 가장 작은 단위가 '동작'이며, 동작의 집합체를 '작업', 이러한 작업요소가 모인 단위작업의 기능을 '공정'이라 할 수 있다. 그림 4-13은 밥 짓는 사례를 들어 공정분석과 작업분석, 동작분석으로 구분하여 예시로 나타내고 있다.

(1) 공정분석

공정분석process analysis은 시간적 · 공간적 순서에 따라 생산과정을 작업, 운반, 저장, 정체, 검사의 분석단위로 분류하여 각 공정의 조건과 현상을 분석하는 기법이다. 이러한 공정분석은 공정기호표 4-6을 이용하여 도표로 나타낸 공정도process chart를 사용한다. 공정도는 기존의 작업이나 새로운 개선안을 명확하고 간결하게 표현할 수 있다는 장점이 있다.

공정분석은 기존 생산공정의 문제점 파악 및 개선을 위한 기초자료로 활용될 뿐만 아니라 시설 · 설비 레이아웃의 개선을 위한 자료로도 활용된다.

표 4-6 공정분석을 위한 기호

구분	기호	의미
작업	○	재료, 부품 또는 제품의 형상에 변화를 주는 과정
운반	⇨	재료, 부품 또는 제품, 사람의 위치에 변화를 주는 과정
정체	D	재료, 부품 또는 제품이 계획과 달리 정체되어 있는 상태
저장	▽	재료, 부품 또는 제품이 계획적으로 저장되어 있는 상태
검사	□	재료, 부품 또는 제품의 품질과 수량을 측정하여 기준과 비교하는 과정

(2) 작업분석

공정분석이 완료되면 **작업분석**operation analysis을 통하여 효율적인 작업요소와 비효율적인 작업요소를 분석하여 개선안을 마련해야 한다. 작업분석에서는 다음 사항을 다루고 있다.

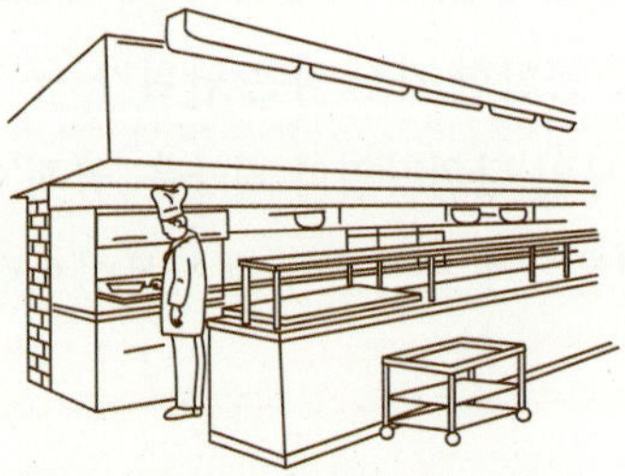

작업자에 맞는 적절한 시설 배치

작업은 팔꿈치 아래(10~20cm)에서 이루어질 수 있도록 작업대 또는 의자의 높이를 조절

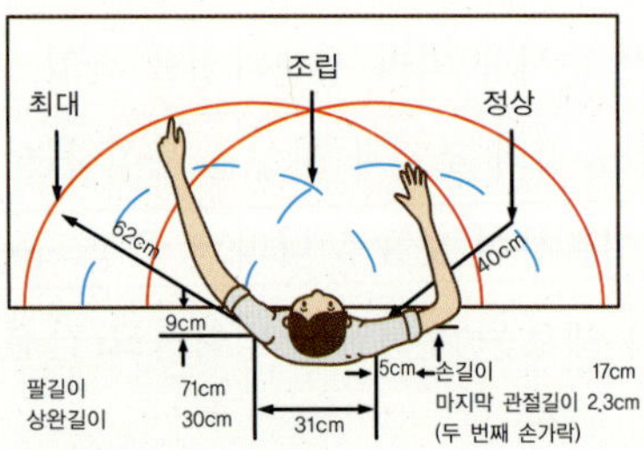

작업자의 손이 닿을 수 있는 최대 범위 내에서 작업

규칙과 순서에 따라 양손을 사용하여 작업

시간, 동작, 노력, 절감을 위한 계획적인 배치

한쪽 방향으로 곡선을 그리며 연속된 동작으로 작업

효율적인 정리를 위해 이동카트 활용

물건을 들어올릴 때에는 근육에 무리가 가지 않게 부드럽게

그림 4-14 효율적인 작업을 위한 기본 지침

자료 : Gregoire, M. B.(2013).

- 작업의 필요성 : 가장 중요한 사항으로 작업이 꼭 필요한지를 검토하고 작업을 개선하기 전에 대상작업의 필요성을 확인한 후 제거하거나 결합, 재배열, 단순화할 수 있도록 해야 한다.
- 허용품질기준 : 작업개선을 위한 품질기준 및 검사절차를 어떻게 설정할 것인가도 중요한 문제이다. 필요 이상의 엄격한 품질 기준은 원가에 영향을 미칠 수 있다. 따라서 타당한 기준을 설정해야 한다.
- 재료 : 품질에 영향을 미치지 않는 선에서 저렴하고, 가공하기 쉬운 재료를 사용하도록 한다. 재료의 크기, 모양, 품질 등의 측면에서 단순화할 수 있는 방향으로 표준화한다.
- 제조공정 : 수작업을 자동화하거나, 기기를 이용하여 생산 효율을 높일 수 있도록 한다.
- 생산 설비 : 생산량, 작업의 반복성, 인건비의 절약 정도, 투자비용 등을 고려하여 효율성이 높은 기기, 도구, 장비 등을 사용할 수 있도록 한다.
- 작업환경 : 작업장의 밝기, 온도, 환기, 소음, 위험한 장비들의 안전장치, 개인 안전기구 등 작업환경의 개선은 작업의 효율성에 영향을 미친다.
- 시설배치 : 작업자 이동경로, 작업거리, 운반거리, 교차오염 등을 고려하여 시설배치가 고려되어야 한다.

공정분석의 공정도에 표기되는 작업, 운반, 정체, 저장, 검사와 같은 모든 공정을 상기 사항에 동시에 고려하기는 어렵다. 따라서 각 항목별로 개선의 가능성이 큰 작업을 우선 선정하여 세밀하게 분석함으로써 효율성을 증대시킬 수 있는 방안을 고려해야 한다.

(3) 동작연구

동작연구motion study는 작업자의 작업과정을 동작으로 분류한 후 세밀하게 분석하여 불필요한 행동이나 동작을 제거하고 가장 경제적이고 합리적인 표준 동작으로 작업이 이루어질 수 있도록 작업방법을 표준화하는 연구이다.

경제적인 동작과 관련하여 **길브레스**F. B. Gilbreth가 기초한 '동작경제의 원칙 principle of motion economy'은 작업자의 피로도를 최소화할 수 있는 방법을 제시한 것

표 4-7 동작경제의 원칙

구분	내용
신체 사용	• 작업 완료를 위한 동작의 수를 최소화함 • 작업을 위한 동작의 길이를 최소화함 • 작업은 양손으로 하되, 동시에 사용해서 동시에 작업을 완료함 • 양손의 동작은 대칭적이고 반대 방향으로 함 • 휴식을 제외하고 양손이 동시에 쉬지 않도록 함 • 작업을 원만하게 처리할 수 있는 범위 내에서 가장 낮은 등급의 동작을 사용함 • 직선 또는 각진 동작보다 완만한 곡선의 형태로 동작함 • 동작은 리듬감 있게 반복적으로 움직임 • 동작은 운동량에 따라 조정함 • 작업에 요구되는 눈의 초점 맞춤을 최소화함 • 피로감을 방지하기 위하여 중간 중간에 다른 작업을 함
작업장의 디자인 및 배치	• 재료, 기구 및 제어판은 작업영역 내에 배치함 • 재료 및 기구는 다음 사용을 위하여 지정된 위치에 둠 • 작업장은 적절한 조명이 있어야 함 • 기구 및 재료는 사용하기 편한 장소에 위치해 있어야 함 • 재료나 물건을 옮길 때 가능하면 중력을 활용함 • 작업대 및 의자의 높이는 앉거나 서서 작업할 수 있도록 디자인되어야 함 • 작업장의 환경은 생산적인 작업을 할 수 있도록 고안되어야 함
기기 및 장비의 디자인	• 기구, 도구 및 제어판은 사용하기 쉽게 쥘 수 있도록 디자인되어야 함 • 가능하면 두 개 또는 그 이상의 기능을 가진 도구를 사용함 • 손의 활용을 높이기 위해 발로 활용할 수 있는 장치들을 사용함 • 장비는 신체 고유의 기능을 최대한 활용할 수 있도록 디자인되어야 함 • 레버와 제어판은 최소한의 접촉으로도 작동될 수 있도록 디자인되어야 함

으로 효율적인 작업방법들을 설계하는 데 유용하다고 알려진 생각이나 내용들을 정리한 것이다. 이후 많은 학자들에 의해 보완되었는데, 모두 비슷한 개념을 가지고 있다. **바안즈**Barnes가 제시한 **동작경제의 원칙**은 인체 사용에 관한 원칙뿐만 아니라 작업장의 배열에 관한 원칙, 공구 및 장비에 대한 디자인도 포함하고 있다표 4-7. 이 원칙은 작업개선을 위한 방안으로 모든 작업에 직·간접적으로 적용되고 있다.

3) 작업측정

작업측정이란 방법연구의 결과를 토대로 표준화된 작업에 대하여 그 작업을 수행하는 데 필요한 표준시간을 설정하는 것이다. 즉, 시간을 사용해서 작업의 내용 또는 방법을 정량화하는 것이라고 할 수 있다.

표준시간은 **정미시간**normal time과 **여유시간**allowance time으로 구성된다. 정미시간은 숙련된 작업자가 쉬지 않고 한 단위의 작업을 수행하는 데 필요한 시간을 말하며, 여유시간은 작업관리상 또는 피로회복을 위해 필수적으로 필요한 시간을 의미한다. 따라서 표준작업시간은 정미시간에 여유시간을 더해서 설정한다. 표준시간 설정의 목적은 다음과 같다.

- 여러 작업방법을 비교 · 선택
- 생산계획을 위한 기초자료
- 필요한 시설 · 설비 산정기준
- 작업자의 생산량을 예측
- 작업의 낭비시간을 발견
- 작업에 필요한 표준 인원을 결정
- 작업자의 직무평가 및 성과 측정

표준시간이 설정되면 작업자의 지속적인 훈련을 통하여 효율적인 작업개선이 이루어질 수 있도록 한다. 작업측정의 기법으로는 작업내용을 직접적으로 측정하는 **시간연구법**, **워크샘플링법**이 있으며, 과거의 자료 또는 실적 등을 활용하는 **실적자료법**, **표준자료법**, **PTS법** 등이 있다.

(1) 시간연구법

시간연구법time study은 작업을 기본 요소로 분할한 후 **스톱워치** 등을 이용하여 작업에 소요되는 정미시간을 측정 · 기록하는 방법으로 작업에 필요한 시간, 작업을 위한 대기시간, 낭비적인 시간들을 발견하고 개선하기 위해 사용된다.

시간 측정을 위한 대상자는 목적에 따라 달라질 수 있다. 작업개선을 위한 시간 측정은 숙련된 작업자를 대상으로 선택하고, 표준시간 설정을 위해서는 중간 또는 그 이상의 작업자를 대상으로 측정하는 것이 좋다. 새로운 작업에 대한 표준시간을 설정하는 경우에는 작업자가 작업에 익숙해질 때까지 기다려야 하며, 만약 미숙련

자를 대상으로 측정할 경우에는 표준작업방법과의 차이를 관찰하면서 측정하도록 한다.

시간연구를 위한 관측에서는 관리자 및 측정 대상자의 이해와 협조가 필요하며, 작업자가 요소 작업을 수행하는 데 소요되는 시간이 측정할 때마다 달라질 수 있으므로 관측 횟수를 결정하는 것이 중요하다.

(2) 워크샘플링법

급식소의 작업기능work function은 조리processing, 배식service, 운반transportation, 세척cleaning, 사무clerical, 지연delay 등의 업무로 구분할 수 있다. **워크샘플링**work sampling은 이렇게 구분된 작업요소가 하루 일과시간 동안 어느 정도의 비율로 발생되는지를 관측 · 기록그림 4-15 한 후 비율로 추정하여 시간을 설정하는 방법이다. 즉, 1식당 총 작업 소요시간이 4.58분이고, 조리부터 지연까지의 관측된 업무비율이 표 4-8과 같을 때 각각의 작업시간을 비율에 따라 산출하는 방법이다.

워크샘플링 시트

년 월 일

횟수	관측시간	작업요소						계
		조리	배식	운반	세척	사무	지연	
1								
2								
3								
4								
5								
6								
· · · ·								
29								
30								
계								
평균								
%								

그림 4-15 워크샘플링 시트지 예시

표 4-8 워크샘플링 분석의 예

작업요소	단독조리학교	
	업무비율(%)	1식당 소요시간(분/식)
총 작업시간	**100**	**4.57분**
조리	25.1	1.15
배식	7.7	0.35
운반	16.8	0.77
세척	26.5	1.21
사무	1.1	0.05
지연	22.8	1.04

자료 : 이보숙(1996).

(3) 실적자료법

실적자료법은 과거 경험이나 일정기간의 실적자료를 이용하여 작업단위에 대한 시간을 산출하는 방법이다. 과거 자료를 그대로 이용하거나, 작업조건, 작업방법 및 수행도 등을 고려하여 수정한 후 사용하는 법, 전문가의 경험에 의하여 추정하는 방법 등이 있다. 실적자료법을 이용한 산출방법은 표 4-9와 같다.

실적자료법은 과거 자료와 현재 사이에 작업 여건 등의 변화를 반영하지 못한다는 단점이 있다. 따라서 작업자들의 성과평가를 위한 자료로 활용하기는 어렵다. 그러나 신속하고 비용절약이 가능하다는 장점 때문에 단기적 또는 소량생산을 위한 참고자료로 활용되기도 한다.

표 4-9 실적자료법 예시

작업날짜	식수	소요시간(분)
1회	100	20
2회	70	17
3회	50	15
합계	220	52

* 1식당 작업시간 = 52분/220식 =0.24분/식

(4) 표준자료법

표준자료법standard data은 과거의 자료를 분석하여 작업동작에 영향을 미치는 요인들과 작업을 위한 정미시간 사이에 함수식을 도출한 후 표준시간을 구하는 방법이다. 예를 들면, 급식소의 식기세정작업의 표준작업시간을 y=ax+b(x는 식수)의 회귀식으로 도출한 후 식수의 변화만 대입하면 세정작업을 위한 정미시간을 도출할 수 있다. 정미시간에 여유시간을 고려하여 표준시간을 설정한다.

표준자료에 의한 함수관계가 일단 만들어지면 작업을 직접 관측할 필요가 없으며, 신속하게 표준시간을 설정할 수 있다. 한편, 그러다 보니 작업개선의 기회나 의욕이 떨어지고, 변동요인을 전부 고려하지 못하면 표준시간의 정확도가 떨어진다는 단점이 있다.

(5) PTS법

PTSPredetermined Time Standards법은 작업 동작을 기본 요소의 동작으로 분류하고, 그 동작이 어떤 조건하에서 수행되는지 확인한 다음 이미 정해진predetermined 기준시간time standards 중에서 유사한 것을 찾아 기본 동작의 수행시간으로 간주하는 방법이다. 예를 들면, 급식소에서 반복적으로 수행되는 배식동작의 작업시간을 결정하고자 할 때 도구를 이용하여 반찬을 집고, 식판으로 이동한 후 음식을 담는 요소동작별 소요시간을 유사한 음식의 배식과정을 통해 관측된 시간을 합하여 표준시간으로 설정하는 것이다. 이 방법은 작업 주기가 짧고 반복적으로 수행되는 작업을 대상으로 개발되었으나, 신속하게 분석이 가능하다는 장점으로 긴 작업에도 적용할 수 있도록 보완되어 사용되고 있다.

함께 풀어보기 정답

4-1 풀어보기

- 1단계 : 변환계수를 계산한다.
  200인분/50인분 = 4
- 2단계 : 변환계수를 표준 레시피에 제시된 각각의 재료량에 곱한다.
  밀가루 500g×4(변환계수) = 밀가루 2,000g
- 3단계 : g을 kg 단위로 전환한다.
  필요한 밀가루 2kg

4-2 풀어보기

다음 단계에 따라 계산한다.

재료	100인분	1단계 (g으로 환산)	3단계 (재료의 백분율)	6단계(250인분을 위한 새로운 재료량)	7단계(kg 단위 로 환산)
시금치	10kg	10,000g	62.5%	31,875g	31.9kg
된장	3kg	3,000g	18.8%	9,588g	9.6kg
멸치	1.5kg	1,500g	9.4%	4,794g	4.8kg
다진 마늘	0.5kg	500g	3.1%	1,581g	1.6kg
대파	1kg	1,000g	6.2%	3,162g	3.2kg
총량		2단계 : 16,000g	100%	*4 · 5단계: 51,000g	

* 4단계 : 새로운 인원수 250명 × 1인 배식량 200g = 50,000g

 5단계 : 50,000g×(1+0.02)=51,000g

4-3 풀어보기

다음 주 월요일(1월 11일) 중식시간 이후에 폐기하면 된다.

요일	수	목	금	토	일	월
보관기간(일)	1	2	3	4	5	6
시간	24	48	72	96	120	144

4-4 풀어보기

1. A 급식소의 생산성
   작업시간당 식수 = 850식 ÷ (2명 × 8시간 + 7명 × 6.5시간) = 13.8식/시간
   1식당 작업시간(분) = (2명 × 8시간 + 7명 × 6.5시간)60분 ÷ 850식 = 4.3분/식
   1식당 인건비 = 9,000,000원 ÷ (850식 × 20일) = 529.4원/식
   1식당 총 비용 = (9,000,000원 + 20,000,000원 + 3,000,000원) ÷ (850식 × 20일) = 1,882.4원/식

2. B 급식소의 생산성
   작업시간당 식당량 = (200식 × ½ + 400식) ÷ (2명 × 8시간 + 4명 × 6.5) = 11.9식당량/시간

3. C 급식소의 생산성
   작업시간당 서빙수 = (1,200식) ÷ (2명 × 8시간 + 4명 × 6.5) = 28.6서빙/시간

Foodservice in institutions

급식 시설관리

Chapter 5

1. 급식 시설관리의 개요 | 2. 급식 시설관리 | 3. 급식 설비관리
4. 급식 기기관리 | 5. 급식 도구관리

Chapter 5

학습목표

- 급식소의 효율적인 작업공간을 계획하고 필요한 시설을 작업동선에 맞추어 배치할 수 있다.
- 급식소의 설비와 기기, 도구의 사용방법을 숙지하고 필요한 작업에 효율적으로 활용할 수 있다.

1. 급식 시설관리의 개요

급식 시설은 급식을 운영하기 위해 설치한 설비, 기기, 도구를 포함하는 구조물 전체를 의미한다. **급식 설비**로 급·배수, 환기, 냉·난방, 조명·전기, 창문·바닥 등이 해당되고, **급식 기기**로 세미기, 취사기, 가스레인지, 오븐, 냉장·냉동고 등이 해당되며, **급식 도구**로 냄비, 대형 그릇, 칼·도마 등이 해당된다. 급식 시설의 설비, 기기, 도구를 적절하게 설치 및 구비하고 관리하면, 노동력과 시간을 절약하여 작업의 효율성을 높일 수 있고, 위생적으로 음식을 생산 및 제공할 수 있으며, 쾌적하고 안전한 환경에서 작업할 수 있다. 따라서 급식관리자인 영양사는 급식 시설에 대해 잘 알고 있어야 하며, 급식 설비, 기기, 도구를 유지 보수하고 활용할 수 있는 능력을 키울 필요가 있다. 급식 시설과 관련된 법령으로 식품위생법과 학교급식법이 있으며부록 5-1, 5-2 참조, 관련 법령에서는 조리구역, 저장구역, 기타구역에 대한 시설 기준을 제시하고 있다. 학교급식의 경우, 학교급식 위생·안전점검표에 시설관리 항목을 제시하고 있다부록 5-3 참조.

2. 급식 시설관리

1) 급식 시설의 위치

급식 시설의 위치를 결정하기 위해서는 효율성, 편의성, 위생, 외부로의 영향 등 여러 가지 측면에서 고려되어야 한다. 급식 시설의 위치를 결정하기 위해 고려해야 할 요소는 다음과 같다.

- 식재료 검수, 쓰레기 처리가 편리한 장소
- 음식의 운반 및 배식이 편리한 장소
- 채광, 환기, 통풍이 좋은 장소

- 오염이 없는 위생적인 장소
- 설치류, 해충의 침입이 없는 장소
- 급 · 배수가 잘되는 장소
- 소음, 냄새가 적은 장소

건물에서 급식 시설의 층은 여러 가지 상황에 따라 결정되지만 가능하다면 지상층이 지하층이나 고층보다 좋다. 지하층은 채광, 환기, 통풍이 어렵다는 단점이 있으며, 고층은 식재료 및 쓰레기 운반이 어렵다는 단점이 있다.

2) 급식 시설의 작업구역

급식 시설의 작업구역은 식재료의 흐름에 따라 검수, 저장, 전처리, 조리, 배선 및 배식, 세척 순으로 구분될 수 있다그림 5-1. 이 중 검수구역, 저장구역, 전처리구역, 세척구역은 **일반작업구역**으로 분류하고, 조리구역, 배선 및 배식구역은 **청결작업구역**으로 분류한다.

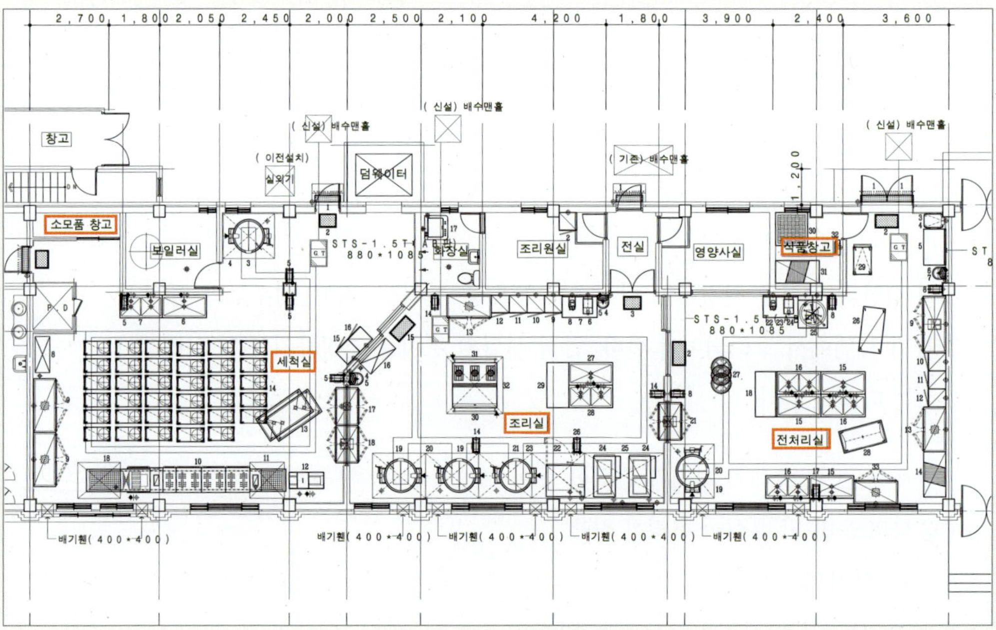

그림 5-1 급식소 설계도면 예

자료 : 원종초등학교(2016).

(1) 검수구역

검수구역은 식재료가 입고된 후 수량 및 품질을 확인하는 공간이며, 검수 후 식재료가 바로 저장될 수 있도록 저장구역이 가깝게 배치되거나 식재료의 이동이 쉬운 곳에 배치되는 것이 바람직하다. 배달되는 과정에서 식재료의 포장이 오염될 수 있고 오염도가 높은 고기류나 달걀에 의한 교차오염이 발생될 수 있으므로, 검수구역은 다른 급식소 공간과 구별되는 것이 위생적인 면에서 이상적이다.

규모가 작은 업장의 경우 검수구역이 따로 지정되지 않는데, 이럴 경우에는 식재료가 배달되는 곳에서 가장 가깝고 조리구역에서 먼 곳에 파랫트를 배치하여 파랫트 위에 식재료가 놓이도록 한다. 완벽한 공간의 분리가 이루어지지는 않지만 파랫트 위를 검수공간으로 사용하여 교차오염을 줄일 수 있다.

검수구역은 식재료의 운송이 편리하고, 식재료를 빠르고 쉽게 취급할 수 있도록 설계한다. 검수구역의 바닥은 청소가 용이하여야 한다. 검수구역의 검수대 높이는 60cm 이상이어야 한다그림 5-2.

그림 5-2 검수구역 전경 예

자료 : 전농초등학교(2016).

(2) 저장구역

저장구역은 식재료 저장구역과 소모품 저장구역을 구분하여 설치하여야 한다.

식재료 저장구역과 소모품 저장구역을 따로 마련하는 것은 교차오염을 막기 위한 것으로 세척용품이 식재료와 섞이는 위험을 줄일 수 있다. 구분 설치가 어려운 경우에는 공간을 구획으로 구분하여 식재료를 위생적으로 보관하여야 한다.

식재료 저장구역은 검수구역과 조리구역 사이에 위치하는 것이 좋다. 또한 식재료를 위생적으로 보관하기 위해 냉장 · 냉동시설을 갖추어야 하며, 환기가 잘 되는 구조이어야 한다. 바닥의 경우, 미끄럽지 않은 재질로 마감되어야 하고, 물청소 후 배수가 잘 되도록 설계되어야 한다. 식재료 저장구역의 공간은 주로 건조창고와 냉장 · 냉동고로 나누어진다.

① 건조창고

캔, 포장된 식재료, 잘 상하지 않는 식재료를 보관하는 공간이다그림 5-3. 온도 조절이 이루어져야 하며, 적어도 하루에 한 번씩 온도를 기록하는 것이 좋다. 적절한 온도 범위는 18~24℃이다. 저장 선반은 바닥으로부터 약 15cm 떨어져 있어야 하는데, 이는 바닥 청소를 용이하게 하고 공기 순환을 돕기 위함이다.

② 냉장 · 냉동고

냉장고는 쉽게 상할 수 있는 음식을 짧은 시간 동안 보관하기 위해 사용되며, 냉동고는 비교적 긴 시간 동안 보관하기 위해 사용된다. 냉장고의 적정 온도 범위는 5℃ 이하이고 냉동고의 온도 범위는 −18℃ 이하이다. 급식소의 경우 선반형 대형

그림 5-3 식재료 저장구역의 건조창고 전경 예

자료 : 부인초등학교(2016).

냉장·냉동고나 걸어 들어갈 수 있을 정도의 큰 사이즈인 워크 인walk-in 냉장·냉동고를 사용한다.

(3) 전처리구역

주방의 **전처리구역**은 식재료의 세척과 조리를 위한 기초 작업이 이루어지는 곳으로, 건조창고 또는 냉장·냉동고에서 식재료를 꺼낸 후 전처리를 거쳐 조리구역에서 최종적으로 조리가 되기 때문에 저장구역과 조리구역 사이에 배치되는 것이 이상적이다. 예를 들어, 샐러드에 쓰이는 채소를 씻고 적당한 크기로 써는 과정, 감자볶음을 조리하기 위해 감자를 씻고 껍질을 벗기는 과정, 국에 쓰일 육수의 식재료를 준비하는 과정이 진행되는 공간이다.

전처리구역은 위생적인 식재료 세척 설비와 손 씻는 시설을 갖추어야 한다. 교차오염을 방지하기 위해 채소류, 육류, 어패류 세척 시설을 각각 구분하여 설치하여야 한다. 전처리구역의 면적은 여러 사람이 동시에 작업할 수 있고 식재료 등의 운반이 편리하도록 충분한 공간을 확보하여야 한다그림 5-4.

그림 5-4 전처리구역 전경 예

자료 : 전농초등학교(2016).

(4) 조리구역

조리구역은 전처리구역에서 준비된 식재료를 조리하여 음식으로 생산하는 공간이다그림 5-5. 열을 가하여 조리하는 **가열 조리구역**은 고열과 기름에 의해 쉽게 더러워지기 때문에, 열과 기름에 잘 견딜 수 있는 재질로 바닥과 벽을 만들어야 한다. 조리과정에서 나오는 냄새가 다른 공간으로 들어가지 않도록 환기 시설이 배치되어야 하며, 가스와 불이 사용되므로 안전에 대한 조치도 이루어져야 한다. 미끄럼 방지 바닥, 소화기 시스템 등이 고려되어야 한다. **비가열 조리구역**에서는 열을 가하지 않는 음식, 예를 들면 겉절이, 샐러드, 무침 등을 만드는 공간이다. 조리장의 면적을 산출할 때는 식단, 급식인원수, 조리 기기, 조리원 수 등을 고려해야 하며, 조리장의 형태는 가로와 세로가 3 : 2 또는 2 : 1의 비율인 것이 적절하다.

조리구역의 내부 벽은 내구성, 내수성이 있는 표면이 매끈한 재질이어야 하고, 바닥은 내구성, 내수성이 있는 미끄럽지 않은 재질이어야 하며, 천장은 내수성, 내화성이 있는 청소가 용이한 재질이어야 한다. 바닥에는 적정한 크기의 배수구와 배수구 덮개를 설치하여야 한다. 조리구역은 쥐 · 해충 등을 막을 수 있는 시설을 갖추어야 하며, 기기 배치와 작업 동선을 고려하여 적정한 면적이 확보되어야 한다.

그림 5-5 조리구역 전경 예

자료 : 부인초등학교(2016).

(5) 배선 및 배식구역

배선구역은 조리된 음식을 그릇이나 식판에 담는 공간으로 조리구역과 배식구역 사이에 배치되는 것이 바람직하다그림 5-6. **배식구역**은 고객에게 조리된 음식을 전달하는 공간이며, 급식소의 배식 형태에 따라 배식구역의 면적 및 기기가 달라질 수 있다. 고객은 배식을 받은 후 식당에서 식사를 하게 되는데, 대부분 급식소의 경우 배식구역과 식당은 한 공간으로 이루어져 있다. 식당에서 배식을 하지 않고 병실이나 교실 등 각 공간으로 조리된 음식을 운반하는 경우 배선차를 이용하며, 배선차를 각 층으로 운반할 수 있는 덤웨이터나 엘리베이터를 설치해야 한다.

급식소의 식당은 안전하고 위생적인 공간에서 식사를 할 수 있도록 급식인원수를 고려한 크기의 식당을 갖추어야 한다. 규모가 작은 급식소의 경우 짧은 시간 안에 모든 고객이 식사를 하기 때문에 좌석회전이 없을 수도 있으나, 규모가 큰 급식소의 경우 2~3시간의 배식시간이 소요되기 때문에 좌석이 30분 간격으로 회전되기도 한다. 급식소의 상황에 따라 적절한 좌석회전율과 좌석 수가 정해진다. 하루에 한 끼니 이상을 제공하는 경우 가장 많은 인원이 이용하는 시간대를 기준으로 식당면적을 산정한다. 일반적으로 고객 1인당 필요로 하는 면적(**좌석면적**)은 1.2~1.7$m^2$0.36~0.5평이다. 좌석회전율과 식당면적의 계산은 다음의 공식을 통해 구할 수 있다.

$$\text{좌석회전율} = \frac{\text{이용고객 수}}{\text{좌석 수}}$$

$$\text{식당면적} = \frac{\text{총 고객 수}}{\text{좌석회전율}} \times \text{좌석면적}$$

5-1

함께 풀어보기

A 급식소의 예상되는 고객 수가 750명이고, 회전율이 2.5일 때, 1좌석당 면적을 1.5 m^2로 설정하려면 식당의 면적은 어느 정도가 적당한가?

① 180m^2 ② 375m^2 ③ 450m^2 ④ 500m^2 ⑤ 750m^2

그림 5-6 배선 및 배식구역 전경 예

자료 : 부인초등학교(2016) ; 전농초등학교(2016).

(6) 세척구역

세척구역은 다른 구역보다 빠르게 훼손되는 구역이다. 대부분의 업장에서는 식기세척기를 사용하여 세척 작업을 하며, 규모가 작은 업장의 경우에는 식기세척기가 비치되어 있지 않고 대신에 담금 세정대를 사용하기도 한다. 식기세척기의 유무에 상관없이 세척이 이루어지는 공간은 높은 습도와 온도, 바닥에 떨어지는 물과 음식찌꺼기, 벽과 기기에 부딪히는 운반차 등으로 인해 바닥과 벽이 빨리 훼손되므로 잘 훼손되지 않는 재질로 설치되어야 한다그림 5-7.

세척구역은 급·배수 시설과 환기 시설을 설치해야 하며, 바닥의 배수가 용이해야 한다. 세척구역에는 식기소독보관고나 열탕소독 시설, 또는 충분히 세척 및 소독할 수 있는 세정대를 설치하여야 한다. 또한 잔반 등 음식물쓰레기를 처리하기 위해 오물, 악취 등이 누출되지 않는 폐기물 용기를 구비하여야 한다.

그림 5-7 세척구역 전경 예

자료 : 부인초등학교(2016).

(7) 기타 구역

급식관리실, 휴게실, 화장실 등이 포함된다. 급식관리실은 급식 시설을 운영하기 위한 급식관리자의 계획, 관리, 감독이 이루어지는 공간이므로 전체적인 조리작업이 잘 보이는 장소에 배치하는 것이 좋다. 휴게실의 경우 조리구역을 통과하지 않고 외부에서 직접 들어갈 수 있도록 하는 것이 위생적이며, 화장실의 경우 조리구역과 구분된 공간에 배치하는 것이 위생적이다.

급식관리실, 휴게실은 외부로 통하는 환기 시설을 갖추어야 하며, 조리구역을 통하지 않도록 외부로의 출입문을 설치하거나 출입 시 조리구역의 오염을 막을 수 있는 설비를 갖추어야 한다. 휴게실의 경우, 외출복과 위생복을 구분하여 보관할 수 있는 옷장을 구비하는 것이 좋다.

화장실은 식중독 및 소화기계 전염병의 전염 경로를 차단하기 위해 전용 화장실을 설치하는 것이 좋으며, 조리장에 영향을 미치지 않는 장소에 설치하여야 한다. 정화조를 갖춘 수세식 화장실을 설치하여야 하나, 상·하수도가 설치되지 않은 지역에서는 변기의 뚜껑과 환기 시설을 갖춘 수세식이 아닌 화장실을 설치할 수 있다. 화장실에는 손 씻는 시설을 반드시 설치하여야 한다.

3. 급식 설비관리

급식 시설에 적절한 설비가 설치되어야 안전하고 위생적이며 효율적인 급식운영이 가능하다. 또한 급식관리자인 영양사는 설치된 설비를 유지 보수하여 관리하여야 한다. 급 · 배수 설비, 환기 설비, 냉 · 난방 설비, 조명 · 전기 설비, 창문 · 바닥 설비는 급식 시설 운영에 있어서 중요한 설비이다.

1) 급 · 배수 설비

급수는 적절한 수압, 충분한 양을 확보할 수 있도록 설치되어야 한다. 급식 시설 곳곳에 물이 공급되도록 하고 온수 설비를 갖추어 효율적이며 위생적인 관리가 될 수 있도록 하여야 한다. 급식 시설에서 사용되는 물은 식품과 직접 접촉되므로 급식 관리자는 수질을 관리할 필요가 있다. 상수도를 사용하지 않고 지하수를 사용하는 경우, 먹는 물 관리기준에 적합하도록 정기적으로 점검하여야 한다. 일부 항목 검사는 1년마다 마을상수도의 검사기준에 따라 실시하고, 모든 항목 검사는 2년마다 먹는 물의 수질기준에 따라 실시한다.

급식소 바닥은 **배수**가 용이하도록 해야 한다. 바닥 트랜치는 완전히 배수가 되어 물이 고이지 않도록 설치되어야 하며, 녹이 슬지 않는 재질로 설치되어야 한다. 배수구의 경우, 물이 신속하게 배수될 수 있는 적정 용량의 크기로 설치될 필요가 있다. 급식소 바닥의 트랜치와 배수구는 조리작업을 마칠 때마다 중성세제로 깨끗하게 세척하여 찌꺼기가 남아 있지 않도록 청결하게 관리해야 한다그림 5-8.

배수구에는 트랩과 덮개를 설치하여야 한다. 배수구 트랩의 형태에는 곡선형과 수조형이 있는데, 곡선형에는 S, P, U 트랩이 있고, 수조형에는 그리스 트랩, 드럼 트랩, 벨 트랩이 있다그림 5-9. 트랩은 하수도로부터의 악취 역류를 방지하기 위해서 설치하는 것으로 오수의 종류에 따라 적절한 배수 형식을 선택한다. 예를 들어, 음식물 찌꺼기가 많은 오수의 경우, 수조형이 효과적이며, 특히 지방이 하수구로 들어가는 것을 방지하기 위해 그리스 트랩이 권장된다.

- **트랜치** : 바닥의 배수가 용이하도록 하기 위해 바닥을 파고 덮개를 덮어 오염된 물이 배수구까지 이동하도록 만든 수로
- **그리스 트랩** : 식기 세척 등을 하고 난 후 오염된 물이 흘러내려가는 배수구에 설치하여 오염된 물에 녹은 지방이 배수관 내벽에 부착되는 것으로 인한 막힘을 방지하기 위한 장치

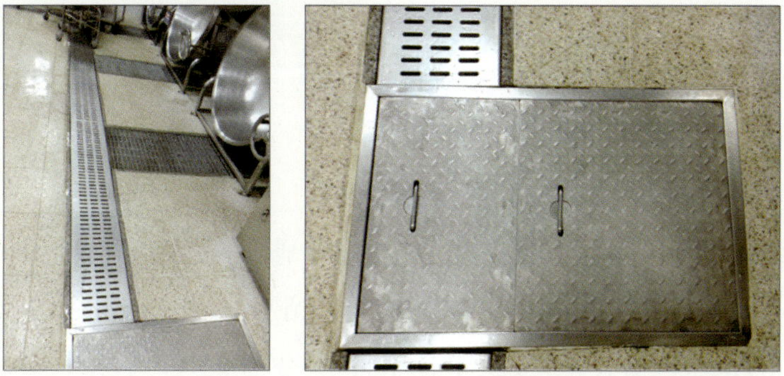

트랜치 배수구

그림 5-8 트랜치와 배수구 예

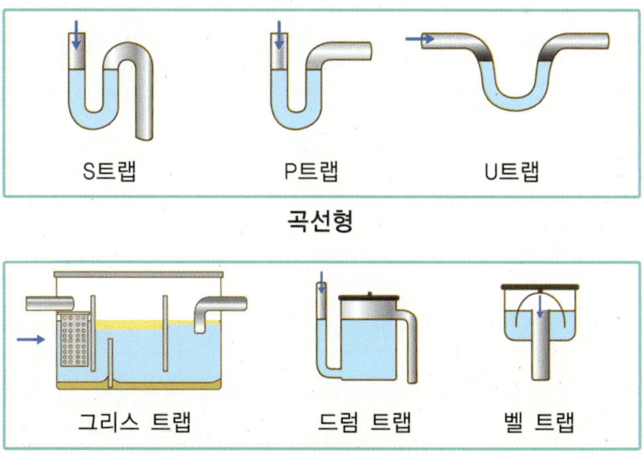

그림 5-9 트랩의 형태

2) 환기 설비

환기는 작업공간의 공기 질을 쾌적하게 유지시키고, 주방공간에서 생기는 냄새가 외부로 나갈 수 있도록 하며, 급식시설의 열 발생 기기에서 발생되는 열을 제거하기 위해 필요하다. 창문을 이용한 자연 환기 시설이 있으나 효율적인 환기를 위해 기계적 환기장치가 주로 설치된다. 기계적 환기장치에는 송풍기를 이용한 환기, 배기용 환풍기를 이용한 환기 등이 있다.

그림 5-10 후드 예

급식소에서 주로 설치하는 **후드**는 주방공간의 냄새, 열, 증기를 배출하는 국소환기장치이다그림 5-10. 후드의 경우, 조리구역은 $1m^3$당 $20\sim30m^3$/hour, 저장구역은 $1m^3$당 $5m^3$/hour의 흡인력를 갖도록 설치하는 것을 권장한다. 후드의 크기는 열 발생 기기보다 150mm 이상 넓은 것이 좋고 경사각은 30°가 이상적이다. 또한 개방된 표면의 수에 따라 폐쇄형, 1방, 2방, 3방, 4방 개방형이 있는데, 4방 개방형이 가장 효율적이다. 후드의 끝은 홈통을 만들어 물이 조리 기기 위에 바로 떨어지지 않도록 해야 한다. 기름을 포함한 증기를 배출하는 기구 위의 후드는 그리스 필터를 장착해야 하며, 정기적인 청소 및 필터 교환으로 때가 찌들지 않도록 관리해야 한다.

3) 냉 · 난방 설비

냉 · 난방 설비를 통해 주방공간의 온도, 습도, 공기의 흐름을 적절하게 유지하는 것은 종사원의 작업성과를 높이고 식중독 발생을 예방하는 데 도움을 준다. 주방공간의 온도는 18℃ 이하가 이상적이다. 또한 주방공간의 적정 습도는 50~70%이다.

냉방 설비는 중앙냉방과 국부냉방으로 구분된다. 중앙냉방은 냉방기에서 공기의 온도와 습도를 조절하여 각 공간으로 보내는 방식이며, 국부냉방은 에어컨이나 선풍기 등을 이용하여 일정 공간의 온도를 낮추는 방식이다. 중앙냉방은 국부냉방에 비해 편리하고 습도조절도 가능하나 시설비와 전력이 많이 든다.

난방 설비는 중앙난방과 국부난방으로 구분된다. 중앙난방은 열원 장치를 한 곳에 두고 각 공간의 난방을 한꺼번에 하는 방식이며, 국부 난방은 필요한 공간에 열원을 놓고 일정 공간의 온도를 조절하는 방식이다. 중앙난방은 국부난방에 비해 화재의 위험이 적고 유해가스에 대한 염려가 없으며 실내의 온도를 균일하게 유지할 수 있으나 시설비, 유지비, 연료비가 많이 든다.

4) 조명 · 전기 설비

급식소에서 이루어지는 작업의 안전성, 위생성, 효율성을 위해 각 공간에 따라 적절한 조명방법과 조도가 사용되어야 한다.

조명방법에는 특정한 부분을 강조하여 비추는 **직접조명**과 전반적인 공간을 밝게 하는 **간접조명**이 있다. 급식소의 주방을 포함한 작업공간에서는 직접조명이 사용되며, 식사 공간에서는 간접조명이 주로 사용된다.

급식소에서는 작업구역별로 적절한 **조도**를 유지해야 한다. 주방공간의 조명은 220룩스 이상이 되도록 해야 한다. 다만 검수구역은 540룩스 이상이 되도록 해야 한다.

급식소 작업장의 조명 설비는 덮개가 있고 방습기능이 있어야 청소가 용이하고, 누전 위험을 감소시킬 수 있다. 천정의 조명에 부착된 오염물질이 조리공간으로 떨어지지 않도록 연 2회 이상 정기적으로 조명 설비를 청소해야 한다. 전구가 고장 난 경우, 급식소의 조도가 감소될 수 있으므로 즉시 교체하여 적절한 조도를 유지하도록 해야 한다.

급식 시설은 습도가 높고, 물을 많이 사용하기 때문에 누전이 종종 발생한다. 안전하게 전기 설비를 관리하려면 콘센트 위치를 바닥에서 1m 이상 높은 곳에 설치하고 콘센트에 방수용 덮개를 장착하는 것이 좋다. 전기를 사용하는 기기에 직접 물을 분사하지 않도록 해야 하며, 젖은 손으로 전기를 만지지 않아야 한다. 또한 배전판에 누전차단기를 설치하고, 전기 용량이 큰 기기의 경우 접지장치를 해야 한다. 충분한 환기로 급식소 공간을 건조시켜 습기가 제거될 수 있도록 관리하는 것이 중요하다.

- **접지** : 감전 사고를 예방하기 위해 전기 기기와 땅을 도선으로 연결하여 전기 기기의 전위가 0으로 유지되도록 하는 것

5) 창문 · 바닥 설비

창문은 자연채광이 될 수 있도록 조리장 작업 바닥면적의 20~30% 정도로 설치하는 것을 권장하며, 창문에 먼지가 쌓이지 않도록 창문의 아래쪽은 45° 이하, 외부의 창문턱은 60° 이하의 경사가 되도록 설치한다.

바닥은 물청소를 할 수 있고 기름이나 음식물이 스며들지 않는 재질을 사용하도록 한다. 조리실은 물을 많이 사용하여 미끄러질 위험이 많기 때문에 일반도기 타일보다는 바닥용 타일이 적당하다. 또한 바닥에 물이 잘 빠질 수 있도록 배수구를 향하여 1/100~1/200의 구배(**경사면의 기운 정도**)를 주도록 하며, 벽과 만나는 각진 부분은 청소하기 쉽도록 반지름 1인치 이상의 둥근 곡면으로 처리하는 것이 좋다.

4. 급식 기기관리

급식소에서 사용되는 **기기**는 노동력 및 시간을 절약하고, 효율적인 작업을 수행하는 데 도움이 된다. 그러나 기계를 사용하기 때문에 안전사고의 발생 가능성이 높다. 모든 종사원은 기기를 사용하기에 앞서 사용법 및 안전지침을 완전히 숙지하여야 한다.

급식관리자는 급식 기기 대장을 기록하여 관리해야 한다. 기기 대장에 기록된 규격, 구입일, 구입처, 수리 내역 등은 기기를 유지 보수하기 위해 필요한 정보이다부록 5-4 참조.

급식소 기기는 동선을 고려하여 배치하여야 하며, 가열 기기는 분산하여 배치하여야 한다. 급식소에서 사용되는 기기는 검수, 저장, 전처리, 조리, 배선 및 배식, 세척구역의 기기로 구분된다.

1) 검수구역의 기기

(1) 에어커튼

- 용도 : 외부 오염물질이 내부로 들어오는 것을 방지하기 위해 사용된다.
- 특징 : **에어커튼** 밑을 통과할 때 강력한 바람이 분사되어 옷에 붙은 오염물질을 제거한다그림 5-11.
- 주의사항 : 시작 시간부터 마치는 시간까지 작동되도록 하여 출입에 따른 오염물질의 반입을 방지하여야 한다.

그림 5-11 에어커튼

(2) 대용량 저울

- 용도 : 급식소에서 다량의 조리용 식재료를 계량하기 위해 사용된다.
- 특징 : 대용량 전자저울은 제품에 따라 0.1~300kg 범위까지 계량할 수 있다그림 5-12.
- 주의사항 : 전자 기기이므로 물이 들어가지 않도록 방수덮개를 사용하고, 세척 시 물을 본체에 직접 분사하지 않아야 한다.

그림 5-12 대용량 저울

2) 저장구역의 기기

(1) 냉장 · 냉동고

- 용도 : 급식소에서 취급하는 식재료들을 낮은 온도에서 보관하기 위해 사용된다.
- 특징 : 많은 양의 식재료를 다루는 급식소의 경우 워크 인 냉장 · 냉동고를 설치한다. 워크 인 냉장 · 냉동고는 문을 열고 안으로 걸어 들어가 선반에 식재료를 저장하는 형태이기 때문에 선반형 대형 냉장 · 냉동고보다 많은 양의 식재료를 저장할 수 있다그림 5-13.
- 주의사항 : 식재료는 냉장 · 냉동 시설 최대용량의 70% 이하로 저장하여 냉장 · 냉동고의 적정 온도를 유지하도록 해야 한다. 냉장 · 냉동고 내부를 정기적으로 세척하여 관리한다.

선반형 대형 냉장 · 냉동고

워크 인 냉장 · 냉동고

그림 5-13 냉장 · 냉동고

3) 전처리구역의 기기

(1) 세정대

그림 5-14 세정대

- 용도 : 식재료를 세척할 때 사용된다.
- 특징 : 식재료 세척을 위한 **세정대** 형태는 1조, 2조, 3조가 있으며, 용도에 맞추어 적절하게 배

치하여 사용할 수 있다. 2조, 3조의 경우 인접한 세정공간에서 순차적으로 편리하게 헹굼 및 세척할 수 있다. 후면에 물 넘침 방지 장치가 부착되어 있다그림 5-14.

- 주의사항 : 채소류, 육류, 어패류로 구분하여 세정대를 사용할 경우, 용도별로 구분한 세정대 사이의 공간을 두어 교차 오염되지 않도록 배치한다.

(2) 세미기

- 용도 : 많은 양의 쌀을 세척할 때 사용된다.
- 특징 : **수압 세미기**는 낙하 차이에 의한 수압을 이용한 방식이며, **전동 세미기**는 전기를 이용하여 회전시키는 방식이다그림 5-15.
- 주의사항 : 쌀 배출관을 깨끗하게 세척하여 위생적으로 관리한다.

수압 세미기

전동 세미기

그림 5-15 세미기

(3) 채소절단기

- 용도 : 채소류의 슬라이스 썰기, 깍둑 썰기, 채 썰기 등 조리 전 기초 작업에 사용된다.
- 특징 : **채소절단기**vegetable cutter를 사용하면 빠른 시간에 효율적으로 작업할 수 있다. 식재료의 썰기 형태 및 두께에 따라 채소절단기 칼날의 종류를 선택하여 사용할 수 있다. 칼날이 스테인리스 스틸로 제작되어 있어 물 세척이 가능하다그림 5-16.

그림 5-16 채소절단기

- 주의사항 : 투입구에 채소를 넣을 때는 손을 사용하지 않고 도구를 사용한다. 채소절단기를 세척하기 전 반드시 전원 플러그를 뽑는다.

(4) 민찌기(글라인더)

- 용도 : 주로 육류를 가는 데 사용되며, 마늘이나 생강을 빻는 데 사용될 수도 있다.
- 특징 : **민찌기**grinder의 고기 접촉부는 스테인리스 스틸로 되어 있어 위생적으로 관리할 수 있다그림 5-17.
- 주의사항 : 육류와 채소류 식재료를 함께 사용할 경우, 작업 사이에 철저한 세척 및 소독을 통하여 교차오염을 방지해야 한다. 투입구에 식재료를 넣을 때 안전을 위해 도구를 사용한다. 간단하게 분리하여 청소 및 세척할 수 있으며, 반드시 전원 플러그를 뽑은 후 분리 및 세척 작업을 한다.

그림 5-17 민찌기

(5) 분쇄기(초퍼)

- 용도 : 식재료를 곱게 갈거나 입자가 있도록 다지는 데 사용된다.
- 특징 : **분쇄기**chopper는 수분이 있는 식재료나 수분이 없는 식재료에 모두 사용 가능하다. 칼날을 끼우고 식재료를 넣은 후 뚜껑을 닫은 상태에서 사용한다그림 5-18.
- 주의사항 : 세척 전 반드시 전원 플러그를 뽑아야 안전하다.

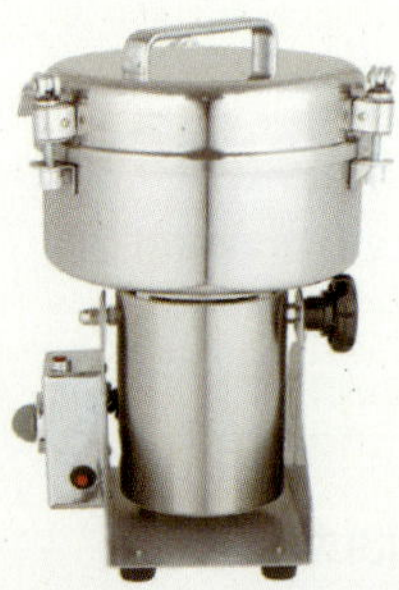

그림 5-18 분쇄기

(6) 구근 탈피기(필러)

- 용도 : 대용량의 당근, 무, 고구마, 감자 등 구근류의 껍질을 제거하는 데 사용된다.

• 특징 : **탈피기**peeler의 안전망을 열고 식재료를 넣은 후 급수구에 물을 공급하여 사용한다그림 5-19.

• 주의사항 : 식재료 투입 시 다른 이물질이 들어가지 않도록 하고, 세척 시 브러시에 낀 찌꺼기를 깨끗하게 제거한다.

그림 5-19 구근 탈피기

4) 조리구역의 기기

(1) 취사기

• 용도 : 단시간에 많은 양의 밥을 한 번에 조리하는 데 사용된다.

• 특징 : 열원의 종류에 따라 가스식과 스팀식이 있다. 직사각형이나 원형의 대용량 취사기 그릇에 쌀과 물을 넣은 후 **취사기** 안쪽에 대용량 취사기 그릇을 장착하여 사용한다. 내부는 중성세제와 물로 깨끗하게 세척하여 관리한다그림 5-20.

• 주의사항 : 도어를 완벽하게 잠근 후 사용해야 한다. 취사 완료 후 문을 개방할 때에는 뜨거운 스팀에 화상을 입지 않도록 조심해야 한다.

그림 5-20 취사기

(2) 회전식 솥

- 용도 : 회전식 솥에는 스팀식과 가스식이 있다. 스팀식 회전 솥은 단체급식용 대용량 국을 끓이거나 식재료를 볶는 용도로 사용할 수 있으며, 가스식 회전 솥은 대용량 국을 끓이거나 식재료를 튀기는 용도로 사용할 수 있다.
- 특징 : 손잡이를 돌려 원하는 각도로 기울일 수 있는 회전식으로 되어 있어 세척이 용이하며, 옆면에 수도 파이프가 장착되어 있어 조리용 물을 직접 받아 사용할 수 있다그림 5-21.
- 주의사항 : 스팀식 회전 솥은 내피와 외피 사이에 뜨거운 스팀이 들어가 가열하는 원리로 되어 있어 안전변 관리에 신경을 써야 한다.

> • **안전변** : 압력이 있는 기기의 폭발을 예방하기 위해 장치한 것으로 위험한 수치의 압력에 도달하면 자동으로 압력을 배출시키는 장치

스팀식 국솥 및 볶음솥

가스식 국솥 및 튀김솥

그림 5-21 회전식 솥

(3) 부침기(그릴)

- 용도 : 가정에서 쓰는 프라이팬의 대량 조리 버전으로 주로 부침류, 달걀요리, 볶기 등에 사용된다.
- 특징 : 부침기griddle의 평평하고 매끈한

그림 5-22 부침기

상판에 열을 가하며 상판 위에서 직접 식재료를 조리한다. 상판이 철판으로 되어 있으며, 뚜껑이 있다그림 5-22.

• 주의사항 : 청소 시 잘 안 보이는 부분의 기름때까지 깨끗하게 세척한다.

(4) 오븐

• 용도 : 오븐은 밀폐된 공간 안에서 뜨거운 공기로 식재료를 익히는 가열 조리 기기이다. 데치기, 볶음, 조림, 구이, 찜 등 다용도로 사용할 수 있다.

• 특징 : 급식소에서 주로 사용하는 콤비스팀오븐은 건열조리나 습열조리에서 모두 사용할 수 있다. 받드에 식재료를 넣고 바퀴가 달린 트롤리에 장착한 후 오븐 안으로 트롤리를 밀어 넣어 문을 닫고 조리한다그림 5-23.

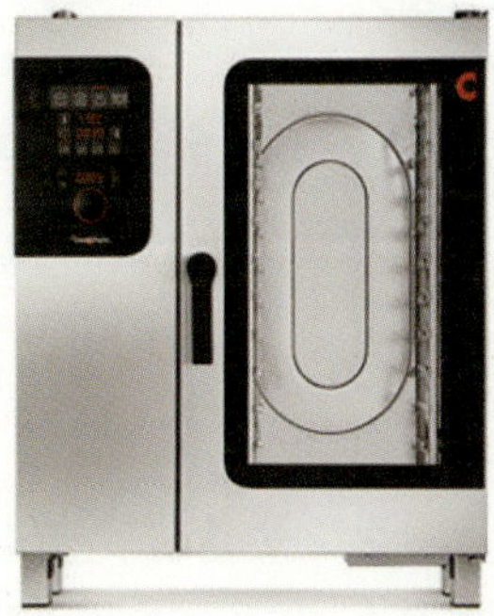

그림 5-23 콤비스팀오븐

• 주의사항 : 오븐 안쪽에 기름때가 잘 쌓이므로 조리 후 오븐용 세제를 이용하여 깨끗하게 세척한다.

• **트롤리** : 오븐에서 조리할 식재료를 담은 받드를 다단식으로 장착하여 오븐 안에 밀어 넣고 문을 닫아 조리할 수 있도록 만든 이동 장치

(5) 가스레인지

• 용도 : 화력이 센 단체급식용 가스레인지로 조리 용기를 이용하여 가열 조리할 때 사용된다.

• 특징 : 빠르게 열을 전달할 수 있다. 사용 후 바로 불을 끌 수 있다는 장점이 있지만,

그림 5-24 가스레인지

한 개의 열원에 한 가지의 조리 용기만 올려놓을 수 있다는 단점이 있다. 바깥으로 노출된 열원으로 인해 주방공간의 온도가 올라가기도 한다그림 5-24.

- 주의사항 : 버너에 음식물 찌꺼기가 들어가면 막힐 수 있으므로 청결하게 관리한다.

(6) 무침기

- 용도 : 대용량의 식재료를 무치기 위해 사용된다. 한국 음식은 나물, 생채 등 무침 조리법을 많이 사용하기 때문에 무침기를 사용하면 효율적이다.
- 특징 : 잘 소독한 무침기 안에 식재료를 넣고 간을 한 후 버무린다. 회전식으로 설계되어 있어 세척이 용이하며, 바퀴가 장착되어 있어 조리장 내에서 이동이 편리하다그림 5-25.

그림 5-25 무침기

- 주의사항 : 가열하지 않는 조리에 주로 사용되므로 위생을 위해 철저히 세척 및 소독해야 한다.

5) 배선 및 배식구역의 기기

(1) 배식대

- 용도 : 배식대는 식당에서 음식을 배식할 때 받침 테이블로 사용되는 기기이다.
- 특징 : 보온·보냉 배식대와 국 보온 배식대가 있다. 보온·보냉 배식대는 조리된 음식을 57℃ 이상이나 5℃ 이하로 유지시킬 수 있으며, 각 칸별로 온도를 조절할 수 있어 음식의 특성에 맞게 사용할 수 있다. 국 보온 배식대는 조리된 국을 57℃ 이상으로 유지시킬 수 있으며, 바퀴가 장착되어 있어 이동에 편리하다그림 5-26.

- 주의사항 : 배식대가 뜨거우므로 화상을 입지 않도록 주의한다.

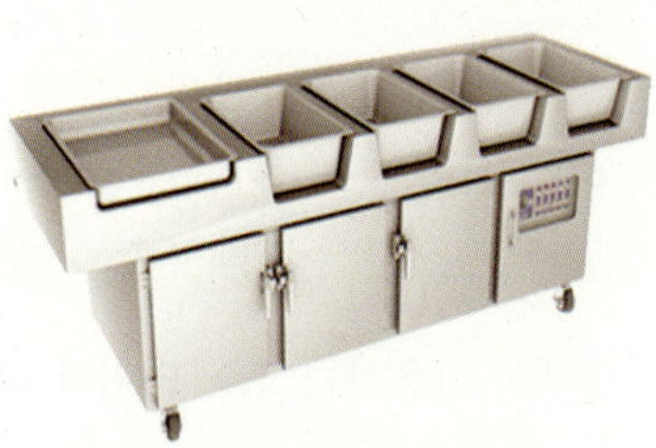

보온 · 보냉 배식대

국 보온 배식대

그림 5-26 배식대

(2) 배선차

- 용도 : 조리된 음식을 병실이나 교실로 운반할 때 사용된다.
- 특징 : 배선차는 내부가 오염되지 않도록 문이 달린 제품을 사용하는 것이 바람직하다. 병원 배선차의 경우, 음식을 적정 온도로 유지하도록 보온 및 보냉 기능을 가지고 있다. 학교 배선차는 뚜껑을 날개 형태로 열어 배식할 음식과 도구를 올려놓고 배식할 수 있는 구조로 되어 있다그림 5-27.
- 주의사항 : 조리된 음식이나 소독된 집기류를 운반하는 데 사용되므로 항상 청결하게 세척한다.

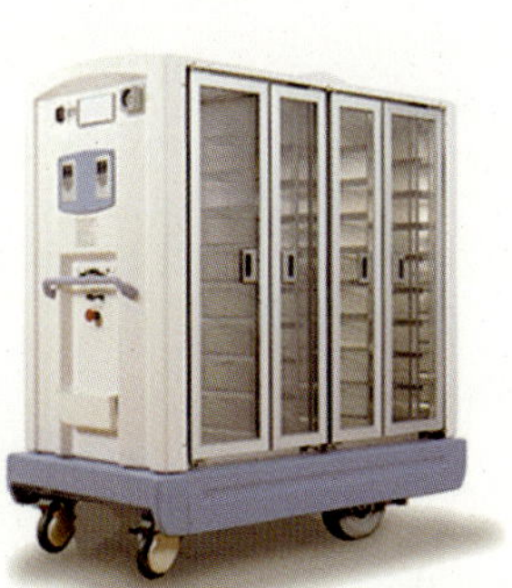

병원 배선차

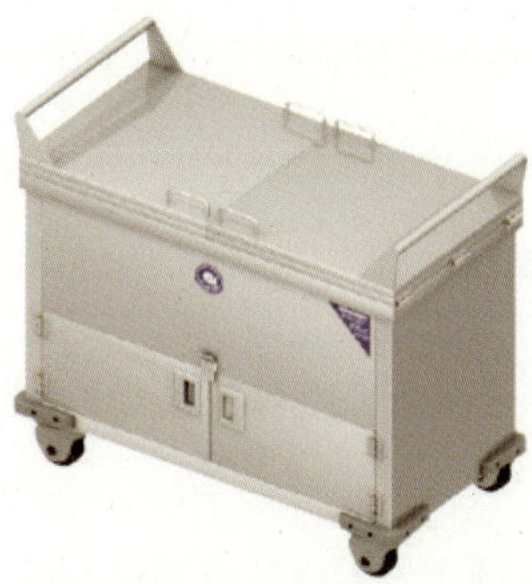

학교 배선차

그림 5-27 배선차

6) 세척구역의 기기

(1) 식기세척기

- 용도 : 단체급식에서 사용하는 많은 양의 식기를 단시간에 효율적으로 세척하기 위해 사용된다.
- 특징 : 식기세척기에는 소규모 급식소에서 사용하는 도어 타입과 대규모 급식소에서 사용하는 플라이트 컨베이어 타입이 있다. 식기세척기 내에서 세척, 헹굼, 건조기능이 자동으로 이루어진다그림 5-28.
- 주의사항 : 식기세척기에서 건조된 식기는 물기가 남아 있지 않아야 한다. 식기세척기에서 자동으로 세척된 식기의 오염물질이 적절하게 제거되었는지 확인하여 오염물질이 제거되지 않은 식기가 있을 경우 다시 세척한다.

도어 타입

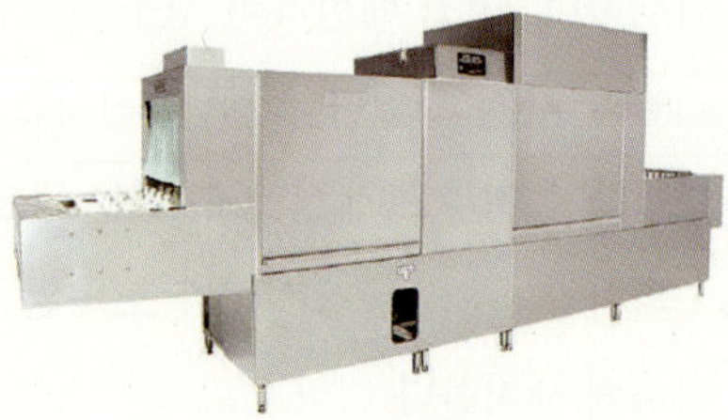

플라이트 컨베이어 타입

그림 5-28 식기세척기

(2) 담금 세정대

- 용도 : 급식소에서 식기를 헹굼, 불림, 세척하는 데 사용된다.
- 특징 : 담금 세정대의 후면에 물 넘침 방지장치가 장착되어 있다. 아래쪽에 레버가 있어 물을 배수하기에 편리하다. 바퀴를 장착할 경우, 이동식으로 사용할 수 있다그림 5-29.

그림 5-29 담금 세정대

• 주의사항 : 조리장 바닥이 오염되지 않도록 배수관을 연결하여 사용한다.

(3) 소독고

• 용도 : 식기소독고는 세척 완료된 식기를 고열로 소독하기 위해 사용되며, 칼도마소독고는 주방에서 사용하고 세척한 칼과 도마를 자외선으로 소독하기 위해 사용된다.

• 특징 : 식기소독고는 전기를 이용하여 열을 발생시켜 식기를 소독한다. 급식소의 필요에 따라 여러 대의 식기소독고를 보유하기도 한다. 칼 · 도마소독고는 자외선을 이용하여 소독하기 때문에 자외선이 표면에 닿을 수 있도록 공간을 확보하고 세로로 세운 형태로 보관한다그림 5-30.

• 주의사항 : 식기소독고의 온도를 조절하여 식기 재질에 따라 적절한 온도 및 시간에서 소독한다.

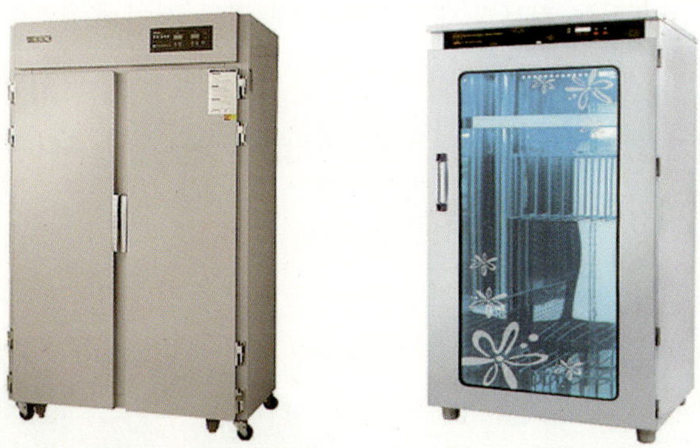

식기소독고　　칼 · 도마소독고

그림 5-30 소독고

5. 급식 도구관리

급식소에서 사용되는 다양한 도구들은 조리용과 배식용으로 구분될 수 있다. **조리용 도구**에는 냄비 · 솥, 대형 스테인리스 그릇 등이 있고, **배식용 도구**에는 식판, 받드, 배식 국자 · 주걱 · 스푼 · 집게 등이 있다. 급식 도구들은 다양한 재질로 되어 있으므로, 재질을 고려하여 적절한 관리방법을 선택하여야 한다.

1) 조리용 도구

(1) 냄비 · 솥

- 용도 : 급식소에서 소량의 식재료들을 끓이고 볶기 위해 사용된다.
- 특징 : 밥에 넣을 팥을 미리 삶는 경우나 양념으로 사용할 참깨를 볶는 경우, 대형 기기를 사용하는 것보다 냄비, 솥을 사용하는 것이 효율적이다그림 5-31.
- 주의사항 : 급식소에서 사용하는 주방용 냄비, 솥은 파손 위험으로 인해 손잡이의 단열재를 부착하지 않는 제품들이 많으므로 가열 조리 후 손잡이를 잡을 때 화상을 입지 않도록 주의한다.

냄비　　　볶음솥

그림 5-31 냄비와 솥

(2) 대형 스테인리스 그릇

- 용도 : 대량의 식재료를 준비하기 위해 사용된다.

- 특징 : 스테인리스 스틸 재질이기 때문에 무겁지만 위생적이고 파손이 적다. 조리용 대형 스테인리스 그릇으로 다라이, 타공다라이, 소쿠리, 채반 등이 있다그림 5-32.
- 주의사항 : 손가락이 그릇 사이에 끼이지 않도록 주의한다.

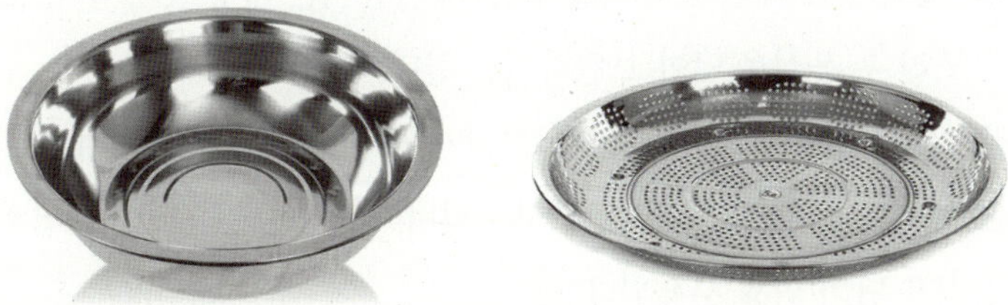

다라이 채반

그림 5-32 스테인리스 그릇

2) 배식용 도구

(1) 식판

- 용도 : 고객이 배식한 음식을 받아 식사하는 식기로 사용된다.
- 특징 : 여러 개의 밥 그릇, 국 그릇, 반찬 그릇을 사용할 필요 없이 한 개의 식판으로 모든 종류의 음식을 편리하게 담을 수 있어 단체급식에서 많이 사용되는 식기이다. 식판의 재질은 스테인리스 스틸, 멜라민, 폴리카보네이트 등 다양하다그림 5-33.
- 주의사항 : 입으로 들어가기 바로 직전의 음식을 담기 때문에 세척 후 소독이

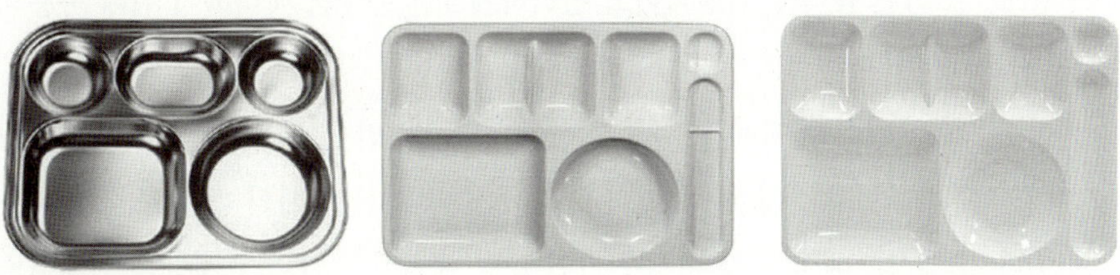

스테인리스 스틸 식판 멜라민 식판 폴리카보네이트 식판

그림 5-33 식판

필수적이다. 식판의 재질에 따라 제품에 영향을 미치지 않는 방법을 고려하여 소독한다.

(2) 받드

- 용도 : 배식 전에 배식용 음식을 담는 데 사용되는 대형 용기이며, 조리 전 식재료와 조리 후 음식을 담아 보관하기도 한다.
- 특징 : 음식의 양에 따라 다양한 크기가 사용된다. 폴리카보네이트 받드는 주로 조리 전 식재료를 담기 위해 사용되며, 스텐 받드는 배식용 음식이나 조리 후 음식을 담기 위해 사용된다그림 5-34.
- 주의사항 : 스텐 받드의 경우, 충격에 의한 모양 변형으로 받드들이 서로 겹쳐져 분리되지 않는 현상이 발생될 수 있다. 겹쳐진 스텐 받드는 무겁기 때문에 적정 무게의 받드로 나누어서 운반하는 것이 좋다.

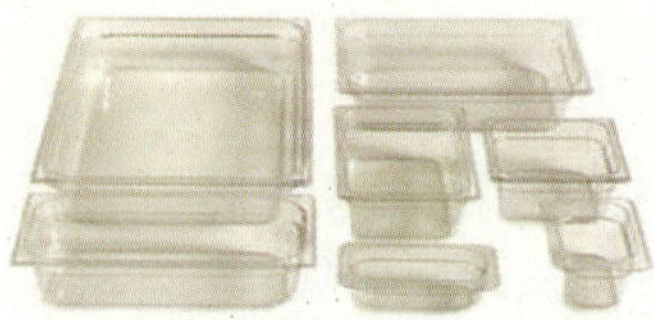

폴리카보네이트 받드

스텐 받드

그림 5-34 받드

(3) 배식 국자 · 주걱 · 스푼 · 집게

- 용도 : 조리된 음식을 위생적이고 편리하게 1인 분량씩 배식하기 위해 사용되는 도구이다.
- 특징 : 국을 배식할 때 배식 국자가 사용되며, 밥, 반찬, 김치 등의 음식들을 배식할 때 배식 주걱, 배식 스푼, 배식 집게 중 적합한 형태의 배식 도구가 사용된다그림 5-35. 배식 국자의 경우, 1인 분량 배식뿐만 아니라 계량을 위해서도 유용하게 쓰인다. 국자의 크기에 따라 일정한 숫자가 적혀 있는 제품은 정해진

숫자의 국자를 사용할 경우 종사원에 따른 변화 없이 일정한 양을 한 국자로 배식할 수 있다.

- 주의사항 : 세척 및 소독이 필요하며, 위생적인 장소에 보관해야 한다.

스텐 배식 국자 스텐 배식 주걱 스텐 배식 스푼 스텐 배식 집게

그림 5-35 배식 국자 · 주걱 · 스푼 · 집게

3) 재질에 따른 집기류의 특징

급식소에서 사용하는 집기류는 스테인리스 스틸, 폴리카보네이트, 멜라민 수지, 플라스틱, 도자기, 유리 등 다양한 재질로 되어 있다. 따라서 집기류의 재질을 고려하여 관리하여야 한다표 5-1.

표 5-1 재질에 따른 집기류의 특징

집기류 재질의 종류	특징
스테인리스 스틸	• 주방용품, 식기류의 재질로 사용된다. • 열전도율이 고르지 못하다. • 가격이 비싸고 무겁다. • 파손이 적고 영구적이며 위생적이다. • 세척 시 표면이 긁히지 않도록 주의해야 한다.
폴리카보네이트	• 식기류의 재질로 사용된다. • 가볍고 냄새가 배지 않는다. • 내충격성, 내구성, 내열성, 내약품성, 투명성이 있다. • 유연성 및 가공성이 우수하다. • 세척 시 표면이 잘 긁히지 않는다. • 식기소독고에서 가열할 때 고열에 녹을 수 있으므로 주의해야 한다.

집기류 재질의 종류	특징
멜라민 수지	• 식기류의 재질로 사용된다. • 열에 약하다. • 가격이 싸고 변색이 없으며 견고하다. • 색 및 디자인이 다양하다. • 식기소독고에서 가열할 때 고열에 녹을 수 있으므로 주의해야 한다.
플라스틱	• 식기류, 소쿠리의 재질로 사용된다. • 변색이 있다. • 가볍고 열전도율이 낮다. • 내충격성, 내열성이 있다. • 열에 녹거나 불이 붙을 수 있으므로 전자레인지에 사용하지 말아야 한다.
도자기	• 질그릇, 돌그릇, 도자기, 자기의 재질로 사용된다. • 산성물질, 온도 변화, 충격에 약하다. • 음식 내 산성물질이 묻었을 때 즉시 닦아내야 한다.
유리	• 컵의 재질로 사용된다. • 온도 변화와 충격에 약하다. • 쉽게 깨지므로 보관 및 취급에 주의해야 한다.

함께 풀어보기 정답

5-1 풀어보기

정답 ③

- 좌석 수 = 이용고객 수 / 좌석 회전율 = 750명 / 2.5회전 = 300석
- 식당면적 = (총 고객 수 / 좌석회전율) × 좌석면적
  = (750명 / 2.5회전) × $1.5m^2$ = $450m^2$(약 136평)

급식 위생 및 안전관리

Chapter 6

1. 급식 위생관리 개요 | 2. 식재료 위생관리 | 3. 급식종사원 위생관리
4. 급식 시설 · 기기 위생관리 | 5. 안전관리

Chapter

6

학습목표

- 급식단계별 식재료 위생관리의 중요성과 고려사항을 이해하고 위생적으로 안전한 급식을 제공하는 데 적용할 수 있다.
- 급식소 종사원과 급식시설 및 기기의 위생관리방법을 이해하고 급식소의 작업단계별 활동에 적용할 수 있다.
- 급식소 환경과 재료에 맞는 세척 및 소독방법을 이해하고 농도별 소독액을 제조할 수 있다.
- 급식소 안전사고의 유형과 예방법을 이해하고 급식소 현장에서의 안전사고 방지에 활용할 수 있다.

1. 급식 위생관리 개요

식중독foodborne disease이란 병원성 미생물이나 바이러스, 유독물질 등으로 오염된 음식물을 섭취하여 건강상의 문제가 발생하는 현상을 뜻한다. 국내 식중독 사고는 주로 음식점과 학교를 비롯한 급식소에서 발생하고 있으며, 급식소에서의 식중독 사고 발생 건수는 음식점보다 적지만, 1회 급식인원이 많기 때문에 건당 환자 수가 많아 대형 식중독 사고로 이어질 수 있다. 급식소에서 식중독을 일으키는 주요 원인균은 병원성 대장균과 노로바이러스인 것으로 보고되고 있으며, 최근 노로바이러스에 의한 식중독이 급증함에 따라 겨울철에도 지속적으로 식중독이 발생하고 있다.

급식소에서의 식중독 사고는 대부분 위생적으로 불량한 식재료의 반입, 노로바이러스에 오염된 지하수로 처리된 식재료의 사용, 조리 및 보관단계에서의 부적절한 시간 및 온도관리T&T Control : Time and Temperature Control, 부주의에 의한 **교차오염**cross-contamination, 개인위생 불량 등으로 인해 발생하고 있다. 교차오염이란 식재료, 기구, 용수 등에 오염되어 있던 미생물이 오염되어 있지 않은 식재료, 기구, 종사원과의 접촉 또는 작업과정에 혼입되어 오염을 일으키는 것으로 이를 방지하기 위한 각별한 위생관리가 필요하다. 또한 식단에 **잠재적 위해식품**PHF : Potentially Hazardous Foods이 포함되어 있을 경우에는 시간 및 온도관리에 특히 주의를 기울여야 한다.

급식의 안전성 확보 및 식중독 예방을 위해 급식에서 위생관리는 중요하며 식재료, 급식종사원, 시설 및 기기의 세 가지 측면에서 위생관리체계가 확립되어야 한다. 즉, 식재료 구매부터 급식이 이루어지는 모든 단계에서 위해한 물질이 혼입되거나 오염되지 않도록 올바른 위생관리가 필요하다. 또한 식재료, 조리기구 등을 다루는 급식종사원들의 개인위생관리도 철저히 이루어져야 하며, 세척 및 소독을 통해 급식 시설과 조리 기기 등을 위생적이고 청결하게 유지·관리해야 한다.

이를 위해 학교급식과 대기업 계열사 위탁급식전문업체 등에서는 **식품안전관리인증기준**HACCP : Hazard Analysis Critical Control Point을 도입하여 적용하고 있다.

더 알아보기

잠재적 위해식품(PHF : Potentially Hazardous Foods)

- 병원성 미생물의 성장이나 독소 생성을 일으킬 수 있기 때문에 시간 및 온도관리가 필요한 식품
- 단백질 함량이 높고 수분 활성도가 0.85 이상이며 pH가 4.6 이상인 식품
- 우유 및 유제품, 육류, 돼지고기, 가금육, 양고기, 생선, 어패류, 달걀, 날 콩나물, 구운 감자, 두부, 얇게 썬 멜론 등이 해당

2. 식재료 위생관리

1) 구매 및 검수단계

식재료의 신선도와 품질은 급식 품질 및 안전성 확보와 직결되므로 식재료 구매단계에서는 식재료 공급업체의 위생관리능력, 운영능력, 운송위생, 저온유통체계cold chain system 구축 여부 등을 평가한 후 요건을 갖춘 업체를 선정하여 구매하도록 한다제3장 급식구매관리 참조. 또한 식재료 공급업체에 식재료 규격기준을 명확히 제시하고표 6-1 이에 근거하여 원산지, 품질, 신선도, 수량, 위생상태, 성분표시 등의 납품상태를 확인하는 등 철저한 검수를 실시하여야 한다.

식재료 검수 시 위생관리 측면에서 유의하여야 할 사항은 다음과 같다그림 6-1.

- 검수대, 검수저울, 온도계, 카트 등 검수 도구들은 항상 청결하게 유지한다.
- 식재료 운송차량의 청결상태를 확인하고 차량 내부의 온도를 측정하거나 온도기록지를 확인한 후 검수일지에 기록한다.
- 납품업자의 급식소 출입 시에는 외부에서 오염된 신발을 갈아 신고 출입할 수 있도록 하며 출입공간 입구에는 발판소독조를 반드시 설치한다.
- 표기기준사항 누락, 라벨 소실, 변질 및 파손된 식재료는 입고를 금한다.
- 바닥에 식재료를 방치하지 않도록 하며, 바닥에서 60cm 이상 높이의 검수대에 올려놓고 검수를 실시한다.

표 6-1 식재료 원산지 등 품질기준

구분	식재료 규격	비고
농산물	1. 원산지 표시	거래명세서에 표기
	2. 친환경농산물인증품, 농산물표준규격(상 이상), 우수관리인증농산물, 이력추적관리농산물, 지리적표시농산물	
	3. 쌀 : 수확연도가 1년 이내	
축산물	1. 이력번호표시	축산물 유통정보 서비스에 발급번호 입력
	2. 축산물안전관리인증기준	
	3. 등급판정확인서(쇠고기 3등급 이상 한우 및 육우, 돼지고기 2등급 이상, 닭고기 및 오리고기는 1등급 이상 권장)	
	4. 수입육인 경우 수출국에서 발행한 검역증명서 및 수입신고필증	
	5. 원산지 표시	
	6. 냉장 · 냉동 유통	
난류	1. 세척 · 코팅과정을 거친 제품 권장(달걀 2등급 이상 권장) ※ 식용란은 가능한 한 0~15℃에, 알가공품은 10℃ 이하(다만, 액란 제품은 5℃ 이하)에서 냉장 또는 냉동 보존 · 유통	
	2. 산란일자 표시	
수산물	1. 원산지 표시	
	2. 품질인증품, 지리적표시수산물	
	3. 냉장 · 냉동 유통	
전처리 농산물 · 수산물	1. 제품명, 업소명, 제조연월일, 전처리 전 식재료의 품질(원산지, 품질등급, 생산연도), 내용량, 보관 및 취급방법 등을 표시한 제품	
김치류	1. 식품안전관리인증기준	
	2. 포장상태가 완전한 제품	
양념류	1. 표시기준을 준수한 제품	
기타 가공품	1. 유통기한	
	2. 포장상태가 완전한 제품	

※ 어육가공품 중 어묵 · 어육소시지, 기타수산물가공품 중 어류 · 연체류 · 조미가공품, 냉동식품 중 피자류 · 만두류 · 면류, 과자, 캔디류, 빵류, 떡류, 빙과, 음료류(다류, 커피류 제외), 레토르트식품, 김치, 초콜릿류, 면류 중 유탕면, 생면, 숙면, 건면, 특수용도식품, 즉석섭취식품, 매출액 100억원 이상인 영업소 제조식품은 식품안전관리인증 의무품목이며, 그 이외의 품목도 식품안전관리인증 제품 구매 권장

※ 김치류 업체 선정 시 상수도 사용하는 생산업체 또는 지하수 살균 · 소독장치 등을 통해 살균 · 소독된 물을 사용하는 업체 권장

자료 : 교육부(2021).

차량용 온도기록지(타코메타)

냉장 냉동 격실 칸막이

온도 유지 및 해충 방지를 위한 스트립 커튼

발판소독조 설치

검수대 이용

식재료 중심온도 확인

그림 6-1 검수 시 유의사항

- 식재료 검수 순서는 냉장식품, 냉동식품, 채소, 공산품의 순서로 한다.
- 식품별로 적절한 방법으로 중심온도를 측정하여표 6-2 온도기준 준수 여부를 확인한다.
  - 냉장식품 : 냉장식품은 10℃ 이하이어야 하며 신선편의식품은 5℃ 이하이어야 한다.
  - 냉동식품 : 냉동식품은 녹은 흔적이 없이 냉동상태인 -18℃ 이하를 유지하여야 한다.

표 6-2 검수 시 식품별 온도측정방법

식품종류	온도측정방법	참고
육류, 가금류, 생선류	온도계 탐침을 제품의 가장 두꺼운 부분에 찔러서 측정	
진공포장제품	포장 사이에 온도계를 설치하고 15초 이상 기다린 후 측정	포장이 찢기지 않도록 주의
액체 또는 개별 포장제품	포장을 열어 온도계 탐침을 잠기게 설치	온도계 탐침이 포장에 접히지 않도록 주의
대용량 액체제품 (수프, 소스 등)	온도계 탐침이 제품에 의해 감싸지도록 설치	포장이 찢기지 않도록 주의
조개류	온도계 탐침을 포장 한가운데 설치	
달걀	배송트럭의 공기 온도를 측정하고 차량 온도기록을 확인	

자료 : 홍완수 외(2014).

– 채소류 : 일반채소는 상온, 전처리 식재료는 10℃ 이하이어야 한다.

– 생선 및 육류 : 5℃ 이하이어야 한다.

- 식재료 검수 시 식재료의 원산지, 품질, 온도, 이물질 혼입, 수량 및 중량, 포장 상태, 유통기한, 식품표시사항 등이 급식소에서 요구한 식재료 위생 관련 규격 기준에 부합되는지 철저하게 확인한 후 검수일지에 기록한다. 식재료 관련 주요 인증마크의 예는 표 6-3과 같다.
- 검수결과 외관상 이상이 있거나 변질이 의심되는 등 검수기준에 부적합한 식재료는 반품스티커를 부착하여 별도의 지정장소에 보관하고 반품확인서를 작성해 즉시 또는 당일 반품조치한다.

표 6-3 식재료 관련 주요 인증마크

구분	인증제도명	마크	비고
친환경 인증	유기농산물	유기농산물 (ORGANIC) 농림축산식품부	유기합성농약과 화학비료를 전혀 사용하지 않고 재배한 농산물
	유기축산물	유기축산물 (ORGANIC) 농림축산식품부	동물에게 유기농산물의 재배 · 생산기준에 맞게 생산된 유기사료를 급여하면서 인증기준을 지켜 생산한 축산물
	유기가공식품	유기가공식품 (ORGANIC) 농림축산식품부	유기 농 · 축산물로 인증을 받은 원료를 95%이상 사용한 가공식품
	무농약농산물	무농약 (NON PESTICIDE) 농림축산식품부	유기합성농약을 사용하지 않고 화학비료만 권장량의 1/3 이하 사용한 농산물
	무항생제축산물	무항생제 (NON ANTIBIOTIC) 농림축산식품부	동물에게 항생제, 합성항균제, 호르몬제가 첨가되지 않은 일반사료를 급여하면서 인증기준을 지켜 생산한 축산물
우수농산물인증		GAP (우수관리인증) 농림축산식품부	
지리적 표시		지리적표시 (PGI) 농림축산식품부 / 지리적표시 (PGI) 해양수산부	

구분	인증제도명	마크	비고
	이력추적		
	전통식품품질인증		
	HACCP인증		

자료 : 국립농산물품질관리원 · 국립수산물품질관리원 · 한국식품안전관리인증원 홈페이지(2021).

더 알아보기

식품의 기한 표시

- 유통기한(sell by date) : 제품의 제조일로부터 소비자에게 판매가 허용되는 기간
- 품질유지기한(best before date) : 식품의 특성에 맞는 적절한 보존방법이나 기준에 따라 보관할 경우 해당 식품 고유의 품질이 유지될 수 있는 기한. 품질유지기한으로 표시하는 식품은 유통기한 표시 생략 가능
- 소비기한(use by date) : 섭취해도 이상이 없을 것으로 인정되는 소비 최종 시한

2) 저장단계

검수를 마친 식재료는 즉시 전처리과정을 거치기도 하지만, 그렇지 않은 경우에는 전처리 전까지 식재료의 위생과 품질 유지를 위해 식재료별 저장방법에 따라 냉동-18℃, 냉장0~5℃, 실온1~35℃에 저장하여야 한다표 6-4.

식재료를 저장할 때에는 구입일자와 유통기한을 기록한 라벨을 부착하며, 선입선출FIFO : First In First Out이 가능하도록 유통기한이 임박한 식재료의 라벨이 보이게 앞쪽에 배치한다. 잠재적으로 위험한 식품은 미생물의 증식을 방지하기 위해 시간 및 온도를 통제할 필요가 있기에 **위험온도 범위**temperature danger zone인 5~57℃에

표 6-4 식재료별 저장온도

구분	식재료 종류	저장온도
주식류	쌀, 밀가루, 보리쌀, 라면 등	15~20℃
육류	쇠고기, 돼지고기 등	냉장상태 : 5℃ 냉동상태 : −18 이하
생선류	고등어, 꽁치, 삼치 등	냉장상태 : 5℃ 냉동상태 : −18℃ 이하
엽채류	배추, 양배추, 시금치, 상추, 콩나물 등	냉장상태 : 5℃
구근류	무, 양파, 감자 등	냉장상태 : 5℃
가공식품	햄, 참치캔 등	제품별 저장온도 및 유통기한 준수

서 저장하지 않도록 한다.

냉장고와 냉동고에 저장하는 모든 식재료는 박스 제거 후 저장하며, 스텐 및 밀폐용기에 담아 뚜껑을 덮거나 랩 또는 식품용 비닐 등으로 포장하여 식재료 간 오염이 발생하지 않도록 한다. 냉장고나 냉동고에 식재료를 저장할 경우 저장용량은 냉기의 원활한 순환을 위해 70% 정도가 적절하며, 창고형walk-in 냉장실의 경우에는 40% 이하로 한다. 냉장고와 냉동고 문에는 식품 보관표를 부착하도록 한다.

(1) 냉장저장

냉장에 적합한 식재료는 채소, 생선 등의 단기 저장품이며, 채소나 생선류의 경우 수분증발로 인하여 변색, 수축 등의 변질현상이 일어나기 쉬우므로 충분한 습도를 유지해야 한다.

냉장저장식품의 안전성 확보 및 품질 유지를 위해 냉장고의 내부 온도는 5℃ 이하, 습도는 75~95%로 유지되어야 하며, 냉장 시설 내부에는 한 개 이상의 온도계를 설치하고, 하루 2회 이상 정기적으로 온도를 점검해야 한다. 만약 온도에 이상이 있을 때에는 울림장치나 냉장고의 개폐를 금지하는 표시를 부착하도록 하는 것이 좋으며, 조리종사원에게 냉장고 문을 여닫는 횟수를 줄이도록 교육 · 훈련을 실시하여야 한다.

교차오염 방지를 위하여 가열하지 않은 날 식재료는 하단에, 가열 조리된 음식은 상단에 분리하여 저장한다. 개봉하여 일부 사용한 통조림 캔 제품류는 소독된 용기에 옮겨 담아 개봉 날짜, 유통기한, 원산지, 제조업체 등을 표시한 후 냉장저장한다.

(2) 냉동저장

냉동에 적절한 식재료는 장기저장을 하여야 하는 육류, 냉동가공식품이며, 해동하였던 생선류, 달걀, 우유 및 유제품, 두부, 호박, 바나나, 배 등의 저장에는 적합하지 않다. 냉동고의 내부온도는 −18℃ 이하로 유지되어야 하며, 1일 2회 이상 점검하고 기록한다. 저장기간이 길어질수록 품질이 저하될 가능성이 있으며, 냉해freezer burn, 탈수dehydration, 오염contamination, 손실spoilage 등이 생길 수 있다. 냉장 및 냉동 저장방법은 그림 6-2와 같다.

그림 6-2 냉장 · 냉동저장방법

(3) 건조저장

냉장 · 냉동이 불필요한 곡류, 가공식품, 건조식품, 소모품 등은 내부 온도 15~25℃, 습도 50~60%인 건조창고에 저장한다. 건조창고는 환기 시설 및 조명 시설이 잘 갖추어져 있고 위생적이어야 하며 해충의 접근으로부터 보호될 수 있는 곳이어야 한다. 식재료와 비식재료는 분리 · 저장되어야 비식재료가 식재료로 오인되거나 식재료 속에 세제류 등의 냄새가 흡수되는 것을 방지할 수 있다. 특히, 세척제, 소독액 등 유해물질은 잠금장치가 있는 창고나 캐비닛에 별도 저장한다. 대용량 제품을 나누어 저장할 경우 제품명과 유통기한을 반드시 표시하여 저장한다. 식재료 저장 선반은 통풍이 잘 되고 청소가 용이하도록 벽과 바닥으로부터 15cm 이상 간격을 둔다. 건조저장방법은 그림 6-3과 같다.

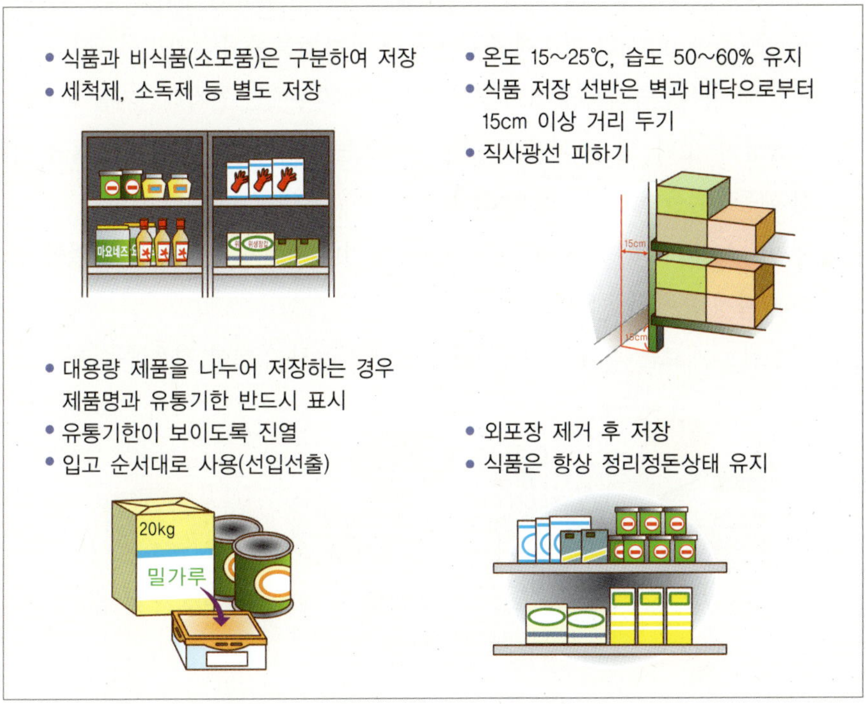

그림 6-3 건조저장방법

3) 전처리단계

전처리단계는 식재료 해동, 다듬기, 세척, 소독, 절단 등 조리를 위한 준비단계로

부적절한 해동, 교차오염, 장시간 실온방치, 불결한 개인위생 등에 의한 위생상 위해가 발생하지 않도록 주의해야 한다.

올바른 식재료 **해동방법**으로는 냉장해동, 흐르는 물에서 해동, 전자레인지 이용 해동, 가열 조리과정 중 해동 등이 있으며그림 6-4, 해동 시 주의사항은 다음과 같다.

- 해동 시 별도의 해동전용 냉장고5℃ 이하를 이용하는 것이 바람직하며, 식재료별로 해동일자, 시간, 온도를 표시한 스티커를 부착하도록 한다.
- 해동전용 냉장고가 아닌 식재료 저장 냉장고에서 해동할 경우 식재료에 '해동 중'이라는 라벨을 부착한 후 다른 식재료와의 교차오염 방지를 위해 냉장고 하단의 해동 전용 칸에서 분리 해동하며, 덩어리가 큰 냉동육은 사용하기 하루 전에 서서히 해동한다.
- 급속해동은 소독된 해동 전용 싱크대를 이용하여 밀봉한 상태로 21℃ 이하의 흐르는 물에서 2시간 이내에 주위에 물이 튀지 않도록 주의하면서 해동한다.
- 냉동 식재료를 즉시 해동시켜 조리에 사용할 경우에는 전자레인지를 이용하여 해동할 수 있다. 단, 부피가 큰 냉동 식재료는 전자레인지나 흐르는 물을 이용한 해동방법을 적용해서는 안 된다.
- 냉동채소, 새우, 햄버거 패티, 국거리용 고기나 생선 등은 해동과정 없이 조리하는 과정 중에 해동한다.
- 해동된 식재료는 즉시 조리하거나 조리에 사용하지 못할 경우에는 조리 전까

그림 6-4 식재료 해동방법

지 냉장저장하며, 해동완료 후 24시간 이내에 사용하여야 한다.

- 해동된 식재료는 즉시 조리하거나 즉시 조리에 사용하지 못할 경우에는 조리 전까지 냉장저장하여야 한다.
- 해동된 식재료는 절대로 재동결해서는 안 된다.

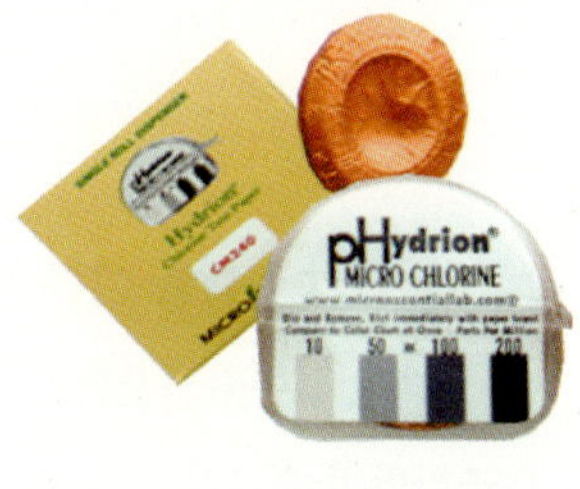

그림 6-5 소독액 농도 확인용 테스트 페이퍼

채소나 과일의 표면에는 농약, 먼지, 중금속 등 유해물질이 묻어 있을 수 있기 때문에 반드시 흐르는 물에 세척한 다음 100ppm의 차아염소산나트륨락스, 차아염소산수, 이산화염소수, 오존수 등에 5분간 침지하여 소독한 후 흐르는 물에 충분히 씻도록 한다. 특히, 샐러드와 같이 원재료 그대로 제공하는 생채소와 과일도 세척·소독하여 사용한다. 식재료 소독 전 소독액의 농도는 테스트 페이퍼test paper를 이용하여 확인하도록 한다그림 6-5. 식재료별 세척 방법은 표 6-5와 같다.

표 6-5 식재료별 세척방법

식재료	세척방법
생선·육류	• 먹는 물로 충분히 씻고, 생선·육류의 핏물(갈비, 사골, 잡뼈 등)은 충분히 뺌
조개류	• 애벌 세척 후, 소금물에 담가 해감을 함
채소 및 과일류	• 가열조리하지 않고 제공되는 채소류나 과일류는 반드시 흐르는 물로 세척한 다음 육안검사로 청결상태와 이물질 잔존 여부를 확인하여, 청결상태가 불량한 경우 재세척을 함
난류	• 위생란을 사용(위생란 공급이 어려워 일반란을 사용할 경우 달걀로부터 다른 식품, 기물, 손을 오염시키지 않도록 특별한 관리를 함) • 난류의 조리 시 껍질을 만지거나 깬 후에는 반드시 손세척과 소독을 하고, 날달걀을 담았던 용기와 기구는 그대로 재사용하지 않고 반드시 세척과 소독 후에 사용

자료 : 교육부(2021).

6-1

함께 풀어보기

소독액 만드는 방법

락스(유효염소 4%)로 채소 및 과일을 소독하기 위하여 물 2L를 기준으로 100ppm을 만들려고 할 때 락스를 얼마나 넣어야 하는지 계산하시오.

- 소독액 농도 환산법

$$\text{희석농도(ppm)} = \frac{\text{소독액의 양(mL)}}{\text{물의 양(mL)}} \times \text{소독액의 유효염소 농도(\%)}$$

사례 들여다보기

안전한 농산물 섭취 요령

서울시 농수산식품공사에서는 소비자들이 많이 섭취하는 상추, 깻잎, 시금치를 대상으로 조리방법에 따라 어느 정도 농약이 제거되는지에 대한 실험을 하였다. 그 결과 농약이 묻은 농산물일지라도 흐르는 물에 여러 번 씻거나, 세제를 사용하거나, 가열하여 조리하면 상당량의 농약이 제거되는 효과가 있는 것으로 나타났다.

잔류 농약 제거율 : 가열(85%) > 세제 세척(47%) > 수세(38%)

따라서 대부분의 농약은 농산물의 겉면이나 껍질에 묻어 있는 경우가 많으므로 먼저 흐르는 물에 세심하게 잘 씻고, 충분히 가열 · 조리한 후 섭취한다면 농약으로 인한 불안감은 어느 정도 해소될 것으로 보인다.

아울러 우리가 이러한 안전한 농산물 섭취 요령을 숙지하고 실천하는 것도 중요하지만 이에 앞서 크기, 모양, 색깔 등 보기 좋은 것만을 선호하는 잘못된 소비행태가 농약 사용을 더욱 부채질하는 원인이 된다는 사실을 인식하고, 다소 벌레 먹고 모양이 예쁘지 않더라도 이러한 농산물이 안전하다는 인식을 가지고 소비를 늘려가는 자세가 더욱 필요하다 하겠다.

자료 : 서울시 농수산식품공사 홈페이지(2016).

전처리단계에서 부주의에 의해 발생할 수 있는 교차오염을 방지하기 위하여 다음 사항을 준수하여야 한다.

- 작업구역을 **일반작업구역**과 **청결작업구역**으로 구분하여 작업을 분리시켜야 한다표 6-6. 즉, 외포장 제거와 다듬기 작업 등의 전처리작업은 청결작업구역을 오염시키지 않도록 일반작업구역에 해당하는 전처리실에서 실시한다.
- 식재료 전처리작업은 오염방지를 위해 바닥으로부터 60cm 이상 떨어진 높이의 작업대나 선반에서 실시한다.
- 전처리되지 않은 식재료와 전처리된 식재료는 교차오염 방지를 위해 분리하여 취급한다.

표 6-6 작업구역별 작업내용

작업구역	작업내용
일반작업구역	• 검수구역 • 저장구역 • 전처리구역 • 세척구역 • 식품절단구역(가열, 소독 전)
청결작업구역	• 식품절단구역(가열, 소독 후) • 조리구역 • 배선 및 배식구역 • 식기보관구역

- 전처리된 식재료 중 온도관리를 필요로 하는 식재료는 조리 전까지 냉장고에 보관한다.
- 전처리에 사용되는 세척수는 반드시 먹는 물을 사용하여 이물질이 완전히 제거될 때까지 세척한다.
- 식재료 절단작업에 사용하는 칼, 도마 등의 조리 기구나 용기는 가공식품용노란색, 육류용빨간색, 생선용파란색, 채소용초록색, 완제품용흰색 등 용도별로 구분하여 그 용도로만 사용하고그림 6-6 수시로 세척 · 소독한다.
- 고무장갑과 앞치마 등도 전처리용, 조리용, 배식용, 세척용 등 작업 용도별로 색상을 구분하여 착용한다. 작업변경 시 세척 · 소독 후 사용하며 작업 종료 후

그림 6-6 용도별 전용 칼과 도마

자료 : 식품의약품안전처(2009).

그림 6-7 용도별 전용싱크대

세척 · 소독하여 장갑소독기 또는 건조대에 보관한다.

- 싱크대도 식재료용과 식기구용으로 구역별로 구분하여 사용하며, 식재료용 싱크대는 용도별로 구분하여 용도의 명칭을 표기하도록 한다그림 6-7. 만약 여의치 않아 한 개의 싱크대를 사용하는 경우에는 채소류, 육류, 어류, 가금류 순으로 처리하며, 싱크대 사용 전이나 식재료가 바뀔 때마다 세척 · 소독하여 사용한다.

4) 조리단계

조리단계에는 가열조리예 : 탕류, 찌개류, 볶음류, 튀김류, 구이류 등, 비가열조리예 : 생채류, 샐러드류, 과일류 등, 가열조리 후 처리과정예 : 나물류, 비빔밥류, 냉면류, 숙회류 등 등이 포함된다.

조리단계에서도 식중독균의 교차오염을 방지하기 위하여 칼, 도마, 용기 등은 용도별로 구분하여 사용하여야 한다. 또한 조리된 음식은 조리되지 않은 음식과 접촉되지 않도록 하며, 조리된 음식은 전용 도구를 사용하여 취급하고 절대 맨손으로 다루지 않도록 한다.

가열조리 시에는 음식의 안전성 확보를 위해 음식의 중심온도가 74℃에서 1분 이상 유지되도록 완전히 가열한다. 음식의 중심온도를 모니터링할 때는 소독된 중심온도계를 사용하여 가장 두꺼운 부위를 골라 가운데 온도를 측정하며, 1회 조리 분량마다 3회씩 다른 부위를 측정하여 확인하고 가장 낮은 온도를 기록한다. 식품용 중심온도계의 종류는 다양하며표 6-7, 정확한 온도측정을 위해 정기적으로 검교정하여 사용하여야 한다.

튀김류 가열 시에는 기름온도가 설정된 온도냉동식품 160℃, 채소류 170℃, 어육류 180℃

표 6-7 식품용 중심온도계

온도계 종류	특징 및 용도
디지털(digital) 온도계 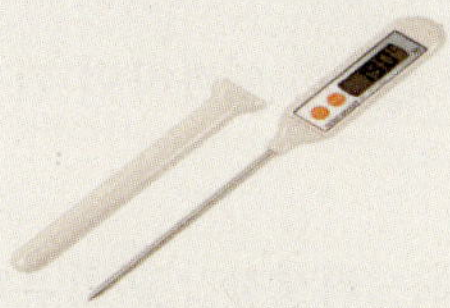	• 탐침형 센서로 중심 온도를 간편하게 측정 • 냉장식품의 온도 측정에 적합
바이메탈(bimetal) 온도계 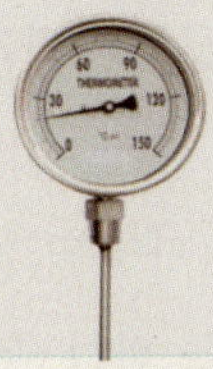	• 열 팽창계수가 서로 다른 두 개의 금속판을 접합한 형태 • 금속 막대기 끝의 온도감지기를 통해 음식의 내부온도나 기름온도 측정 • 양이 많거나 두꺼운 음식의 온도 측정 시 유용, 햄버거 패티처럼 얇은 음식의 온도 측정에는 부적합
열전쌍(thermocouple) 온도계 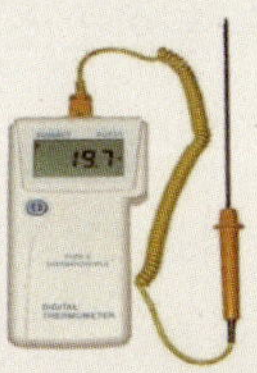	• 서로 다른 두 종류의 도체를 연결하여 온도 변화에 따라 발생하는 전압 차로 온도 측정 • 접촉식 온도계 중 가장 높은 온도 측정 가능 • 두꺼운 음식과 얇은 음식의 온도 측정에 모두 적합
적외선(radiation) 온도계 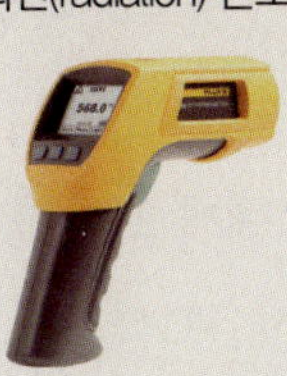	• 음식에서 방사되는 열복사 에너지를 계측해 온도 측정 • 음식에 직접 접촉하지 않고 음식표면의 온도를 측정하므로 냉동식품의 온도 측정에 유용하며, 교차오염 없이 여러 음식의 온도 측정 가능
일회용 온도계: T-스틱 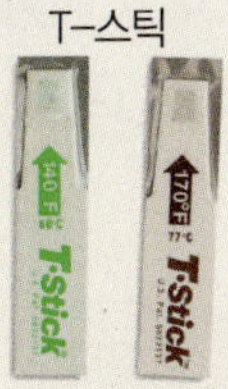 일회용 온도계: 라벨형 온도계 (thermolabel) 	• 일회용 온도계로 음식이나 기기의 온도 변화 측정 • 특정온도에 도달하면 부착된 센서라벨이 검은색으로 변함 • 식기에 부착해 식기세척기를 통과시킨 후 색 변화로 식기의 소독 여부 확인

에 도달했는지를 확인하며, 여러 번 동일 작업을 반복하는 경우 설정 온도 이상으로 올라가지 않도록 주의한다. 튀김에 사용하는 기름을 재사용할 경우에는 산가측정 페이퍼로 산가가 2.5 이하임을 확인한 후 사용하도록 하며 채소류 등 비린내가 나지 않는 것부터 튀기고, 육류, 생선 등의 순서로 사용한다. 또한 신속히 여과하여 찌꺼기, 부유물 및 침전물 등을 제거한 후 방냉 보관하도록 한다.

비가열조리 음식인 생채류, 샐러드류, 과일류를 취급할 때는 위생장갑을 착용하고 소독된 조리 기구 및 용기를 사용하도록 한다. 온도 통제를 위하여 배식 전까지 냉장고에 보관하며 이때 다른 음식에 의한 교차오염이 발생하지 않도록 관리하여야 한다.

가열조리 후 처리과정을 거치는 음식인 나물류 등은 식재료를 가열조리한 후 식히고 가능한 배식 직전에 양념처리하거나 무쳐 조리를 완료하도록 한다. 무치기 작업은 위생장갑을 착용하고 실시하며 조리 기구 및 용기는 알코올 등으로 소독하고 반드시 휘발시킨 후 사용한다.

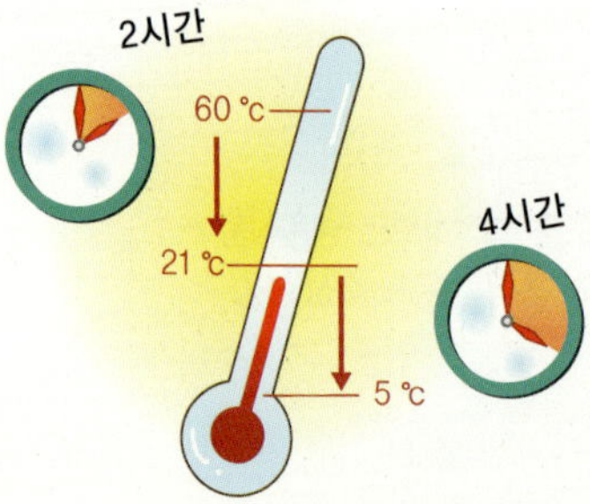

그림 6-8 적정 냉각시간

조리된 음식은 배식 직전까지 찬 음식은 5℃ 이하, 따뜻한 음식은 60℃ 이상으로 보유하여야 한다. 가열 조리된 음식 중 차갑게 제공해야 할 음식은 신속히 냉각한다. 이때 조리된 음식이 위험온도범위에 노출되는 시간을 최소화하기 위해 FDA에서는 먼저 60℃에서 21℃까지는 2시간 이내에 냉각하고, 다시 21℃에서 5℃까지는 4시간 이내에 냉각할 것을 권장하고 있다그림 6-8. 뜨거운 음식을 냉각할 때는 큰 덩어리를 작은 조각으로 나누거나 큰 그릇

그림 6-9 냉각방법

의 음식을 여러 개의 작은 그릇에 소량씩 나누어 담은 후 얼음이 담긴 큰 그릇에 넣고 저으면서 식힌다. 그 다음 높이가 낮고 폭이 넓은 스테인리스 스틸 팬에 옮겨 담아 냉장고의 맨 위 선반에 넣어 냉각한다. 또 다른 방법으로는 뜨거운 음식을 작은 그릇에 나누어 담은 후 급속냉각기에 넣고 냉각하는 방법이 있다그림 6-9. 뜨거운 음식을 냉장고와 냉동고에 바로 넣고 냉각할 경우 냉장고 및 냉동고의 내부온도를 일시적으로 상승시켜 보관 중인 음식이 상할 우려가 있기 때문에 삼가도록 한다. 또한 냉각을 위해 선풍기나 에어컨을 사용하게 되면 먼지로 인한 오염이 발생할 수 있어 사용을 금지해야 한다.

5) 배식단계

배식단계에서는 보냉 및 보온장비를 이용해 찬 음식은 5℃ 이하, 따뜻한 음식은 60℃ 이상으로 유지하면서 적온배식을 실시하도록 한다. 음식의 전체온도가 균일하게 유지되도록 규칙적으로 저어주고, 조리 종료 후 2시간 이내에 배식이 완료되도록 한다.

급식실 외의 장소로 운반하여 배식할 경우에는 배식용 운반기구 등을 청결하게 관리하여야 하며, 식품운반용 승강기는 매일 1회 이상 내부를 청소하도록 한다. 배식대는 배식 전·후 철저히 세척·소독하고, 배식 전용 도구도 세척·소독하여 건조된 것을 사용한다.

배식하던 용기에 남아 있는 음식과 바로 조리된 배식용 음식을 혼합하여 배식하지 않도록 하며, 배식 후 남은 음식은 재배식하지 않는다.

3. 급식종사원 위생관리

1) 건강진단

급식소 조리종사원은 채용 시와 근무 중에 건강진단을 받아야 하는데, 의무적으로 1년에 1회(학교급식 조리종사원은 6개월에 1회) 정기 건강진단을 받은 후 건강진단결과를 제출하여야 한다. 건강진단 결과 장티푸스, 폐결핵, 전염성 피부질환자는 식품위생법에 따라 조리업무에 종사할 수 없다. 정기적인 건강진단 이외에도 감염병 발생 등 필요한 경우 임시 건강진단을 받아야 한다.

급식관리자는 매일 조리작업 전에 조리종사원의 건강상태를 확인해야 하며 발열·복통·구토·설사·인후염 등의 증상이 있는 경우, 본인 및 가족 중에 법정감염병 보균자가 있거나 발병한 경우, 손 등에 화농성 상처나 종기가 발생한 경우에는 검수와 조리작업에서 배제하여야 한다.

2) 손 위생

손을 통한 식재료, 기구, 용기 등의 오염을 사전에 방지하기 위하여 급식종사원은 작업 전후, 화장실 출입 후, 작업공정 변경 시, 비위생적인 식재료 및 기구 등을 만진 후, 코를 풀거나 기침 또는 재채기를 한 후, 신체 일부를 만진 후, 흡연이나 껌을 씹은 후 등에는 반드시 올바른 방법으로 손을 씻어야 한다. 이를 위해 전처리실, 조리장 입구, 식기세척실 등에는 손 세척을 위한 손 세정대를 설치하여 종사원들이 습관적으로 손을 씻도록 하여야 한다그림 6-10.

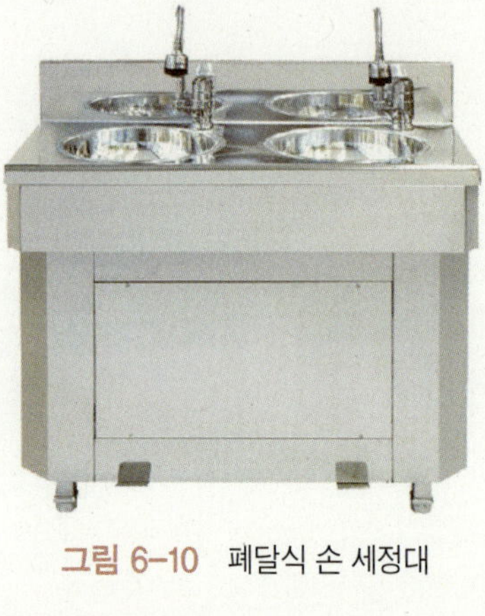

그림 6-10 페달식 손 세정대

손 세척 후에는 손 소독을 위하여 70% 에틸알코올 또는 동등한 소독효과를 가진 살균소독액을 분무하고 손을 비비거나 두드려서 자연건조한다. 손 소독은 손 세척 후 최종적으로 이루어져야 하며 손 씻기 대신 실시되어서는 안 된다. 그러나 소독제가 함유된 역성비누 등 손 전용 세척 액상비누를 사용하여 손 세척을 한 경우에는 별도의 손 소독과정을 생략할 수 있다그림 6-11.

조리종사원은 손톱을 항상 짧게 깎아 청결을 유지해야 한다. 손에 상처가 발생한 경우에는 즉시 소독하고 상처치료제를 바른 후 1회용 밴드로 감싸야 하며 고무골무를 씌운 다음 위생장갑을 착용하도록 한다. 또한 조리작업에서는 제외되어야 한다.

더 알아보기

역성비누(양성비누) 의 특징

- 조리 종사원의 손 또는 조리기구 소독제로 사용된다.
- 4급 암모늄염으로 무색, 무취, 무자극성이다.
- 세정력은 약하나 살균력이 강하다.
- 보통 비누와 반대로 물에 해리하여 계면활성 부분이 양성을 나타낸다.
- 일반비누와 병용하면 살균력이 없어진다.

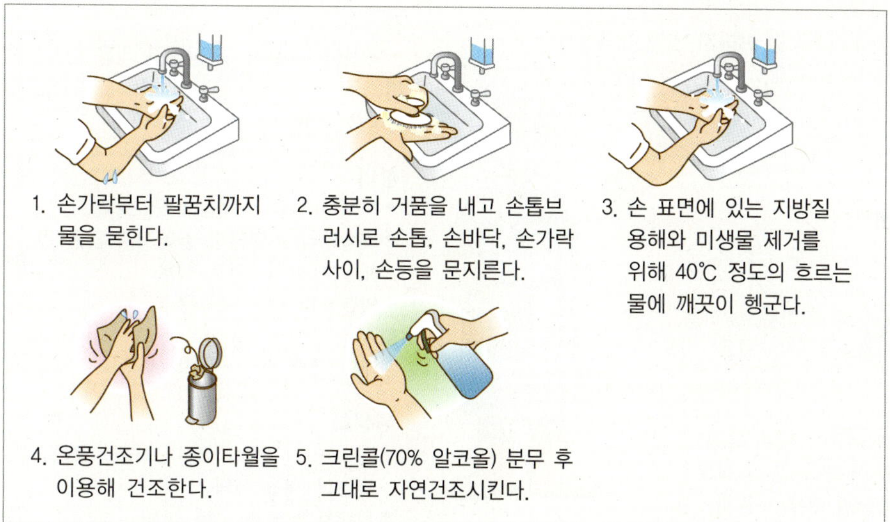

그림 6-11 올바른 손 세척 및 소독

3) 복장 위생

조리종사원의 불결한 복장은 식중독을 유발할 수 있기에 착용하는 위생복, 위생모, 위생화, 앞치마 등은 항상 청결해야 한다. 복장 착용 시 지켜야 할 사항은 다음과 같다그림 6-12.

- 위생복 색상은 더러움을 쉽게 확인할 수 있도록 흰색이나 옅은 색상이어야 한다.
- 앞치마와 고무장갑은 용도별로 구분하여 착용하며그림 6-13, 사용 후 세척 · 소독하여 건조한다.
- 위생모를 착용할 때는 머리카락이 밖으로 노출되지 않도록 하며 긴 머리인 경우 반드시 묶어 음식에 머리카락이 혼입되어 발생할 수 있는 오염을 차단한다.
- 위생마스크는 조리 및 배식과정에서 발생할 수 있는 기침이나 재채기를 통한 세균오염을 방지하기 위하여 착용하여야 한다.

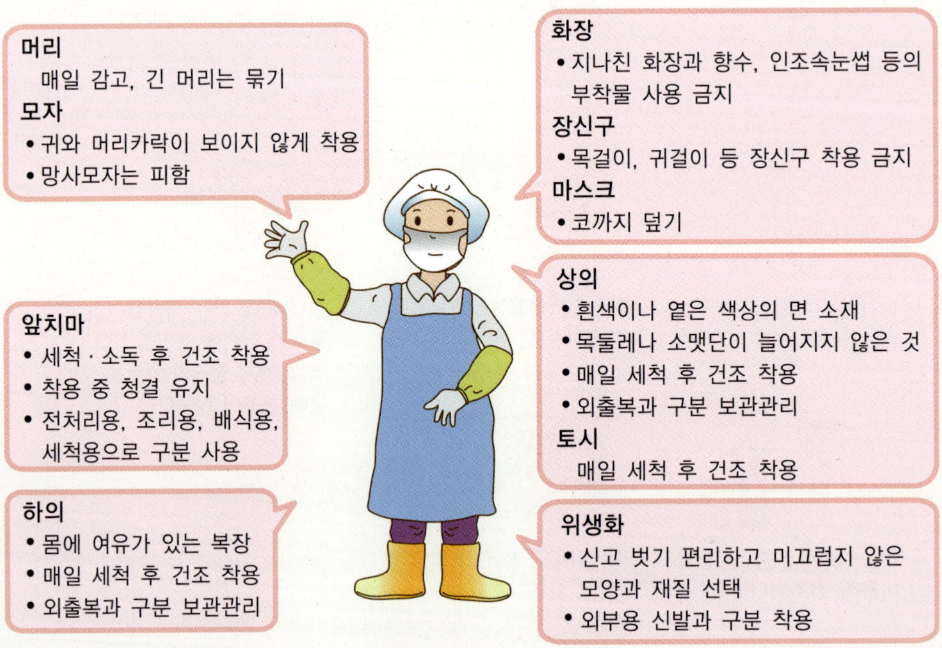

그림 6-12 복장위생

자료 : 식품의약품안전처(2009).

그림 6-13 작업용도별 전용 고무장갑 및 앞치마

자료 : 식품의약품안전처(2009).

- 위생화는 발을 완전히 감싸는 형태이어야 하며 밑창이 방수성 재질로 된 것을 착용하여 미끄러져서 넘어지는 사고와 미생물 번식을 방지하도록 한다. 또한 위생화를 신고 외부나 화장실 출입을 하지 않도록 한다. 위생적 안전을 위하여 전처리장 입구, 조리실 입구, 세척실 입구 등에 소독액이 담긴 발판소독조를 비치해 반드시 통과하도록 한다.
- 반지, 팔찌, 시계 등 장신구에는 이물질의 부착 가능성이 높아 조리작업 시 교차오염의 우려가 있기 때문에 착용해서는 안 된다.

4. 급식 시설 · 기기 위생관리

1) 급식 시설 위생관리

급식소에서는 급식의 안전성 확보를 위해 대량의 식재료를 위생적이고 안전하게 조리하여 제공할 수 있는 시설 등을 갖추어야 하며, 이를 위해 고려할 사항은 표 6-8과 같다.

표 6-8 위생적인 급식 시설을 위한 고려사항

시설 구분	고려사항	사진 예시
바닥	• 바닥재는 흡수성과 미끄러짐이 없어야 한다. • 바닥에는 이은 자국, 틈, 깨진 곳이 없어야 한다. • 바닥과 벽 사이의 각진 코너나 틈은 굴곡지게 하고 틈새를 막아 청소하기 쉽게 한다.	
벽과 천장	• 청소하기 쉬워야 한다. • 소음을 줄일 수 있어야 한다. • 색상이 밝아야 한다. • 열을 받는 구역은 내열성이 있어야 한다. • 습기나 충격으로 벽이 헐거나 금이 가기 쉬운 곳은 스테인리스 스틸을 부분적으로 사용한다.	
출입구	• 조리종사자와 식재료 반입을 위한 출입구는 별도로 구분 설치한다. • 위해해충의 진입을 방지하기 위한 방충·방서 시설 또는 에어커튼 등이 설치되어야 한다. • 조리장 전용 신발로 갈아 신기 위한 신발장 및 발판소독조와 수세 시설을 갖추어야 한다.	
하수	• 배수량이 충분하고 배수관이 천장 위로 지나가지 않아야 한다. • 바닥 청소용 물과 장비에서 나오는 오수가 주방 바닥으로 쏟아지지 않도록 한다. • 배수로의 거름망은 크게 설계하고 자주 이물질을 제거한다.	
조명	• 조리 장소, 식기세척 장소, 화장실, 식기저장고는 최소한 200럭스이어야 한다. • 작업대에 그림자가 생기지 않도록 한다. • 전구를 보호할 수 있는 커버를 씌운다.	
환기	• 조리장 내에서 발생하는 가스, 매연, 증기, 습기, 먼지 등을 바깥으로 배출할 수 있는 충분한 시설을 갖추어야 한다. • 팬을 이용하여 환기시키며, 공기의 흐름은 청결작업구역에서 일반작업구역 방향으로 흘러가도록 한다. • 기름을 많이 사용하는 구역에는 후드 필터를 설치한다.	

자료 : 식품의약품안전처 홈페이지(2016).

2) 급식 기기 위생관리

식품과 접촉하는 기구 및 용기 등을 통한 교차오염을 예방하고 미생물을 안전한 수준으로 감소시키기 위해 세척과 소독이 반드시 병행되어야 한다.

(1) 세척

세척이란 급식 기구 및 용기 표면의 음식찌꺼기, 기름기 등을 세제를 사용하여 제거하기 위한 작업이다. 식품이나 조리기구용 세척제는 용도별로 1종, 2종, 3종으로 나뉘며그림 6-14, 용도에 적합한 세척제를 선택하여 사용하여야 한다. 즉, 1종과 2종 세척제는 모두 식기 세척에 사용할 수 있지만, 2종과 3종은 채소나 과일 등의 세척에 사용해서는 안 된다. 세척제의 종류로는 함유되어 있는 성분에 따라 알칼리성세제, 산성세제, 용해성세제, 연마성세제 등이 있으며표 6-9, 부착되어 있는 식품의 성질, 세척할 표면의 성질 등에 유의하여 선택하여야 한다.

그림 6-14 용도별 세척제 종류

자료 : 식품의약품안전처(2009).

표 6-9 세척제 성분별 특징

세척제 종류	특징
알칼리성세제	• 강알칼리성세제 : 수산화나트륨(식기세척기 세제에 포함)을 함유한 세제로 저렴하고 세척력이 강하지만 피부를 포함한 거의 모든 물질의 표면을 부식시키며 헹구어내기 어려움. 오래되거나 건조된 오염물질, 기름 때 제거 시 주로 사용. 학교급식소에서 사용되는 모든 세척제는 수산화나트륨 함유량이 5% 미만인 친환경 제품이어야 함 • 약알칼리성세제 : 탄산수소나트륨(베이킹파우더)을 함유한 세제로 강알칼리에 비해 부식성이 적고 피부에 닿아도 무방 • 기물 및 식기세척, 청소작업 등에 널리 사용 • 계면활성제를 포함하고 있어 오염물질을 불리고 분산시켜 세척을 도와줌
산성세제	• 식기세척기 세제의 찌꺼기 제거 시 사용 • 금속기구의 부식과 설비 표면의 변색을 일으킬 수 있으므로 산성 내구성 확인 후 사용
용해성세제	• 오븐, 가스레인지의 묵은 기름때 세척에 사용 • 자주 사용하지 않는 표면에 묻은 오염물질 세척 시 사용
연마성세제	• 바닥, 천장의 오염물질을 제거하고 광을 내는 데 사용 • 플라스틱 재질에는 부적합

식기구 및 용기 세척방법으로는 수작업 세척과 식기세척기를 이용한 세척이 있으며, 급식 형태나 규모에 따라 적절한 방법을 선택한다. 수작업에 의한 세척 및 소독 시에는 먹는 물로 기구 및 용기에 붙은 음식물 찌꺼기를 씻어내고 애벌 세척한 후 세척제를 이용해 이물질을 완전히 닦아낸다. 그 다음 흐르는 물에 세척제를 충분히 씻어내고 소독하여야 한다. 식기세척기로 세척할 경우에는 세척기 통과 후 식판의 표면온도가 71℃ 이상이어야 하며, 71℃ 라벨형 온도계thermo-label를 사용하여 이를 확인했을 때 온도가 71℃ 이상이면 별도로 소독할 필요가 없다.

(2) 소독

소독이란 급식기구, 용기 및 음식이 접촉되는 표면에 존재하는 미생물을 안전한 수준으로 감소시키는 것을 뜻한다. 대상별 소독방법에는 자비소독, 건열소독, 자외선소독, 화학소독 등이 있다표 6-10. 행주는 세척하여 열탕소독한 후 건조하거나

표 6-10 살균소독 종류 및 방법

소독종류	대상	방법
자비소독 (열탕소독)	식기, 행주	• 열탕소독 : 100℃에서 5분 이상 가열 • 증기소독기 : 100~120℃에서 10분 이상 가열
건열소독	식기	• 160~180℃의 식기소독기 또는 식기세척기 내에서 30분 소독 • 식기세척기를 통과한 식기 표면온도는 71℃ 이상이어야 함
자외선 소독	칼, 도마, 컵, 기타 식기구	• 살균력이 가장 강한 2,537Å 파장의 자외선램프가 부착된 자외선 소독기 이용 • 살균력은 램프출력, 사용시간 등에 따라 차이가 있으므로 제품설명서에 표시된 권장 살균시간(예 : 출력 10w 램프 사용 시 40분 이상) 동안 살균 • 자외선은 살균력은 강하지만 물질을 투과하지 못해 컵이나 기구 등을 포개거나 엎어두면 살균효과가 없기에 컵 등의 내면이 자외선램프 쪽을 향하고 겹치지 않게 1단씩만 배치 • 살균력은 습도가 높으면 감소하므로 식기류를 세척하여 건조시킨 후 자외선소독기에 넣도록 함 • 자외선램프의 표면을 주기적으로 청소하여 자외선 방사효율을 최적상태로 유지

화학소독	작업대, 기기, 칼,
	도마, 고무장갑
		• 용도에 맞는 살균소독제를 용법과 용량에 맞게 사용
		• 염소용액(주로 차아염소산나트륨 사용)
		  – 식품 접촉 기구 및 용기 표면소독 : 200ppm 1분 이상
		  – 발판소독조 : 200ppm
		• 요오드 용액 : pH 5 이하, 24℃ 이상, 25ppm 1분 이상
		• 70% 에틸알코올 : 손, 용기 등에 분무 후 건조

더 알아보기

살균소독제

1. 식품첨가물(살균제) : 식품용

'식품첨가물'로 표시되어 있는 제품으로 과일류, 채소류 등 식품의 살균 목적으로 사용하여야 하며, 최종 식품 완성 전에 제거하여야 한다.

식품첨가물(살균제)의 올바른 사용방법

2. 기구 등의 살균소독제 : 기구용

'기구 등의 살균소독제'로 표시되어 있는 제품으로 조리 기구 등의 살균 목적으로 사용하여야 하며, 각 제품마다 사용 농도가 규정되어 있으므로 사용기준에 따라 사용하여야 한다.

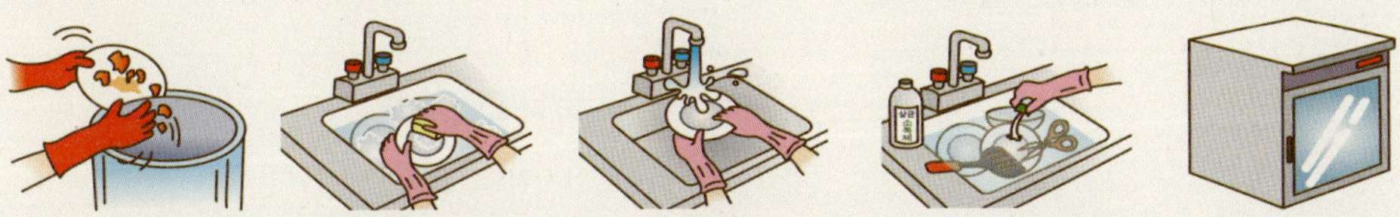

기구 등의 살균소독제의 올바른 사용방법

200ppm 염소 소독액에 5분 이상 침지해 소독한다. 칼과 도마는 작업 변경 시 세척 소독하여 사용하며, 작업이 끝난 후에는 세척해 염소 소독액에 5분 이상 침지한 후 건조하여 자외선소독기에 보관하도록 한다그림 6-15.

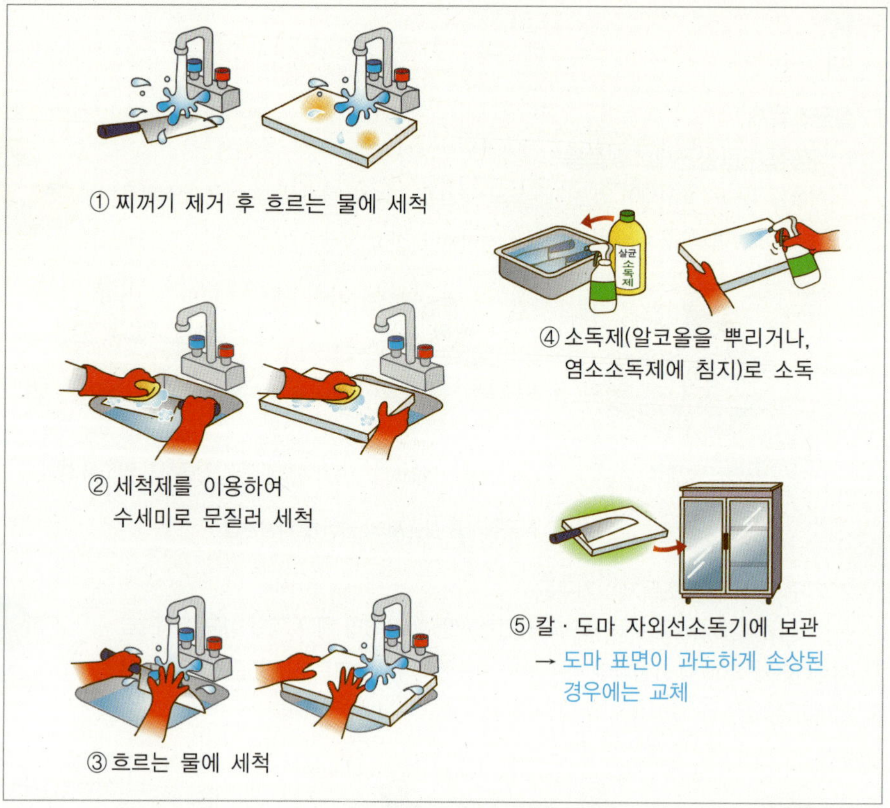

그림 6-15 칼 · 도마 세척 및 소독

자료 : 식품의약품안전처(2009).

5. 안전관리

급식소 안전관리는 급식 시설 내에서의 각종 안전사고와 재해를 방지하고 급식 종사원이 안전하게 작업할 수 있도록 운영하는 것으로 급식업무의 전 과정에서 반드시 필요한 예방작업이다. 급식소에서의 각종 안전사고는 환경적 원인과 인적 원인에 의해 발생하고 있다. 환경적 원인으로는 작업환경에 따른 물리적 · 화학적 위험, 환기, 급수 · 배수 작업동선에 의한 위험, 각종 시설 및 장비의 위험 등이 있다. 인적 원인으로는 급식종사원의 잘못된 행동습관, 시설 · 설비 점검 및 안전교육 미

표 6-11 급식소에서 자주 발생하는 안전사고 및 예방대책

안전사고	예방대책
근골격계 질환	• 중량물 운반 시 허용무게 지키기, 2인 1조 작업 또는 운반보조 도구 사용 • 중량물(5kg 이상 물체) 취급주의 표지 및 안전수칙 부착 • 무거운 식재료 및 식기류는 무릎과 어깨 높이 사이에 보관 • 종사원 신체에 맞는 작업발판 설치 • 작업 전 · 후 근골격계 질환 예방을 위한 스트레칭 실시
넘어짐	• 조리실 바닥 물기, 기름, 물때 등을 수시로 제거 • 바닥에 미끄럼 방지 테이프 부착 • 안전작업 통로확보 및 통행로에 장애물 제거 • 미끄럼 방지용 장화 · 안전화 착용
베임	• 절단작업 시 베임 방지용 장갑 착용 및 규정도마 사용 • 절단, 다듬기, 뼈 발라내기 작업 시 칼날은 바깥쪽을 향하도록 하고 무리하게 힘을 주지 않음 • 냉동 식재료는 충분히 해동시킨 후 칼질 • 골절기 사용 시 철망장갑 착용 • 절단기, 분쇄기 칼날 부위에 베임 방지용 덮개 설치
화상	• 뜨거운 기구나 음식 취급 시 장갑, 앞치마 등 안전장비 착용 • 무거운 국통은 운반 기구를 사용하거나 2인 이상이 함께 운반 • 뜨거운 음식물이 담긴 그릇 입구는 작업자와 떨어진 쪽으로 향하게 함 • 압력이 걸린 조리 기구는 함부로 열지 않음
끼임	• 조리 기구 사용 전 사용설명서 숙지 • 기기의 회전체(벨트 · 체인 · 날개 등)에 방호덮개 설치 • 작업에 따라 적절한 개인보호구 착용 • 기기 청소 시 전원 차단
감전	• 물에 젖은 손으로 전기 기구 조작 금지 • 전기 기기 · 기구에 감전 예방용 접지 및 누전차단기 접속 • 작업조건에 적합한 기계 · 기구 사용

흡, 급식종사원의 부주의 등이 있다.

조리작업은 업무의 특성상 단순한 동작반복, 작업 시 요구되는 과도한 힘, 부자연스러운 작업자세 등으로 인해 근골격계 질환이 발생할 수 있다. 또한 조리과정 중 화상, 조리실 바닥 물기로 인한 미끄러짐 사고, 칼이나 분쇄기 등 조리도구에 의한 절단, 베임, 찔림, 급식 기기 및 기구에 의한 감전 등 각종 안전사고에 노출되기 쉽다. 급식소에서 자주 발생하는 안전사고로는 근골격계 질환, 넘어짐, 베임, 화상, 끼임, 감전 등이 있으며 그에 따른 예방대책은 표 6-11과 같다.

급식실 안전 · 보건 점검표

학교명		점검자	소속	
점검일자	201 . . ( )		직 · 성명	

* 위반 여부 체크 : 실태를 파악하기 위한 것으로 판단에 따라 양호〈○〉 또는 불량〈×〉으로 표시하되, 경미한 정도는 ×로 표시

항목		점검내용(Check Point)	위반 여부	문제점	개선할 내용
안전관리상태	넘어짐위험	1. 바닥의 물 · 기름 · 물때 등으로 인해 미끄러질 위험 여부			
		2. 통로 확보 및 통행로에 물품 적재 · 방치 여부			
		3. 장애물(문턱 · 배관 · 패인 곳 등)로 인해 넘어질 위험 여부			
		4. 조리장 · 계단 · 통로에 적정한 조명 설치 여부			
		5. 계단에 난간 설치, 답단 끝에 미끄럼방지 조치 여부			
		6. 미끄럼방지용 안전장화 · 작업화 등 착용 여부			
	감김끼임위험	7. 재료운반대차 및 배식차에 끼일 위험 여부			
		8. 양념재료(마늘, 파, 양파 등) 분쇄기 · 절단기에 말려들 위험 여부			
		9. 기계의 회전체(벨트 · 체인 · 날개 등)에 방호덮개 설치 여부			
		10. 리프트, 덤웨이터의 안전한 사용 여부 – 사람 탑승금지 조치, (출입) 문이 열린 상태에서는 동작이 안 되도록 조치되어 있는지 여부 – 사용중량, 경고표지 부착			
	절단베임위험	11. 절단기 · 분쇄기 칼날 부위에 베임방지용 덮개 설치 여부			

그림 6-16 급식실 안전 · 보건점검표

자료 : 고용노동부 · 안전보건공단(2013).

급식소에서 안전사고가 발생한 경우에는 산업안전보건법에 따라 사업주는 반드시 사업장의 개요, 종사원의 인적사항, 재해발생 일시 및 장소, 재해발생 원인 및 과정, 재해 재발 방지계획 등을 기록하고 보관하여야 한다.

급식관리자는 급식소에서 발생하는 각종 안전사고를 사전에 방지하기 위하여 조리기계 · 기구의 안전작동방법을 게시하고 종사원을 대상으로 기기의 안전취급, 작업방법, 작업동작 등에 대한 정기적인 안전교육을 실시하여야 한다.

급식소에서 발생할 수 있는 각종 위해요소에 대하여 급식관리자는 급식실 안전 · 보건점검표그림 6-16를 작성하여 작업 시작 전, 그리고 정기적으로 점검을 실시하며 위반 여부를 파악해 문제점이 있는 경우 즉시 개선하여야 한다. 특히, 가스 · 소방 · 전기안전, 보일러 · 압력용기 · 덤웨이터dumbwaiter 검사 등에 대한 안전검사는 관계규정에 따라 반드시 정기적으로 실시하여야 한다. 이를 통해 각종 안전사고 유발요인이 되는 요소를 사전에 차단함으로써 안전하고 쾌적한 작업환경을 조성하도록 한다.

종사원의 안전보건의식 고취를 통한 안전사고 예방을 위하여 급식소의 유해 또는 위험한 장소 및 시설물 전반에 안전 · 보건표지를 잘 보이도록 설치 및 부착하여야 한다. 안전 · 보건표지란 재해 예방을 위한 금지나 경고, 비상 시 조치를 위한 지시나 안내사항 등을 그림이나 기호, 글자를 이용하여 정해놓은 표시이다. 주요 안전 · 보건표지의 종류 및 형태는 그림 6-17과 같다. 종사원은 각종 유해 · 위험요인으로부터 스스로를 보호하기 위해 안전보건표지 내용을 준수하여야 한다. 예를 들어,

그림 6-17 주요 안전 · 보건표지 종류 및 형태

자료 : 안전보건공단 홈페이지(2019).

급식 기기 및 용기 소독을 위한 화학물질 취급 시 보안경 · 안전장갑 · 마스크 착용, 칼날이 있는 기계 청소 시 스테인리스 스틸 메시장갑 착용 등 안전보호장구를 착용하여야 한다그림 6-18. 또한 급식관리자는 필요한 사항에 대해 급식종사원을 대상으로 교육을 실시하며 주기적으로 설치상태 및 변형 유무를 점검하도록 한다.

급식소에서는 종사원들에게 화학물질의 위험성을 공개하고 화학물질에 의한 산업재해를 예방하기 위하여 화학물질 분류 및 표지에 관한 국제표준화GHS : Globally

그림 6-18 안전보호장구

항목	작성 방법
제품정보	MSDS상의 제품명칭
그림문자	5개 이상일 경우 4개만 표시
신호어	• ‘위험’ 또는 ‘경고’ 표시 • 모두 해당 : ‘위험’만 표시
유해 · 위험문구	• 해당문구 모두 기재 • 중복되는 문구 생략 • 유사한 문구 조합 가능
예방조치문구	예방, 대응, 저장, 폐기 각 1개 이상을 포함하여 6개만 표시 가능
공급자 정보	제조자 또는 공급자의 이름, 주소 및 전화번호 기재

그림 6-19 GS-MSDS 작성 예시 및 방법

Harmonized System 기준에 따라 작성된 **물질안전보건자료**MSDS : Material Safety Data Sheet를 종사원들이 쉽게 볼 수 있는 장소에 게시하거나 비치하여야 한다그림 6-19. 물질안전보건자료란 화학물질을 안전하게 사용하기 위하여 제공되는 유해 및 위험 정보 자료로서 화학물질의 명칭 · 성분 및 함유량, 안전 · 보건상 취급주의사항, 건강 유해성 및 물리적 위험성 등이 기재되어 있는 자료이다. 급식소에서 세척 및 소독에 사용되는 락스, 식기세척기 세제 등은 모두 화학물질에 해당되므로 반드시 이에 대한 물질안전보건자료를 비치하고 종사원의 안전보건을 위하여 그 내용에 대해 교육을 실시하여야 한다.

함께 풀어보기 정답

6-1 풀어보기

- x = 물에 섞어야 할 락스 양
- 소독액의 유효염소농도 1% = 10,000ppm
- $100(\text{ppm}) = \dfrac{x(\text{mL})}{2{,}000(\text{mL})} \times 4 \times 10{,}000(\text{ppm})$

$x = 5\text{mL}$

따라서 100ppm의 소독액을 만들기 위해서는 락스 5mL가 필요

Tip 1.8~2.0L 페트병의 뚜껑 하나의 양은 5mL에 해당하므로 뚜껑에 락스를 가득 부어 2L의 물에 한 번 넣으면 100ppm의 소독액을 쉽게 제조할 수 있다.

급식 원가 및 정보관리

Chapter 7

Chapter

7

학습목표

- 급식소 원가의 구성요소와 흐름을 이해하고 급식소 원가계산 및 분석에 활용할 수 있다.
- 수익, 비용, 순이익의 관계를 이해하고 지출항목의 정확한 분류를 통하여 급식소의 월 손익계산서를 작성할 수 있다.
- 고정비, 변동비, 공헌마진의 개념을 이해하고 손익분기점의 매출액과 매출량 계산을 통하여 급식소 운영목표 수립에 적용할 수 있다.
- 단체급식소 운영에 필요한 다양한 장표의 종류를 이해하고 각각의 급식소 현황에 맞게 수정·보완하여 운영에 적절하게 활용할 수 있다.

1. 급식 원가관리의 개요

원가관리cost control란 '원가계산을 근거로 하여 경영활동 전반을 합리화하고, 원가절감을 도모하는 관리활동'을 말한다. 다시 말해, 일정한 품질의 제품을 최소의 비용으로 생산하기 위한 계획 및 통제활동이라고 할 수 있다. 원가관리는 크게 원가절감을 목적으로 하는 **원가계획**과 이러한 계획의 달성을 목적으로 하는 **원가통제**로 나눌 수 있다그림 7-1. 따라서 단체급식에서의 원가관리는 메뉴의 합리적인 표준원가를 계획하고, 실제로 지출된 원가를 표준원가와 비교하여 차이를 분석한 후 개선점을 도출하여 표준원가와 실제원가와의 차이를 줄여나가는 과정을 말한다.

과거에는 급식관리자의 업무가 급식 생산과 관련한 내용에 집중되었지만, 위탁급식시장이 확대되고 경쟁이 치열해짐에 따라 원가를 계획하고, 실행하고, 분석하며, 통제할 수 있는 원가관리능력은 현대의 급식관리자가 반드시 갖추어야 할 조건이 되었다.

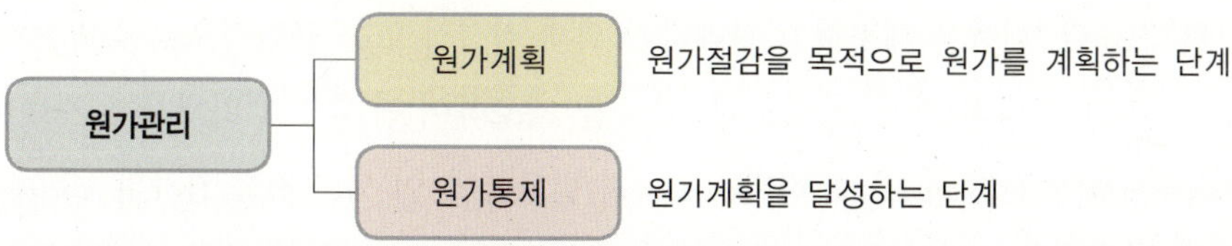

그림 7-1 원가관리의 범위

급식소에서는 원가절감 및 다양한 의사결정을 위해 원가관리가 필수적인데, 급식 원가관리의 목적을 간단히 살펴보면 다음과 같다.

- 원가절감 : 급식 원가관리의 가장 큰 목적은 원가를 절감하는 데 있다. 더 정확히 표현하자면, 고객에게 제공하는 음식의 적정 품질을 유지하면서 원가를 절감하는 것이다. 위탁급식전문업체에서는 원가절감을 통해 이윤을 극대화할 수 있으며, 직영급식소에서는 절감한 원가를 이용해 고객에게 보다 더 나은 서비스를 제공할 수 있다.

- 판매가격식단가 결정 : 원가관리를 통해 매출원가를 파악할 수 있으며, 매출원가에 적정한 이익을 더하여 판매가격을 결정할 수 있다. 판매가격의 조정이 필요한지의 여부도 원가관리를 통해 알 수 있다.
- 손익계산서 작성 : 급식관리자는 주기적으로 급식운영의 결과인 이익과 손실을 파악하여 손익계산서를 작성하여야 한다. 원가관리는 손익계산서 작성을 위한 기초자료를 제공한다.
- 예산계획 : 급식운영을 위한 예산을 산출하고 수립할 때에는 원가관리가 기초가 되어야 한다.

2. 원가의 개념 및 분류

1) 원가의 개념

원가cost란 '제품을 제조하고 판매하기 위해 직접적 또는 간접적으로 소비된 유형·무형의 경제적 가치'를 말한다. 제품을 제조하여 판매하기 위해서는 재료비material cost, 인건비labor cost, 경비expense가 필요한데, 이 세 가지를 **원가의 3요소**라고 한다. 따라서 급식원가란 음식을 생산하여 고객에게 제공하기 위해 쓰인 모든 비용으로, **식재료비**, **인건비**, **경비**로 구성된다. 이 중 식재료비와 인건비가 급식원가의 대부분을 차지하기 때문에 이 두 가지를 합하여 **주요원가**prime cost라고 부른다.

- 식재료비 : 음식을 생산하는 데 필요한 식재료 구입에 쓰인 비용으로, 급식소에서는 식재료비가 급식예산에서 가장 큰 비율을 차지한다.
- 인건비 : 급료, 임금, 각종 수당, 상여금, 퇴직금 등 급식소 종사원들에게 제공되는 보수를 말한다.
- 경비 : 식재료비와 인건비에 속하지 않는 모든 비용을 경비라고 하는데, 수도광열비, 소모품비, 수선비 등 급식소를 운영하는 데 직·간접적으로 필요한 비용이다. 경비의 주요 구성항목은 표 7-1과 같다.

표 7-1 경비의 주요 구성항목

분류	내용
복리후생비	종사원의 복리후생을 위하여 지출하는 비용
여비교통비	업무수행을 위한 출장이나 야근, 조기 출근 시 지급되는 여비와 교통비
보험료	화재 · 가스 보험료 등 보험납입과 관련하여 납부하는 제비용
광고선전비	구인광고 등 각종 매체를 통하여 홍보하는 비용
교육훈련비	직무와 관련한 직원의 교육훈련을 위하여 지출하는 비용
도서인쇄비	식권 인쇄 등 각종 인쇄 비용
통신비	전화, 팩스, 인터넷 등 전산 및 통신과 관련한 비용
수도광열비	가스, 전기, 수도비, 연료비 등
세금 · 공과비	기업이 부담하는 각종 세금 및 공과금
지급임차료	부동산 임대료, 리스료 등 임차에 따라 발생하는 비용
지급수수료	잔반처리비, 방역비 등 용역이나 서비스 이용에 대한 대가로 지급하는 각종 수수료
소모품비	사무용품, 전산용품, 주방용품 등 소모성 비품 비용
수선비	건물, 설비, 기기류 등 고정자산에 대한 유지, 보수에 소요되는 비용
감가상각비	고정자산에 대한 비용 배분 계상

2) 원가의 분류

앞서 원가가 재료비, 인건비, 경비로 구성된다는 점을 살펴보았다. 그런데 원가는 관리 목적에 따라 여러 가지 다른 방식으로도 분류할 수 있다. 급식관리자가 반드시 알아두어야 할 또 다른 원가 분류기준은 표 7-2와 같다.

표 7-2 원가의 다양한 분류기준

분류기준	유형
제품 생산과의 관련성	직접비, 간접비
생산량에 따른 증감 여부	고정비, 변동비, 반변동비
통제 가능성	통제 가능 원가, 통제 불가능 원가

(1) 직접비와 간접비

원가는 제품생산과의 관련성에 따라 직접비와 간접비로 나눌 수 있다. 원가는 특정 제품을 제조하는 데 직접적으로 쓰이는 **직접비**와 여러 제품의 제조에 공통으로 쓰이는 **간접비**로 분류할 수 있다. 직접비에는 직접재료비, 직접인건비임금, 직접경비외주가공비가 포함되며, 간접비에는 간접재료비, 간접인건비급료, 수당, 간접경비감가상각비, 보험료, 수선비, 수도광열비 등가 포함된다.

> 더 알아보기
>
> **임금과 급료**
>
> - 임금 : 생산현장의 종업원에게 노동의 대가로 지급되는 보수
> - 급료 : 사무직 직원에게 지급되는 보수

(2) 고정비, 변동비, 반변동비

원가는 다시 생산량 대비 비용이 변화하는지에 따라 **고정비**, **변동비**, **반변동비**로 나눌 수 있다그림 7-2. 고정비란 일정한 기간 동안 생산량의 변동에 관계없이 항상 일정한 금액으로 발생하는 원가로, 고정자산의 감가상각비, 경영자의 급료, 보험료, 임차료, 제세공과 등이 이에 속한다. 변동비는 고정비와는 달리 생산량의 증감에 따라서 비례적으로 증감하는 원가로, 식재료비가 대표적이다. 생산량이 10% 증가하면 식재료비도 10% 증가하며, 반대로 생산량이 10% 감소하면 식재료비도 10% 감소하게 된다.

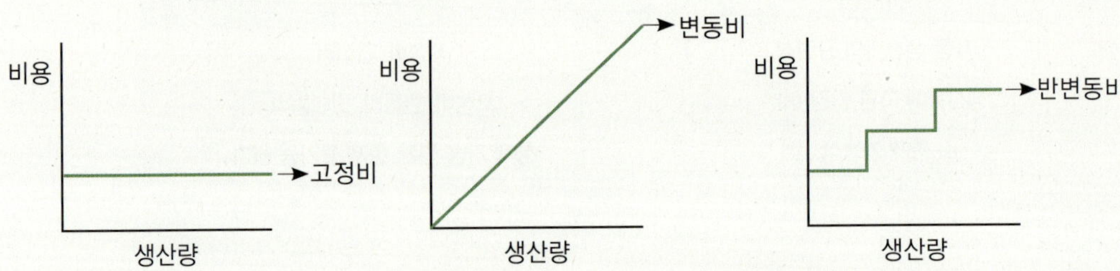

그림 7-2 고정비, 변동비, 반변동비

한편, 변동비와 고정비의 성격을 모두 가지고 있는 비용을 반변동비라고 하는데, 인건비가 이에 속한다. 인건비 중 정규직원에 대한 인건비는 생산량의 증감에 따라 변화하지 않으므로 고정비에 해당하나, 생산량 증감에 따라 일시적으로 고용을 결정하게 되는 시간제 종업원에 대한 임금은 변동비에 해당한다. 고정비와 변동비의 개념은 손익분기분석에서도 필요하므로 반드시 숙지하여야 한다.

(3) 통제 가능 원가와 통제 불가능 원가

원가관리가 원가절감을 목적으로 하는 원가계획과 이러한 계획의 달성을 목적으로 하는 원가통제로 나뉜다는 것은 앞서 언급하였다. 그러나 모든 원가가 통제 가능한 것은 아니다. 관리자가 비교적 단기간에 변화시킬 수 있는 원가를 **통제 가능 원가**라 하며, 식재료비, 인건비 등이 이에 속한다. 식재료비의 경우 1인 분량 감소, 식재료 대체 등을 통해 절감할 수 있으며, 인건비의 경우 종사자 수의 감소, 교육훈련을 통한 종사자의 노동생산성 증가 등을 통해 절감할 수 있다. 통제 가능 원가와는 달리 임차료, 감가상각비 등은 관리자가 단기간에 변화시키기 어려운데, 이러한 비용을 **통제 불가능 원가**라고 한다.

3) 원가의 구조

고객들이 단체급식소에 방문하여 식사를 하고 지불하는 음식값에는 음식을 만드는 데 들어간 식재료비, 음식을 생산하고 서비스를 제공하는 종사원들에게 지급되는 인건비, 급식소를 유지하는 데 필요한 경비 등 모든 비용에 더하여 이익이 포함되어 있다. 이러한 원가 구조를 그림으로 표현하면 그림 7-3과 같다.

- 직접원가 : 제품을 생산하는 데 직접적으로 쓰인 비용, 즉 **직접비**를 말하며 직접재료비, 직접인건비, 직접경비로 구성된다. 제조간접비가 포함되기 전의 원가로 가장 기초가 되는 원가라고 할 수 있다.
- 제조원가 : 직접원가에 제품을 제조할 때 간접적으로 쓰인 **간접비**를 더한 원가를 말한다. 제품을 생산하는 데까지 사용된 비용이기 때문에 생산원가라고도

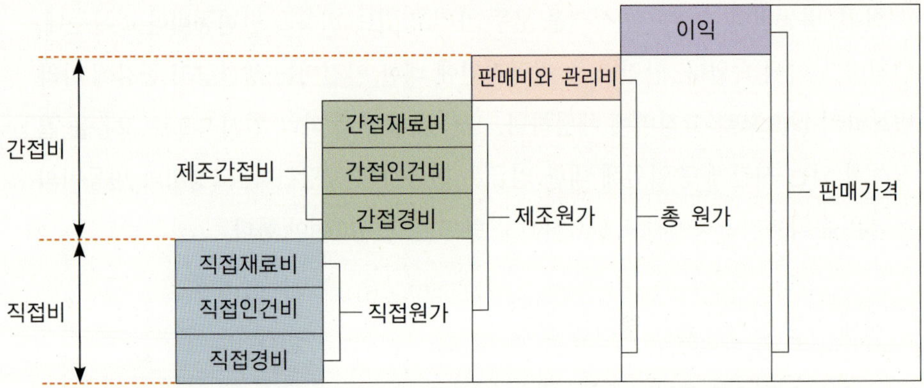

그림 7-3 원가의 구조

하며, 일반적으로 급식소에서는 제조원가를 **매출원가**라고 부른다.

- 총 원가 : 제조원가에 판매비와 관리비를 더한 원가를 말한다. 즉, 제품의 생산에서부터 판매에 이르기까지 사용된 모든 원가를 합한 것으로 **판매원가**라고도 한다. 이때 판매비는 제품 또는 서비스의 판매 및 마케팅활동에 사용된 비용으로 광고비, 판매촉진비 등이 있으며, 관리비는 기업의 유지와 관리를 위하여 발생한 기타 비용으로 임원의 급료 등이 있다.
- 판매가격 : 총 원가에 일정한 이익을 더한 것이 판매가격이 된다.

3. 원가의 계산 및 분석

원가절감을 위해서는 무엇보다 정확한 원가계산과 분석이 기초가 되어야 한다. 원가계산은 일정기간 동안 제품을 생산하기 위해 사용된 원가를 산출하는 절차를 말하며, 원가분석은 산출한 원가의 실태를 파악하고 이를 해석하는 것이다. 원가계산 및 분석은 손익계산서 작성, 가격 결정 등에도 필요하며, 예산편성의 기초자료로도 쓰인다. 원가는 몇몇 공식을 이용하여 쉽게 계산하고 분석할 수 있다.

1) 식재료비

(1) 식재료비 계산

급식소에서 식재료비는 전체 손익구조의 50~60%를 차지할 정도로 가장 비중이 큰 원가이다. 따라서 정확한 계산과 분석이 필수적이다. 식재료비는 재고조사를 통한 정보를 이용하거나, 표준 레시피를 이용하여 계산할 수 있다.

① 재고조사 정보 이용

재고조사를 통해 식재료비를 계산하는 방법으로 보통 월 단위로 계산한다. 우선, 월초의 식재료 재고액을 계산하고 여기에 그 달에 구입한 식재료비를 더한다. 그 총액에서 월말 식재료 재고액을 빼면 이것이 한 달 동안 사용한 식재료비가 된다. 메뉴별로는 식재료비를 산출할 수 없는 단점이 있다.

한 달 식재료비 = (월초 식재료 재고액 + 한 달간 구입 식재료비) − 월말 식재료 재고액

② 표준 레시피 이용

표준 레시피상의 1인 분량을 기준으로 식재료비를 계산하는 방법으로, 메뉴별로 식재료비를 산출할 수 있기 때문에 메뉴별 식재료비 통제가 수월한 장점이 있다. 오늘날에는 대부분의 급식운영관리가 전산화되어 있기 때문에 표준 레시피의 1인 분량과 식재료 단가정보가 연동되어 메뉴를 작성함과 동시에 식재료비 계산이 이루어져 편리하다.

(2) 식재료비 분석

식재료비 비율이란 전체 매출액 중 식재료비가 차지하는 비율로, 일정기간 동안의 총 매출액과 식재료비 총액을 알면 쉽게 계산할 수 있다. 메뉴품목별로도 식재료비 비율을 분석할 수 있는데, 각 품목의 메뉴가격 중 식재료비가 차지하는 비율을 계산하면 된다. 식재료비는 급식원가 중 가장 큰 비율을 차지하기 때문에 식재료비

비율이 일정한 범위를 벗어나지 않도록 통제하는 것이 매우 중요하다.

$$\text{식재료비 비율} = \frac{\text{식재료비}}{\text{총 매출액}} \times 100$$

$$\text{메뉴품목별 식재료비 비율} = \frac{\text{품목별 식재료비}}{\text{품목별 메뉴 가격}} \times 100$$

7-1

함께 풀어보기

월초 식재료 재고액이 1,000,000원, 해당 월에 구매한 식재료비가 9,000,000원, 월말 식재료 재고액이 700,000원이었고, 해당 월의 매출액이 20,000,000원일 때 식재료비 비율을 계산하시오.

2) 인건비

(1) 인건비 계산

인건비는 계산 목적에 따라 지급임금과 소비임금으로 구분할 수 있다. 지급임금이란 기업이 노동력을 구입한 대가로 지급하는 금액을 말하며, 소비임금이란 기업이 구입한 노동력 중에서 제품의 제조활동에 투입된 노동력에 지급하는 금액을 말한다. 따라서 제품의 제조원가를 계산할 때에는 소비임금을 산출한다. 소비임금은 다음의 공식을 이용하여 계산할 수 있다.

소비임금 = 특정 제품의 제조에 소요된 작업시간 수 × 소비임률

소비임률 = 원가계산기간의 임금 총액 ÷ 그 기간의 총 작업시간 수

(2) 인건비 분석

급식산업은 총 원가 중 인건비가 차지하는 비율이 비교적 높은 편이므로 총 매출액에 대한 인건비 비율을 분석하여 관리하여야 한다. 인건비 비율은 총 매출액에 대한 인건비의 비율로 계산한다.

$$\text{인건비 비율} = \frac{\text{인건비}}{\text{총 매출액}} \times 100$$

3) 경비

경비는 식재료비와 인건비를 제외한 모든 비용으로 수도광열비, 소모품비, 수선비 등이 이에 속한다. 경비는 그 성격에 따라 지급청구액이 있을 때마다 계산되는 **지급경비**여비교통비, 수선비 등, 월별로 분할해서 계산하는 **월할경비**감가상각비, 보험료 등, 그 달의 소비액을 측정계기로 산정하는 **측정경비**수도광열비 등로 나눌 수 있다. 이 중 지급경비와 측정경비는 급식관리자가 별도의 공식으로 산출하는 것이 아니나, 월할경비는 따로 산출하여 경비에 포함시키는데, 대표적인 것이 감가상각비이다.

감가상각비

장기간에 걸쳐 사용하는 시설이나 기기 등을 고정자산이라고 하는데, 고정자산을 구입하여 한꺼번에 비용으로 처리하게 되면 너무 많은 비용이 계상되어 많은 손실을 기록하게 된다. 따라서 고정자산은 사용이 가능한 연수내용연수에 걸쳐 일정한 계산방법에 따라 비용으로 처리하며 이것을 감가상각이라고 한다.

감가상각비를 계산하는 방법으로는 정액법과 정률법이 가장 많이 사용된다. **정액법**이란 고정자산의 구입가격을 내용연수 동안 동일하게 할당하는 방법이다. 따라서 매년 계상되는 감가상각비는 동일한 금액이 된다. 고정자산의 내용연수는 법인세법 시행령에 의해 정해져 있으며, 각 기업에서 자체적으로 정하기도 한다. **정률법**이란 고정자산의 구입가격에서 감가상각비 누계를 차감한 금액에 매년 일정한 비율상각률을 곱하여 상각액을 산출하는 방법이다. 따라서 내용연수가 경과함에 따라 상각액이 감소한다.

4. 원가계획 및 통제

원가관리는 원가절감을 목적으로 하는 **원가계획**과 이러한 계획의 달성을 목적으로 하는 **원가통제**로 이루어진다. 원가관리는 메뉴관리, 구매관리, 재고관리, 생산관리, 작업관리 등 급식경영관리의 여러 부분과 유기적인 관계를 가지고 있다. 원가를 통제하는 방법에는 여러 가지가 있지만, 그 시작점은 계획에 있다. 다시 말해, 예산의 작성은 원가 통제의 시작이라고 할 수 있다. 급식관리자는 음식의 생산에 소요되는 식재료비, 인건비, 경비를 파악하여 원가관리계획을 세우고 원가의 통제를 통해 효율적인 원가관리를 수행하여야 한다.

1) 원가의 계획

효율적인 원가관리를 위해서는 모든 원가가 전체 매출액에 대한 비율로 관리되어야 한다. 따라서 원가를 계획할 때에는 매출액에 대한 표준 원가율을 설정하여야 하며, 표준 원가율에 따라서 식재료의 양, 질, 가격을 사전에 계획하고 인력을 효율적으로 구성해야 하며, 경비절감을 위한 시설 · 설비 및 작업관리를 계획해야 한다.

각각의 원가를 적정비율로 계획하기 위해서는 표준 원가율의 기준이 되는 매출을 알아야 한다. 매출액은 식단가, 일별 식수, 운영일수를 고려하여 다음과 같이 추정한다.

추정 매출액 = 식단가 × 일별 식수 × 운영일수

매출액을 추정하고 나면 추정 매출액을 기준으로 하여 표준 원가율을 결정하는

7-2

함께 풀어보기

1. 주 5일 운영하며(월 25일), 중식과 석식을 제공하는 A 급식소의 1일 평균식수가 다음과 같을 때 한 달 추정 매출액을 계산하시오.

구분	식수	식단가(원)
중식	500	4,500
석식	300	4,500

2. 이 급식소의 표준 원가율을 식재료비 비율 55%, 인건비 비율 30%, 경비 비율 10%로 설정하였을 때, 각각의 원가가 얼마인지 계산하시오.

데, 이때에는 전년도 손익계산서 등 과거의 매출자료 및 항목별 비용을 감안하며 설정한다.

2) 원가의 통제

(1) 식재료비 통제

급식소에서는 식재료비가 급식예산에서 가장 높은 비율을 차지한다. 식재료비에서의 5% 절감은 인건비, 경비의 절감보다 실제 예산에서 절감되는 효과가 매우 크게 나타나므로, 식재료비의 비율은 계획한 일정한 범위를 벗어나지 않도록 통제되어야 한다. 식재료비의 통제를 위해서는 메뉴계획에서부터 식수예측, 식품의 구매, 저장, 조리 및 배식에 대한 합리적인 방법을 찾아서 관리해야 한다. 주요 내용을 살펴보면 다음과 같다.

① 식수예측

식수오차를 줄여 잔식을 감소시키면 재료 낭비를 최소화할 수 있다. 이를 위해서는 식수에 영향을 미치는 다양한 변수를 확인하여 식수를 정확히 예측할 수 있어야 한다제3장 급식 구매관리 참조.

② 레시피 관리

일반적으로 위탁급식전문업체는 모든 업장에 동일하게 적용할 수 있는 표준 레시피를 구축하여 제공하고 있지만, 이를 그대로 활용하기보다는 각 급식소 고객의 기호도나 잔반을 고려하여 레시피의 식재료 양을 조절하는 등 지점 레시피로컬 레시피를 구축하는 것도 식재료비 통제의 한 방법이다. 이를 통해, 잔반과 잔식 감소, 적량 발주 및 조리가 가능해져 식재료비를 절감할 수 있다. 그 밖에도 식재료를 대체하여 식재료비를 절감할 수 있다제4장 급식 생산관리 참조.

③ 구매관리

식재료비 비율을 적정수준으로 유지하기 위해서는 재료비 변동을 고려한 전략적인 구매가 필요하다. 따라서 시장의 식재료비 변화에 관심을 갖고 현황을 파악하고 있어야 하며, 단가 변화를 예측하여 이를 메뉴계획에 반영하고 구매를 진행하여야 한다제3장 급식 구매관리 참조.

④ 재고관리

재료에 적합한 보관방법을 통해 식재료의 폐기를 방지하고, 보관 가능기간을 고려하여 적시에 식재료를 활용할 수 있도록 해야 한다제3장 급식 구매관리 참조.

7-3

함께 풀어보기

A 급식소에서는 평소 고객들의 떡갈비 케첩조림의 잔반량을 고려하여 다음과 같이 표준 레시피의 일부 재료의 양을 조절하고, 식재료의 일부를 대체하는 형태로 지점 레시피를 만들었다. 이 급식소의 1일 중식 식수가 500식일 경우 지점 레시피를 사용하면 재료비를 얼마나 절감할 수 있는지 계산하시오.

재료명	필요량	원가
떡갈비	80	443
양파	20	40
당근	15	22
카놀라유	5	14
케첩소스	25	58

→

재료명	필요량	원가
떡갈비	70	388
양파	20	40
당근	15	22
대두유	5	10
케첩소스	25	58

⑤ 생산관리

분산 조리를 통해 조리의 양을 조절하면 식재료 낭비를 최소화할 수 있다. 또한 조리 시 실수나 계량 실패로 인한 식재료 낭비가 없도록 관리해야 한다제4장 급식 생산관리 참조.

⑥ 배식관리

잔식은 조리된 이후 제공되지 않고 남아 배식 후 폐기되는 부분으로 식재료비의 손실과 음식물 처리비용 상승에도 영향을 미친다. 따라서 잔식량을 최소화하는 것은 식재료비 통제에 있어 반드시 필요하다. 이를 위해서는 정해진 1인 분량을 정확히 배식할 수 있도록 관리하여야 한다제4장 급식 생산관리 참조.

사례 들여다보기

잔식량 분석에 의한 원가관리 사례

잔식량 감소를 통한 효율적인 식재료비 사용으로 원가를 절감한 A 병원 직원식당 사례를 살펴보자. A 병원 직원식당의 잔식량 발생의 주요 요인은 예상 식수의 오차, 전량 조리방식 등으로 분석되었다. 이에 따른 개선 대책을 수립한 결과, 식수오차에 대한 문제에서는 식수를 기록 관리하는 시스템을 개발하였고 이를 토대로 예상식수를 결정하였다. 전량 조리문제에서는 시간별 식수에 따라 조리 스케줄을 조정하였다. 이러한 개선 결과 일별 잔식량 평균은 개선 전 27.8kg에서 개선 후 7.22kg으로 74% 감소하였으며, 절감된 비용은 월 평균 약 70만 원으로 추정되었다.

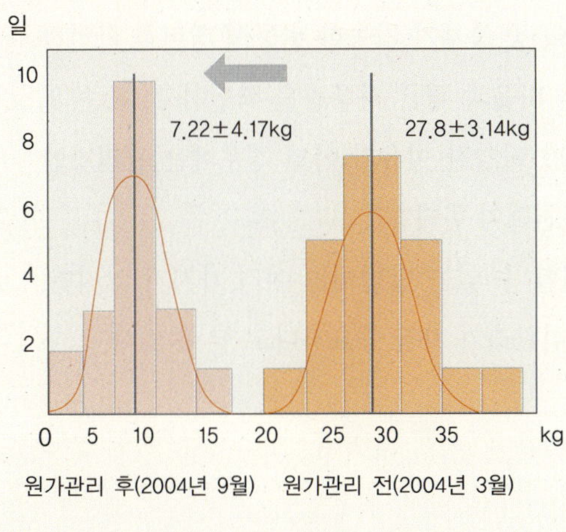

자료 : 이승림(2007).

(2) 인건비 통제

급식소에서 인건비는 전체 매출액의 30% 정도를 차지하며, 식재료비 다음으로 비율이 높다. 인건비는 효율적인 인력 구성, 적재적소의 인력 배치를 통해 통제가 가능하며 식재료비와 마찬가지로 매출액 대비 목표한 비율이 유지될 수 있도록 통제하여야 한다. 인건비는 관리에 의한 절감효과가 큰 항목으로 다음과 같은 사항을 고려한다.

① 효율적인 인력 구성

운영에 필요한 최소 인원으로 구성하고, 시간대별 인력 필요량식수, 끼니, 메뉴 수, 배식시간 등을 고려하여 인원을 구성한다제4장 급식 생산관리 참조.

② 적재적소의 인력 배치

인건비의 절감을 위해서는 필요업무와 업무수행능력을 고려한 인력 배치가 필요하다. 또한 일별, 끼니별 예상 식수를 고려하여 유동적으로 계획하며, 인력별로 시간대별 작업일정표를 계획하며 관리할 필요가 있다. 이를 위해서는 조직도를 이용하여 일일, 주간 등의 단위로 누가 어떤 작업을 수행하는지를 정확히 계획해야 한다제4장 급식 생산관리 참조.

(3) 경비 통제

급식소에서 경비는 전체 매출액의 10% 안팎을 차지한다. 경비는 고정비 성격과 변동비 성격의 항목으로 분류할 수 있는데, 이 중 통제가 가능한 변동성 경비를 확인하여 해당 경비의 비율과 평균 사용량을 확인하고, 표준 원가율과의 차이가 타당한 이유가 아닐 경우에는 관리방안을 수립하여 실천해야 한다그림 7-4.

경비를 통제할 수 있는 방법에는 여러 가지가 있지만, 시설관리와 작업관리가 가장 중요하다고 할 수 있다.

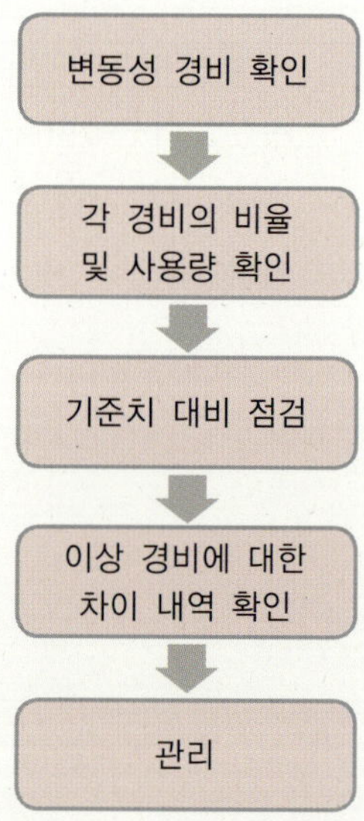

그림 7-4 경비 통제 절차

① 시설관리

시설의 노후로 인한 효율성 저하는 수도광열비의 낭비를, 시설의 고장이나 파손은 수선비 낭비를 초래하므로 주요 설비의 수시 점검 및 관리를 통해 경비를 절감할 수 있다제5장 급식 시설관리 참조.

② 작업관리

작업관리를 통해 불필요한 시설·설비의 운영을 방지하여지나친 예열, 공회전, 수돗물 낭비 등 수도광열비 등을 절감할 수 있다. 그 밖에 세제 절약 등 소모품비의 절약을 통해서도 경비를 절감할 수 있다제5장 급식 시설관리 참조.

5. 손익계산서와 재무상태표

일정기간보통 사업연도 동안의 기업의 경영성적을 나타내주는 일련의 회계보고서를 **재무제표**financial statement라고 한다. 재무제표는 기업의 재무상태자산, 부채, 자본의 상태나 경영성과이익 또는 손실, 현금의 변동상황 등과 같은 재무적 정보를 제공하기 위한 목적으로 작성된다. 재무제표에는 재무상태표, 손익계산서, 현금흐름표, 자본변동표 등이 있는데, 본 교재에서는 급식관리자가 알아야 할 재무제표로 손익계산서와 재무상태표를 살펴보고자 한다.

1) 손익계산서

손익계산서income statement는 일정기간 동안의 기업의 영업활동 성과를 보여 주는 일종의 성적표이다. 단체급식소의 손익계산서는 일정기간 동안 메뉴를 얼마나 판매했고수익, 음식의 생산과 판매를 위해 얼마나 썼으며비용, 결과적으로 얼마를 남겼는가이익 또는 얼마를 손해보았는가손실를 보여 준다. 급식관리자는 적절한 형태로 작성된 손익계산서를 통해 다음과 같은 유용한 정보를 얻을 수 있다.

- 회계기간 동안의 급식소의 경영 성과
- 비용의 효율적인 관리 여부
- 급식소의 계속적인 성장 여부
- 급식소의 향후 수익 창출능력

손익계산서의 기본 구조는 그림 7-5와 같다.

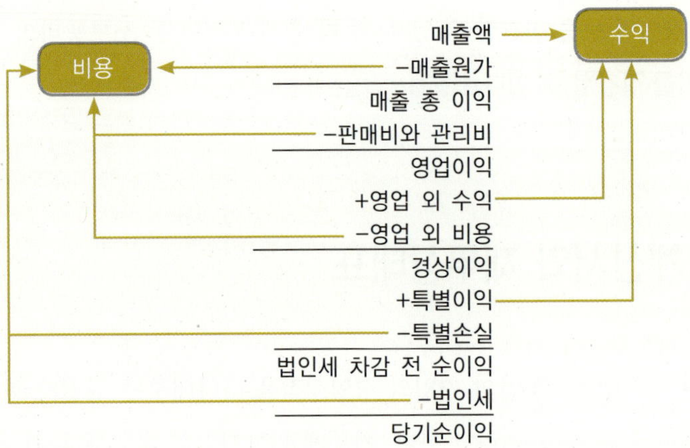

그림 7-5 손익계산서의 기본 구조

손익계산서를 이해하기 위해 알아두어야 할 기본적인 회계용어를 간단히 살펴보면 다음과 같다.

- 수익 : 매출액, 영업 외 수익, 특별이익이 수익항목에 포함된다. 매출액은 제품이나 서비스를 판매하여 획득한 금액이며, 영업 외 수익과 특별이익은 영업활동과 무관하게 발생한 이익금으로 영업 외 수익에는 이자수익, 임대료 수입, 유형자산 처분이익 등이 있으며, 특별이익에는 보험 차익 등이 있다. 급식소에서는 영업 외 수익이나 특별이익이 거의 없으므로 일반적으로 매출액만을 수익의 기준으로 한다.
- 비용 : 비용이란 수익을 얻기 위해서 지출한 금액을 말하며, 매출원가, 판매비와 일반관리비, 영업 외 비용, 특별손실, 법인세 등이 포함된다. 매출원가는 식재료비, 인건비, 경비를 합한 것이다. 판매비와 일반관리비는 마케팅활동에 소

요된 판매비와 관리활동에 소요된 일반관리비를 합한 금액으로, 통상적으로 영업비용이라고도 한다. 영업 외 비용에는 지급이자, 매출할인 등이 포함되며, 특별손실에는 자산 처분 손실, 재해손실 등이 포함된다. 세금에는 개인이 내는 사업소득세와 법인이 내는 법인세가 있다. 급식소에서는 손익계산서를 작성할 때 매출원가만을 포함시키는 경우가 많다.

- 순이익 : 순이익은 일정기간 동안에 발생한 모든 수익에서 비용의 합계를 뺀 것을 말한다. 수익이 비용보다 클 때에는 순이익이 생기지만, 수익보다 비용이 더 많은 경우에는 이익이라고 하지 않고 손실이라고 한다.

수익 > 비용	수익 < 비용
총 수익 − 총 비용 = 순이익	총 비용 − 총 수익 = 순손실

급식소에서는 일반적으로 수익의 측면에서 영업 외 수익, 특별이익이 발생하지 않고, 비용의 측면에서는 판매비 및 일반관리비, 영업 외 비용, 특별손실이 발생하지 않기 때문에 매출, 매출원가, 이익경상이익만을 간략히 보고하는 경우가 많다그림 7-6, 표 7-3. 이때 매출을 통해 매출 증가 여부를 파악할 수 있으며, 매출원가항목을 통해 비용을 얼마나 효율적으로 관리했는지 파악할 수 있다. 손익계산서를 작성할 때에는 원가관리를 위해 지출항목별로 분류하여 기록하고, 매출액 대비 비율을 함께 제시하는 것이 좋다. 그림 7-7은 급식소 손익계산서의 예이다.

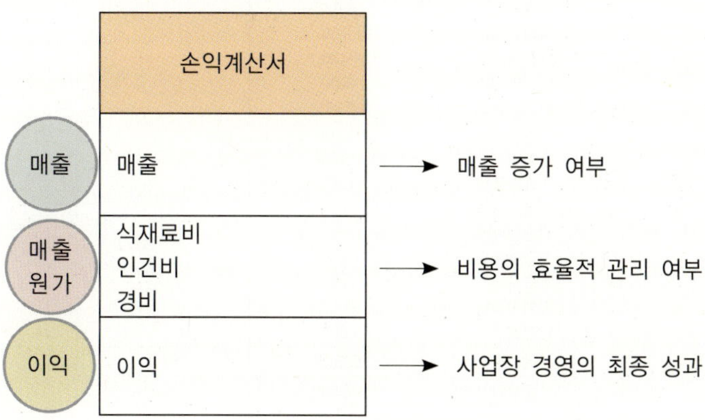

그림 7-6 급식소의 일반적인 손익계산서 구조

표 7-3 급식소 손익계산서 항목

구분	개념	해당 항목
매출액	부가세를 제외한 순 매출액	
매출원가	매출 및 사업장운영 등에 소요된 제 원가	
재료비	메뉴 조리에 소요되는 원 · 부재료	
인건비	정직원 및 파견직 인원에 대한 인건비	급여, 퇴직충당금, 4대보험, 조리원 인건비, 파출 인건비
경비	재료비와 인건비 이외 사업장 운영에 필요한 경비	• 복리후생비, 여비교통비, 보험료, 도서인쇄비, 광고선전비, 교육훈련비 • 통신비, 수도광열비, 세금과공과, 지급임차료, 지급수수료 • 소모품 • 감가상각비, 수선비
이익	점포의 특정기간 동안의 영업활동 결과	

손익계산서

2015. 1. 1~2015. 12. 31

ㅇㅇ급식소 (단위 : 천 원)

항목	금액(천 원)	매출액 대비 비율(%)
매출액	554,756	
재료비	312,169	56.3
인건비	165,506	29.8
급여	19,200	
퇴직충당금	7,106	
4대 보험	24,000	
조리원인건비	96,000	
파출인건비	19,200	
경비	60,576	10.9
복리후생비	6,040	
여비교통비	705	
보험료	420	
도서인쇄비	600	
광고선전비	1,205	
교육훈련비	1,200	
통신비	928	
수도광열비	7,022	
세금과공과	13,205	
지급임차료	50	
지급수수료	1,020	
소모품비	2,305	
감가상각비	25,053	
수선비	823	
총 원가	538,251	97.0
경상이익	16,505	3.0

그림 7-7 급식소 손익계산서의 예

2) 재무상태표

재무상태표balance sheet는 특정 시점의 기업의 재무상태를 나타내는 표로, 기업이 자금을 어디에서 얼마만큼 조달하여 조달한 자금을 어떠한 자산에 얼마만큼 투자하였는지를 보여 주는 보고서이다. 다시 말해, 기업이 보유하고 있는 자산이 어느 정도인지총 자산의 규모, 그리고 유형별로 어떤 자산을 보유하고 있는지, 보유하고 있는 자산은 필요할 때 현금으로 쉽게 바꿀 수 있는지, 자산을 취득하기 위해 돈을 얼마나 빌렸는지부채의 규모, 주주들이 투자를 얼마나 했는지자본금의 규모, 그 동안 이익은 얼마나 발생해서 어떻게 보유하고 있는지 등을 보여 준다.

재무상태표는 **자산**, **부채**, **자본**의 세 항목으로 기록하며, 자산은 왼쪽란차변에, 부채와 자본은 오른쪽란대변에 표시한다. 이때 자산의 합과 부채, 자본의 합은 같아야 한다.

재무상태표를 이해하기 위해 알아두어야 하는 기본적인 회계용어를 간단히 설명하면 다음과 같다.

- 자산 : 자산은 기업이 보유하고 있는 재산을 말한다. 자산은 현금화가 가능한지 여부에 따라 단기간1년 내에 현금화가 가능한 유동자산과 가능하지 않은 고정자산으로 구분한다. 현금, 외상매출, 재고 등은 유동자산에 속하며, 토지, 건물, 기구 등은 고정자산에 속한다.

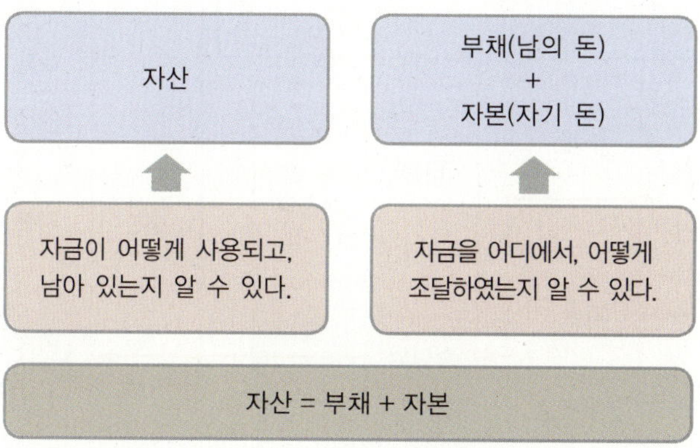

그림 7-8 재무상태표

• 부채 : 부채는 타인에게 지급해야 할 빚을 말한다. 기업이 경영활동을 위한 자산을 취득하기 위해서는 자금이 필요한데, 이때 자금을 조달하는 방법으로는 크게 빚을 내는 방법부채과 주주들에게 투자를 받는 방법자본이 있다. 부채는 자산과 마찬가지로 단기간1년에 상환해야 하는 유동부채와 그렇지 않은 고정부채로 구분한다. 유동부채에는 미지급 급여, 외상매입금, 미지급이자 등이 있으며, 고정부채에는 사채, 장기차입금 등이 있다.

• 자본 : 자본이란 사업을 시작할 때 또는 사업 중에 사업주 또는 주주가 투자한 자금돈과 기업의 경영활동결과로 투자한 금액보다 늘어난 돈이익을 의미한다. 자본은 자산에서 부채를 차감한 나머지로, 순재산 또는 자기자본이라고도 한다.

3) 재무상태표와 손익계산서의 관계

앞서 살펴본 재무상태표와 손익계산서의 관계를 살펴보면 그림 7-9와 같다. 즉, 전기 자산을 활용한 경영활동의 결과 당기순이익이 발생하게 되면 당기 재무상태표 상의 자본이 증가하게 되고, 결과적으로 자산이 증가한다. 반대로 경영활동의 결과 순손실이 발생할 경우에는, 자산이 감소하는 결과로 나타난다.

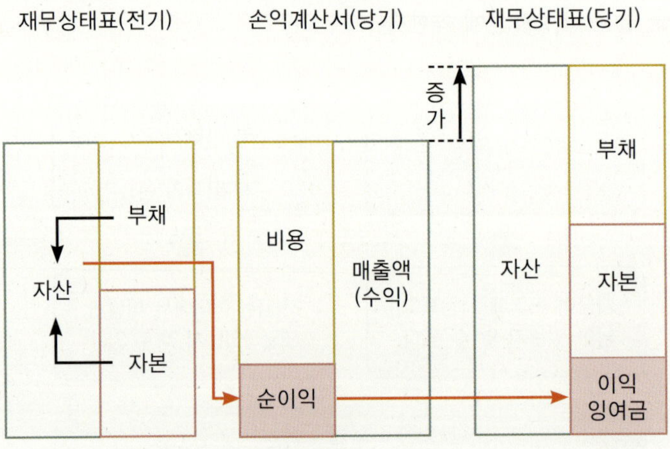

그림 7-9 재무상태표와 손익계산서의 관계

6. 손익분기

기업의 경영 목표는 최대의 이익을 창출하는 것이다. 그러나 '영리를 목적으로 하지 않는다'는 급식의 정의를 생각해보면, 직영급식소의 경우 순이익이나 순손실 없이 경영하는 것이 목표가 될 것이며, 위탁급식소의 경우 적정 이윤을 창출하는 것이 목표가 될 것이다. 앞서 살펴보았듯이 이익은 매출액과 총 비용의 차이로 결정된다. 매출액이 총 비용보다 많을 때에는 이익이 발생하며, 총 비용이 매출액보다 많을 때에는 손실이 생긴다. 따라서 매출액과 총 비용이 일치할 때에는 이익도 손실도 발생하지 않는데, 이 시점을 **손익분기점**BEP : Break-Even Point이라고 한다. 다시 말해, 손익분기점이란 이익이 제로0가 되는 시점의 매출액이나 매출량을 의미하는 것으로 적어도 손익분기점 이상의 매출을 올려야 적자를 면할 수 있다. 이처럼 손익분기분석은 적자를 면하기 위해서는 얼마만큼의 매출을 달성해야 하는지와 같은 운영 목표 수립에 매우 유용하다.

손익분기점을 분석하기 위해서는 비용항목을 고정비임차료, 정규직원 인건비 등와 변동비식재료비, 파트타이머 인건비, 수도광열비 등로 구분할 수 있어야 한다. 또한 공헌마진에 대한 개념을 정확히 이해하고 있어야 한다.

1) 공헌마진

총 매출액에서 총 변동비를 뺀 값을 총 **공헌마진**contribution margin이라고 한다그림 7-10. 공헌마진이 고정비보다 많을 경우에는 고정비를 모두 회수하고도 이익이 남기 때문에 이익 창출에 공헌한다는 의미에서 공헌마진이라고 불린다. 그러나 공헌마진이 고정비보다 적을 경우에는 고정비의 회수가 불가능해져 손실이 발생한다. 단위당 공헌마진은 단위당 판매가격에서 단위당 변동비를 차감한 금액으로 제품 1단위의 판매가 고정비를 회수하고 이익을 창출하는 데 얼마나 공헌하는가를 나타내는 개념이다. 총 공헌마진은 단위당 공헌마진에 총 판매량을 곱하거나, 총 매출액에 공헌마진 비율을 곱해서도 구할 수 있다. 공헌마진의 개념은 앞서 제2장 급식 메

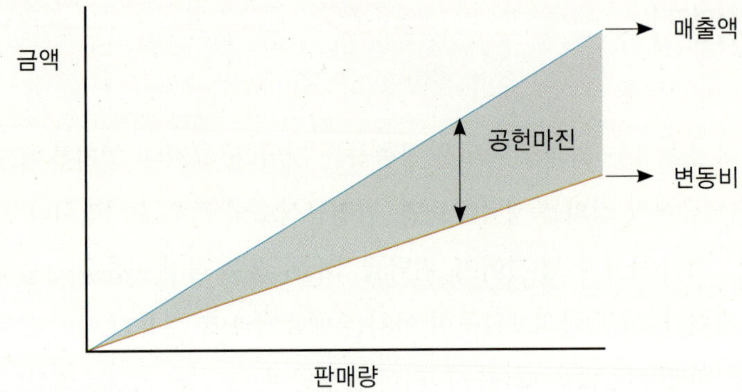

그림 7-10 공헌마진

뉴관리에서 다룬 메뉴 엔지니어링 분석에서도 사용되므로 반드시 알아두도록 한다.

총 공헌마진 = 총 매출액 − 총 변동비
= 단위당 공헌마진 × 매출량
= 총 매출액 × 공헌마진 비율

공헌마진 비율 = 1 − 변동비율

* 공헌마진 비율과 변동비율은 총 매출액을 1로 보았을 때 매출액에 대한 공헌마진과 변동비의 비율을 의미한다. 0~1 사이의 값으로 나타낸다.

7-4

함께 풀어보기

A 급식소에서 판매하는 메뉴의 가격, 변동비, 고정비, 1달 평균 판매량이 다음과 같을 때 1달간의 총 공헌마진과 단위당 공헌마진, 공헌마진 비율, 변동비율을 구하시오.

- 메뉴 가격 : 6,000원
- 단위당 변동비 : 3,000원
- 단위당 고정비 : 1,500원
- 1달 평균 : 5,000식 판매

7-5

함께 풀어보기

A 급식소의 메뉴 판매가, 식재료비, 판매식수가 다음과 같을 때 메뉴별 공헌마진과 총 공헌마진을 구하시오(이때 변동비에는 식재료비만 포함하는 것으로 한다).

메뉴	판매가(원)	식재료비(원)	판매식수(개)
한식세트	4,000	2,000	550
양식세트	4,500	2,800	400

2) 손익분기점 분석

앞서 설명한 것과 같이 손익분기점에서는 이익이 제로0가 되므로 매출액과 총 비용이 일치하게 된다. 여기서 총 비용은 고정비와 변동비를 합한 값이므로, 매출액에서 변동비를 뺀 금액, 즉 총 공헌마진이 고정비와 같아지는 시점이 바로 손익분기점이다. 그림 7-11을 통해서도 손익분기점에서는 공헌마진이 고정비와 일치하는 것을 확인할 수 있다.

매출액 = 총 비용 + 이익

↓ 이익 = 0

손익분기점 매출액 = 총 비용

손익분기점 매출액 = 고정비 + 변동비

손익분기점 매출액 − 변동비 = 고정비

총 공헌마진 = 고정비

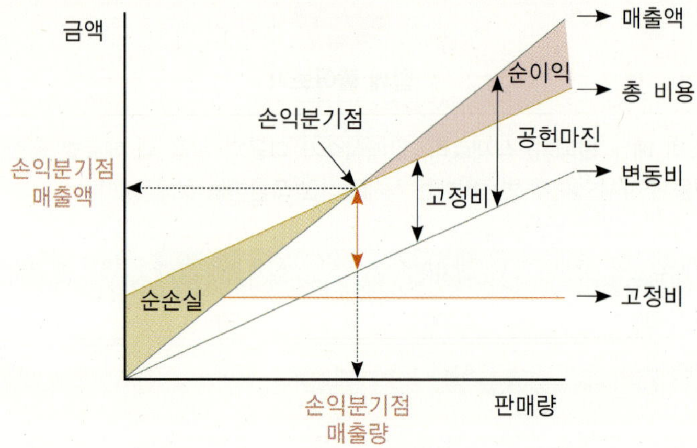

그림 7-11 손익분기점

(1) 손익분기점 매출량

손익분기점의 매출량판매개수은 다음과 같은 공식으로 구할 수 있다. 총 공헌마진은 단위당 공헌마진과 매출량을 곱한 값이므로 손익분기점의 매출량은 고정비를 단위당 공헌마진으로 나눈 값과 같아진다.

총 공헌마진 = 고정비

↓

단위당 공헌마진 × 매출량 = 고정비

$$\textbf{손익분기점 매출량(판매개수)} = \frac{\text{고정비}}{\text{단위당 공헌마진}}$$

(2) 손익분기점 매출액

손익분기점의 매출액은 다음과 같은 공식으로 구할 수 있다. 총 공헌마진은 매출액에 공헌마진 비율을 곱한 값이므로 손익분기점의 매출액은 고정비를 공헌마진 비율로 나눈 값과 같아진다. 이때 공헌마진 비율은 '1−변동 비율'과도 같다.

손익분기점의 매출액은 손익분기점의 매출량에 단위당 판매가격을 곱하여도 구할 수 있다.

$$\text{총 공헌마진} = \text{고정비}$$

$$\downarrow$$

$$\text{매출액} \times \text{공헌마진 비율} = \text{고정비}$$

$$\textbf{손익분기점 매출액} = \frac{\text{고정비}}{\text{공헌마진 비율}}$$

$$= \frac{\text{고정비}}{(1-\text{변동비율})}$$

$$\textbf{손익분기점 매출액} = \text{손익분기점 매출량} \times \text{단위당 판매가격}$$

7-6

함께 풀어보기

1. 단위당 공헌마진이 2,000원, 연간 총 고정비가 40,000,000원인 급식소의 손익분기점 매출량을 구하시오.

2. 단위당 판매가격이 6,000원, 단위당 변동비가 4,000원, 연간 총 고정비가 44,000,000원인 급식소의 손익분기점 매출량과 매출액을 구하시오.

3. 변동비가 매출의 50%, 연간 고정비가 40,000,000원인 급식소의 손익분기점 매출액을 구하시오.

7. 급식 정보관리

급식소가 효율적으로 음식을 생산, 판매하고 이에 관련한 경영활동을 하기 위해서는 여러 가지 정보를 기록, 분류, 정리하고 정보의 내용을 계산하거나 정보끼리 연결시키는 등 각종 사무관리가 필수적이다. 사무관리란 경영활동에 필요한 의사결정을 위해 여러 정보를 수집하여 분류, 기록하고 정리, 처리하는 일련의 업무를 말한다. 최근에는 컴퓨터에 의한 정보의 처리가 가능해지고 정보과학이 발달하면서 정보관리라는 표현으로 확대되어 사용하고 있다. 급식소에서의 사무관리도 전산화 등을 통해 정보관리로 확장되었다. 급식관리자는 체계적인 정보관리를 통해 수집하고 분석한 정보를 차기 경영계획자료로 활용할 수 있는 능력을 갖추어야 된다.

1) 급식 사무관리의 전산화

급식소의 업무는 매우 다양한 세부업무로 구성되어 있는데다 정보의 기록이 수시로 이루어지기 때문에 사무자동화office automation의 필요성이 매우 크다. 사무자동화란 전산 프로그램을 이용하여 사무관리에서 이루어지는 모든 정보의 기록과 분류, 계산 등을 자동화하는 것을 말하는데, 오늘날에는 대부분의 급식소에서 컴퓨터와 사무자동화기기를 도입해 활용하고 있다. 사무자동화에 따라 대량의 자료를 신속하게 처리할 수 있으므로 효율적인 급식운영이 가능하다.

급식 사무관리는 단순한 문서처리기능에서 정보처리기능으로 확대되고 있다. 이러한 필요에 따라 발전한 것이 급식경영정보시스템foodservice information system이다. 급식경영정보시스템이란 급식운영 전반에 관련된 정보의 기록, 보관, 검색, 처리 및 분석을 통해 급식관리자가 의사결정을 할 때 필요한 정보를 즉각적으로 제공할 수

사례 들여다보기

학교급식 전산시스템

학교급식의 정보관리는 NEIS 급식시스템으로 운영되고 있다. NEIS(National Education Information System, 교육행정정보시스템)는 전국 1만 여개 초 · 중 · 고 · 특수학교와 교육지원청, 시 · 도교육청 및 교육부가 모든 교육행정정보를 전자적으로 연계 처리하는 시스템으로 학교급식운영 역시 NEIS 중에 구축되어 있는 급식전산시스템을 활용한다. NEIS 급식시스템은 학교급식업무를 표준화, 정보화하고 학교 내의 급식 관련 부서 및 교육청과 온라인 정보유통이 가능하도록 함으로써 업무의 효율성을 향상시키는 데 목적이 있다. 또한 시스템 내에 각종 자료가 데이터베이스화되기 때문에 급식관리자가 바뀌더라도 기존의 자료를 활용할 수 있다.

있도록 만들어진 시스템을 말한다.

급식소는 종류나 규모에 관계없이 적어도 사무관리업무는 반드시 전산화해야 한다. 과학기술을 이용하지 않고 경쟁이 치열한 급식시장에서 성공한다는 것은 매우 어려운 일이다. 사무관리의 전산화는 효율적인 급식운영을 통해 경쟁력을 향상시키며 이윤을 증대시키고 비용을 감소하는 데에도 기여하므로 급식 원가관리의 기본이기도 하다.

2) 장표

급식 정보관리의 시작은 급식운영과 관련된 모든 문서를 기록하고 보관하는 것에서 시작한다고 할 수 있다. 식단의 작성에서부터 원가관리에 이르기까지 급식소 정보관리의 전 과정에서 문서가 활용되는데, 정보관리에 사용되는 각종 문서를 **장표**라고 한다. 장표는 급식운영 전 과정에서 급식업무의 계획, 실행, 통제를 위한 경영도구로 이용된다.

급식소에서 사용되는 장표의 종류나 양식, 기입방법 등은 각 급식소의 유형이나 규모에 따라 다양하다. 최근에는 대부분 전산 프로그램을 이용하여 장표를 관리한다. 급식 전산 프로그램에는 각종 장표 양식이 저장되어 있어 직접 기록하고 저장할 수 있으며, 필요시에는 출력해서 사용할 수 있다. 또한 급식 전산 프로그램에는 특정 장표에 기록한 정보가 다른 장표로 연동되어 자동 처리되는 기능이 있으므로 업무의 효율성과 정확성을 높일 수 있다.

급식소에서 사용하는 장표는 기본적 특성에 따라 **장부**books와 **전표**slips로 분류할 수 있다. 장부란 기록이 계속적, 반복적으로 기입되는 문서로 기록이 지속적으로 쌓이기 때문에 일종의 묶음 형태가 된다. 전표란 의사전달이 필요할 때마다 새롭게 작성되어 업무 흐름에 따라 전달되는 문서로 일종의 쪽지라고 생각할 수 있다.

급식관리업무에 따라 지속적으로 기록하고 유지해야 할 장표를 정리하면 표 7-4와 같다. 급식소 사무관리에서 장표는 급식관리업무에 따라 메뉴관리, 구매관리, 생산관리, 시설관리, 위생 및 안전관리, 원가관리 등으로 분류하여 기록·유지하는 것이 바람직하다.

표 7-4 급식관리업무에 따른 주요 장표의 종류

급식관리업무	장표의 종류	본 교재 수록 페이지
급식 메뉴관리	메뉴표 메뉴 기호도 조사표 만족도 조사표	49 53 54
급식 구매관리	입찰서 견적의뢰서 물품구매명세서 구매요구서 구매발주서 식재료반품확인서 검수일지 거래명세서 실사재고조사지, 영구재고조사지	67 68 93 94 97 101 102 104 108
급식 생산관리	검식일지 보존식기록표 워크샘플링 시트지	135 138 163
급식 시설관리	기기대장	297
급식 위생 및 안전관리	급식실 안전 · 보건점검표	228
급식 정보관리	손익계산서	250

더 알아보기

식권

공장급식이나 학교급식 등과 같이 구성원 전체에게 일괄적으로 급식을 제공하는 급식소에서는 식권이 별도로 필요하지 않다. 하지만 오피스급식이나 대학급식 등과 같이 고객들이 선택적으로 급식을 받는 경우에는 정확한 식수 계산을 위해 반드시 식권이 필요하다. 식권의 종류는 다음과 같으며, 급식소상황에 맞는 적절한 형태를 선택하여야 한다.

- 회수권식 식권 : 대학 기숙사 급식소에서 많이 활용하는 방식으로 특정 기간 동안(1개월, 6개월 등) 사용할 수 있는 식권을 고객에게 발급하고 고객이 급식을 제공받을 때마다 식권을 제출하는 방식이다. 일반적으로 종이식권을 많이 활용한다.
- 일회용 식권 : 주로 일회성으로 이용하는 외부 고객을 위한 식권으로 식권판매대에서 현금을 주고 원하는 메뉴에 해당하는 식권을 구입하는 방식이다. 종이식권이나 전자카드식 식권을 활용하며, 식권 자동판매기를 이용하면 판매원의 인건비를 절약할 수 있다.

- 충전식 전자식권과 후불식 전자식권 : 충전식 전자식권은 선불 결제로 충전하여 사용하는 형태이며, 후불식 전자식권은 후불 결제로 사용하는 형태이다. 오피스급식에서 직원용으로 많이 활용한다. 이러한 형태의 전자식권은 사원증, 신분증, 학생증 같은 ID카드에 통합하여 사용하는 곳이 많다.
- 모바일 식권 : 스마트폰을 터치하는 것으로 식사 값을 지급할 수 있는 형태의 식권으로 최근 오피스급식을 중심으로 주목받고 있다. 기업에서 주변 음식점과 협의해 모바일식권을 발행하고 종사원들이 모바일식권의 사용이 가능한 음식점에서 활용하는 형태이다. 종이식권 발행, 장부 정산 및 관리 등에 드는 비용이 줄어드는 효과가 있으며, 사용내역을 실시간으로 확인할 수 있는 장점이 있다.

함께 풀어보기 정답

7-1 풀어보기

한 달 식재료비 = (1,000,000원 + 9,000,000원) − 700,000원 = 9,300,000원
식재료비 비율 = (9,300,000/20,000,000) × 100 = 46.5%

7-2 풀어보기

- (500식 × 4,500원+300식 × 4,500원) × 25일 = 90,000,000원
- 식재료비 = 90,000,000원 × 0.55 = 49,500,000원
  인건비 = 90,000,000원 × 0.3 = 27,000,000원
  경비 = 90,000,000원 × 0.1 = 9,000,000원

7-3 풀어보기

1식당 총 59원 절감 × 500식 = 29,500원 절감

7-4 풀어보기

총 공헌마진 = 총 매출액 − 총 변동비 = 6,000원 × 5,000식 − 3,000원 × 5,000식 = 15,000,000원
단위당 공헌마진 = 6,000원 − 3,000원 = 3,000원
공헌마진 비율 = 1 − 0.5 = 0.5
변동비율 = 변동비/매출액 = 15,000,000/30,000,000 = 0.5
또는 변동비율 = 1 − 공헌마진 비율 = 1 − 0.5 = 0.5

7-5 풀어보기

한식세트 공헌마진 = 4,000원 − 2,000원 = 2,000원
양식세트 공헌마진 = 4,500원 − 2,800원 = 1,700원
총 공헌마진 = 2,000원 × 550개 + 1,700원 × 400개 = 1,780,000원

7-6 풀어보기

1. 2,000원 × 손익분기점 매출량 = 40,000,000원
   손인분기점 매출량 = 40,000,000원/2,000원 = 20,000개
2. (6,000원 − 4,000원) × 손익분기점 매출량 = 44,000,000원
   손익분기점 매출량 = 44,000,000원/2,000원 = 22,000개
   손익분기점 매출액 = 22,000개 × 6,000원 = 132,000,000원
3. 손익분기점 매출액 = 40,000,000원/0.5 = 80,000,000원

appendix

부록

1–1 단체급식관리 관련 법령

2–1 한국인 영양소 섭취기준 (2020년)

2–2 한국인 영양소 섭취기준 열량별 권장식사 패턴

3–1 식품의 감별법

5-1 집단급식소의 시설기준(식품위생법 시행규칙 제96조 관련 별표 25)

5-2 급식시설의 세부기준(학교급식법 시행규칙 제3조제1항 관련 별표 1)

5-3 학교급식 위생 · 안전점검표의 시설관리에 대한 점검항목

5–4 급식 기기대장

1-1 단체급식관리 관련 법령

국민영양관리법[시행 2020. 9. 12.] [법률 제17472호, 2020. 8. 11., 타법개정]

제4조(영양사 등의 책임) ① 영양사는 지속적으로 영양지식과 기술의 습득으로 전문능력을 향상시켜 국민영양개선 및 건강증진을 위하여 노력하여야 한다.

② 식품·영양 및 식생활 관련 단체와 그 종사자, 영양관리사업 참여자는 자발적 참여와 연대를 통하여 국민의 건강증진을 위하여 노력하여야 한다.

제15조(영양사의 면허) ① 영양사가 되고자 하는 사람은 다음 각 호의 어느 하나에 해당하는 사람으로서 영양사 국가시험에 합격한 후 보건복지부장관의 면허를 받아야 한다.

1. 「고등교육법」에 따른 대학, 산업대학, 전문대학 또는 방송통신대학에서 식품학 또는 영양학을 전공한 자로서 교과목 및 학점이수 등에 관하여 보건복지부령으로 정하는 요건을 갖춘 사람
2. 외국에서 영양사면허(보건복지부장관이 정하여 고시하는 인정기준에 해당하는 면허를 말한다)를 받은 사람
3. 외국의 영양사 양성학교(보건복지부장관이 정하여 고시하는 인정기준에 해당하는 학교를 말한다)를 졸업한 사람

② 보건복지부장관은 제1항에 따른 국가시험의 관리를 보건복지부령으로 정하는 바에 따라 시험 관리능력이 있다고 인정되는 관계 전문기관에 위탁할 수 있다.

③ 영양사 면허와 국가시험 등에 필요한 사항은 보건복지부령으로 정한다

제16조(결격사유) 다음 각 호의 어느 하나에 해당하는 사람은 영양사의 면허를 받을 수 없다.

1. 「정신건강증진 및 정신질환자 복지서비스 지원에 관한 법률」 제3조제1호에 따른 정신질환자. 다만, 전문의가 영양사로서 적합하다고 인정하는 사람은 그러하지 아니하다.
2. 「감염병의 예방 및 관리에 관한 법률」 제2조제13호에 따른 감염병환자 중 보건복지부령으로 정하는 사람
3. 마약·대마 또는 향정신성의약품 중독자
4. 영양사 면허의 취소처분을 받고 그 취소된 날부터 1년이 지나지 아니한 사람

제17조(영양사의 업무) 영양사는 다음 각 호의 업무를 수행한다.

1. 건강증진 및 환자를 위한 영양·식생활 교육 및 상담
2. 식품영양정보의 제공
3. 식단작성, 검식(檢食) 및 배식관리
4. 구매식품의 검수 및 관리
5. 급식시설의 위생적 관리
6. 집단급식소의 운영일지 작성
7. 종업원에 대한 영양지도 및 위생교육

제18조(면허의 등록) ① 보건복지부장관은 영양사의 면허를 부여할 때에는 영양사 면허대장에 그 면허에 관한 사항을 등록하고 면허증을 교부하여야 한다. 다만, 면허증 교부 신청일 기준으로 제16조에 따른 결격사유에 해당하는 자에게는 면허 등록 및 면허증 교부를 하여서는 아니 된다.

② 제1항에 따라 면허증을 교부받은 사람은 다른 사람에게 그 면허증을 빌려주어서는 아니 되고, 누구든지 그 면허증을 빌려서는 아니 된다.

③ 누구든지 제2항에 따라 금지된 행위를 알선하여서는 아니 된다.

④ 제1항에 따른 면허의 등록 및 면허증의 교부 등에 관하여 필요한 사항은 보건복지부령으로 정한다.

제19조(명칭사용의 금지) 제15조에 따라 영양사 면허를 받지 아니한 사람은 영양사 명칭을 사용할 수 없다.

제20조(보수교육) ① 보건기관 · 의료기관 · 집단급식소 등에서 각각 그 업무에 종사하는 영양사는 영양관리수준 및 자질 향상을 위하여 보수교육을 받아야 한다.

② 제1항에 따른 보수교육의 시기 · 대상 · 비용 및 방법 등에 관하여 필요한 사항은 보건복지부령으로 정한다.

제20조의2(실태 등의 신고) ① 영양사는 대통령령으로 정하는 바에 따라 최초로 면허를 받은 후부터 3년마다 그 실태와 취업상황 등을 보건복지부장관에게 신고하여야 한다.

② 보건복지부장관은 제20조제1항의 보수교육을 이수하지 아니한 영양사에 대하여 제1항에 따른 신고를 반려할 수 있다.

③ 보건복지부장관은 제1항에 따른 신고 수리 업무를 대통령령으로 정하는 바에 따라 관련 단체 등에 위탁할 수 있다.

제21조(면허취소 등) ① 보건복지부장관은 영양사가 다음 각 호의 어느 하나에 해당하는 경우 그 면허를 취소할 수 있다. 다만, 제1호에 해당하는 경우 면허를 취소하여야 한다.

1. 제16조제1호부터 제3호까지의 어느 하나에 해당하는 경우
2. 제2항에 따른 면허정지처분 기간 중에 영양사의 업무를 하는 경우
3. 제2항에 따라 3회 이상 면허정지처분을 받은 경우

② 보건복지부장관은 영양사가 다음 각 호의 어느 하나에 해당하는 경우 6개월 이내의 기간을 정하여 그 면허의 정지를 명할 수 있다.

1. 영양사가 그 업무를 행함에 있어서 식중독이나 그 밖에 위생과 관련한 중대한 사고 발생에 직무상의 책임이 있는 경우
2. 면허를 타인에게 대여하여 이를 사용하게 한 경우

③ 제1항, 제2항 및 제5항에 따른 행정처분의 세부적인 기준은 그 위반행위의 유형과 위반의 정도 등을 참작하여 대통령령으로 정한다.

④ 보건복지부장관은 제1항의 면허취소처분 또는 제2항의 면허정지처분을 하고자 하는 경우에는 청문을 실시하여야 한다.

⑤ 보건복지부장관은 영양사가 제20조의2에 따른 신고를 하지 아니한 경우에는 신고할 때까지 면허의 효력을 정지할 수 있다.

제22조(영양사협회) ① 영양사는 영양에 관한 연구, 영양사의 윤리 확립 및 영양사의 권익증진 및 자질향상을 위하여 대통령령으로 정하는 바에 따라 영양사협회(이하 "협회"라 한다)를 설립할 수 있다.

② 협회는 법인으로 한다.

③ 협회에 관하여 이 법에 규정되지 아니한 사항은 「민법」 중 사단법인에 관한 규정을 준용한다.

제23조(임상영양사) ① 보건복지부장관은 건강관리를 위하여 영양판정, 영양상담, 영양소 모니터링 및 평가 등의 업무를 수행하는 영양사에게 영양사 면허 외에 임상영양사 자격을 인정할 수 있다.

② 제1항에 따른 임상영양사의 업무, 자격기준, 자격증 교부 등에 관하여 필요한 사항은 보건복지부령으로 정한다.

③ 제2항에 따라 자격증을 교부받은 사람은 다른 사람에게 그 자격증을 빌려주어서는 아니 되고, 누구든지 그 자격증을 빌려서는 아니 된다.

④ 누구든지 제3항에 따라 금지된 행위를 알선하여서는 아니 된다.

식품위생법[시행 2022. 1. 1.] [법률 제18363호, 2021. 7. 27., 일부개정]

제2조(정의)

12. "집단급식소"란 영리를 목적으로 하지 아니하면서 특정 다수인에게 계속하여 음식물을 공급하는 다음 각 목의 어느 하나에 해당하는 곳의 급식시설로서 대통령령으로 정하는 시설을 말한다.

가. 기숙사

나. 학교, 유치원, 어린이집

다. 병원

라. 「사회복지사업법」 제2조제4호의 사회복지시설

마. 산업체

바. 국가, 지방자치단체 및 「공공기관의 운영에 관한 법률」 제4조제1항에 따른 공공기관

사. 그 밖의 후생기관 등

15. "집단급식소에서의 식단"이란 급식대상 집단의 영양섭취기준에 따라 음식명, 식재료, 영양성분, 조리방법, 조리인력 등을 고려하여 작성한 급식계획서를 말한다.

제51조(조리사) ① 집단급식소 운영자와 대통령령으로 정하는 식품접객업자는 조리사(調理士)를 두어야 한다. 다만, 다음 각 호의 어느 하나에 해당하는 경우에는 조리사를 두지 아니하여도 된다.

1. 집단급식소 운영자 또는 식품접객영업자 자신이 조리사로서 직접 음식물을 조리하는 경우
2. 1회 급식인원 100명 미만의 산업체인 경우
3. 제52조제1항에 따른 영양사가 조리사의 면허를 받은 경우

② 집단급식소에 근무하는 조리사는 다음 각 호의 직무를 수행한다. 〈신설 2011. 6. 7.〉

1. 집단급식소에서의 식단에 따른 조리업무[식재료의 전(前)처리에서부터 조리, 배식 등의 전 과정을 말한다]
2. 구매식품의 검수 지원
3. 급식설비 및 기구의 위생·안전 실무
4. 그 밖에 조리실무에 관한 사항

제52조(영양사) ① 집단급식소 운영자는 영양사(營養士)를 두어야 한다. 다만, 다음 각 호의 어느 하나에 해당하는 경우에는 영양사를 두지 아니하여도 된다.

1. 집단급식소 운영자 자신이 영양사로서 직접 영양 지도를 하는 경우
2. 1회 급식인원 100명 미만의 산업체인 경우
3. 제51조제1항에 따른 조리사가 영양사의 면허를 받은 경우

② 집단급식소에 근무하는 영양사는 다음 각 호의 직무를 수행한다. 〈신설 2011. 6. 7.〉

1. 집단급식소에서의 식단 작성, 검식(檢食) 및 배식관리
2. 구매식품의 검수(檢受) 및 관리
3. 급식시설의 위생적 관리
4. 집단급식소의 운영일지 작성
5. 종업원에 대한 영양 지도 및 식품위생교육

제56조(교육) ① 식품의약품안전처장은 식품위생 수준 및 자질의 향상을 위하여 필요한 경우 조리사와 영양사에게 교육(조리사의 경우 보수교육을 포함한다. 이하 이 조에서 같다)을 받을 것을 명할 수 있다. 다만, 집단급식소에 종사하는 조리사와 영양사는 1년마다 교육을 받아야 한다.

제86조(식중독에 관한 조사 보고) ① 다음 각 호의 어느 하나에 해당하는 자는 지체 없이 관할 특별자치시장·시장(「제주특별자치도 설치 및 국제자유도시 조성을 위한 특별법」에 따른 행정시장을 포함한다. 이하 이 조에서 같다)·군수·구청장에게 보고하여야 한다. 이 경우 의사나 한의사는 대통령령으로 정하는 바에 따라 식중독 환자나 식중독이 의심되는 자의 혈액 또는 배설물을 보관하는 데에 필요한 조치를 하여야 한다.

1. 식중독 환자나 식중독이 의심되는 자를 진단하였거나 그 사체를 검안(檢案)한 의사 또는 한의사
2. 집단급식소에서 제공한 식품 등으로 인하여 식중독 환자나 식중독으로 의심되는 증세를 보이는 자를 발견한 집단급식소의 설치·운영자

② 특별자치시장·시장·군수·구청장은 제1항에 따른 보고를 받은 때에는 지체 없이 그 사실을 식품의약품안전처장 및 시·도지사(특별자치시장은 제외한다)에게 보고하고, 대통령령

으로 정하는 바에 따라 원인을 조사하여 그 결과를 보고하여야 한다.

③ 식품의약품안전처장은 제2항에 따른 보고의 내용이 국민보건상 중대하다고 인정하는 경우에는 해당 시·도지사 또는 시장·군수·구청장과 합동으로 원인을 조사할 수 있다.

④ 식품의약품안전처장은 식중독 발생의 원인을 규명하기 위하여 식중독 의심환자가 발생한 원인시설 등에 대한 조사절차와 시험·검사 등에 필요한 사항을 정할 수 있다.

제88조(집단급식소) ① 집단급식소를 설치·운영하려는 자는 총리령으로 정하는 바에 따라 특별자치시장·특별자치도지사·시장·군수·구청장에게 신고하여야 한다. 신고한 사항 중 총리령으로 정하는 사항을 변경하려는 경우에도 또한 같다.

② 집단급식소를 설치·운영하는 자는 집단급식소 시설의 유지·관리 등 급식을 위생적으로 관리하기 위하여 다음 각 호의 사항을 지켜야 한다.

1. 식중독 환자가 발생하지 아니하도록 위생관리를 철저히 할 것
2. 조리·제공한 식품의 매회 1인분 분량을 총리령으로 정하는 바에 따라 144시간 이상 보관할 것
3. 영양사를 두고 있는 경우 그 업무를 방해하지 아니할 것
4. 영양사를 두고 있는 경우 영양사가 집단급식소의 위생관리를 위하여 요청하는 사항에 대하여는 정당한 사유가 없으면 따를 것
5. 「축산물 위생관리법」 제12조에 따라 검사를 받지 아니한 축산물 또는 실험 등의 용도로 사용한 동물을 음식물의 조리에 사용하지 말 것
6. 「야생생물 보호 및 관리에 관한 법률」을 위반하여 포획·채취한 야생생물을 음식물의 조리에 사용하지 말 것
7. 소비기한이 경과한 원재료 또는 완제품을 조리할 목적으로 보관하거나 이를 음식물의 조리에 사용하지 말 것
8. 수돗물이 아닌 지하수 등을 먹는 물 또는 식품의 조리·세척 등에 사용하는 경우에는 「먹는물관리법」 제43조에 따른 먹는물 수질검사기관에서 총리령으로 정하는 바에 따라 검사를 받아 마시기에 적합하다고 인정된 물을 사용할 것. 다만, 둘 이상의 업소가 같은 건물에서 같은 수원(水源)을 사용하는 경우에는 하나의 업소에 대한 시험결과로 나머지 업소에 대한 검사를 갈음할 수 있다.
9. 제15조제2항에 따라 위해평가가 완료되기 전까지 일시적으로 금지된 식품등을 사용·조리하지 말 것
10. 식중독 발생 시 보관 또는 사용 중인 식품은 역학조사가 완료될 때까지 폐기하거나 소독 등으로 현장을 훼손하여서는 아니 되고 원상태로 보존하여야 하며, 식중독 원인규명을 위한 행위를 방해하지 말 것
11. 그 밖에 식품등의 위생적 관리를 위하여 필요하다고 총리령으로 정하는 사항을 지킬 것

③ 집단급식소에 관하여는 제3조부터 제6조까지, 제7조제4항, 제8조, 제9조제4항, 제22조, 제37조제7항·제9항, 제39조, 제40조, 제41조, 제48조, 제71조, 제72조 및 제74조를 준용한다.

④ 특별자치시장 · 특별자치도지사 · 시장 · 군수 · 구청장은 제1항에 따른 신고 또는 변경신고를 받은 날부터 3일 이내에 신고수리 여부를 신고인에게 통지하여야 한다.

⑤ 특별자치시장 · 특별자치도지사 · 시장 · 군수 · 구청장이 제4항에서 정한 기간 내에 신고수리 여부 또는 민원 처리 관련 법령에 따른 처리기간의 연장을 신고인에게 통지하지 아니하면 그 기간(민원 처리 관련 법령에 따라 처리기간이 연장 또는 재연장된 경우에는 해당 처리기간을 말한다)이 끝난 날의 다음 날에 신고를 수리한 것으로 본다.

⑥ 제1항에 따라 신고한 자가 집단급식소 운영을 종료하려는 경우에는 특별자치시장 · 특별자치도지사 · 시장 · 군수 · 구청장에게 신고하여야 한다.

⑦ 집단급식소의 시설기준과 그 밖의 운영에 관한 사항은 총리령으로 정한다.

학교급식법[시행 2022. 1. 1.] [법률 제18525호, 2021. 11. 30., 타법개정]

제1조(목적) 이 법은 학교급식 등에 관한 사항을 규정함으로써 학교급식의 질을 향상시키고 학생의 건전한 심신의 발달과 국민 식생활 개선에 기여함을 목적으로 한다.

제2조(정의) 이 법에서 사용하는 용어의 정의는 다음과 같다.

1. "학교급식"이라 함은 제1조의 목적을 달성하기 위하여 제4조의 규정에 따른 학교 또는 학급의 학생을 대상으로 학교의 장이 실시하는 급식을 말한다.
2. "학교급식공급업자"라 함은 제15조의 규정에 따라 학교의 장과 계약에 의하여 학교급식에 관한 업무를 위탁받아 행하는 자를 말한다.
3. "급식에 관한 경비"라 함은 학교급식을 위한 식품비, 급식운영비 및 급식시설 · 설비비를 말한다.

제3조(국가 · 지방자치단체의 임무) ① 국가와 지방자치단체는 양질의 학교급식이 안전하게 제공될 수 있도록 행정적 · 재정적으로 지원하여야 하며, 영양교육을 통한 학생의 올바른 식생활 관리능력 배양과 전통 식문화의 계승 · 발전을 위하여 필요한 시책을 강구하여야 한다.
② 특별시 · 광역시 · 도 · 특별자치도의 교육감(이하 "교육감"이라 한다)은 매년 학교급식에 관한 계획을 수립 · 시행하여야 한다.

제4조(학교급식 대상) 학교급식은 대통령령으로 정하는 바에 따라 다음 각 호의 어느 하나에 해당하는 학교 또는 학급에 재학하는 학생을 대상으로 실시한다.

1. 「유아교육법」 제2조제2호에 따른 유치원. 다만, 대통령령으로 정하는 규모 이하의 유치원은 제외한다.
2. 「초 · 중등교육법」 제2조제1호부터 제4호까지의 어느 하나에 해당하는 학교
3. 「초 · 중등교육법」 제52조의 규정에 따른 근로청소년을 위한 특별학급 및 산업체부설 중 · 고등학교
4. 「초 · 중등교육법」 제60조의3에 따른 대안학교

5. 그 밖에 교육감이 필요하다고 인정하는 학교

제5조(학교급식위원회 등) ① 교육감은 학교급식에 관한 다음 각 호의 사항을 심의하기 위하여 그 소속하에 학교급식위원회를 둔다.

1. 제3조제2항의 규정에 따른 학교급식에 관한 계획
2. 제9조의 규정에 따른 급식에 관한 경비의 지원
3. 그 밖에 학교급식의 운영 및 지원에 관한 사항으로서 교육감이 필요하다고 인정하는 사항

② 제1항의 규정에 따른 학교급식위원회의 구성 · 운영 등에 관하여 필요한 사항은 대통령령으로 정한다.

③ 특별시장 · 광역시장 · 도지사 · 특별자치도지사 및 시장 · 군수 · 자치구의 구청장은 제8조제4항의 규정에 따른 학교급식 지원에 관한 중요사항을 심의하기 위하여 그 소속하에 학교급식지원심의위원회를 둘 수 있다.

④ 특별자치도지사 · 시장 · 군수 · 자치구의 구청장은 우수한 식자재 공급 등 학교급식을 지원하기 위하여 그 소속하에 학교급식지원센터를 설치 · 운영할 수 있다.

⑤ 제3항의 규정에 따른 학교급식지원심의위원회의 구성 · 운영과 제4항의 규정에 따른 학교급식지원센터의 설치 · 운영에 관하여 필요한 사항은 해당지방자치단체의 조례로 정한다.

제2장 학교급식 시설 · 설비 기준 등

제6조(급식시설 · 설비) ① 학교급식을 실시할 학교는 학교급식을 위하여 필요한 시설과 설비를 갖추어야 한다. 다만, 둘 이상의 학교가 인접하여 있는 경우에는 학교급식을 위한 시설과 설비를 공동으로 할 수 있다.

② 제1항의 규정에 따른 시설 · 설비의 종류와 기준은 대통령령으로 정한다.

제7조(영양교사의 배치 등) ① 제6조의 규정에 따라 학교급식을 위한 시설과 설비를 갖춘 학교는 「초 · 중등교육법」 제21조제2항의 규정에 따른 영양교사와 「식품위생법」 제53조제1항에 따른 조리사를 둔다. 다만, 제4조제1호에 따른 유치원에 두는 영양교사의 배치기준 등에 관하여 필요한 사항은 대통령령으로 정한다.

② 교육감은 학교급식에 관한 업무를 전담하게 하기 위하여 그 소속하에 학교급식에 관한 전문지식이 있는 직원을 둘 수 있다.

③ 교육감은 제1항 단서의 영양교사의 배치기준 등에 따른 유치원 중 일정 규모 이하 유치원에 대한 급식관리를 지원하기 위하여 특별시 · 광역시 · 특별자치시 · 도 및 특별자치도의 교육청 또는 「지방교육자치에 관한 법률」 제34조 및 「제주특별자치도 설치 및 국제자유도시 조성을 위한 특별법」 제80조에 따른 교육지원청에 영양교사를 둘 수 있다.

④ 제3항에 따라 영양교사가 급식관리를 지원하는 유치원의 규모 및 지원의 범위 등에 필요한 사항은 대통령령으로 정한다.

제8조(경비부담 등) ① 학교급식의 실시에 필요한 급식시설 · 설비비는 해당 학교의 설립 · 경영

자가 부담하되, 국가 또는 지방자치단체가 지원할 수 있다. ② 급식운영비는 해당 학교의 설립·경영자가 부담하는 것을 원칙으로 하되, 대통령령으로 정하는 바에 따라 보호자(친권자, 후견인 그 밖에 법률에 따라 학생을 부양할 의무가 있는 자를 말한다. 이하 같다)가 그 경비의 일부를 부담할 수 있다.

③ 학교급식을 위한 식품비는 보호자가 부담하는 것을 원칙으로 한다.

④ 특별시장·광역시장·도지사·특별자치도지사 및 시장·군수·자치구의 구청장은 학교급식에 품질이 우수한 농수산물 사용 등 급식의 질 향상과 급식시설·설비의 확충을 위하여 식품비 및 시설·설비비 등 급식에 관한 경비를 지원할 수 있다.

제9조(급식에 관한 경비의 지원) ① 국가 또는 지방자치단체는 제8조의 규정에 따라 보호자가 부담할 경비의 전부 또는 일부를 지원할 수 있다.

② 제1항의 규정에 따라 보호자가 부담할 경비를 지원하는 경우에는 다음 각 호의 어느 하나에 해당하는 학생을 우선적으로 지원한다.

1. 학생 또는 그 보호자가 「국민기초생활 보장법」 제2조에 따른 수급권자이거나 차상위계층에 속하는 학생, 「한부모가족지원법」 제5조의 규정에 따른 보호대상자인 학생
2. 「도서·벽지 교육진흥법」 제2조의 규정에 따른 도서벽지에 있는 학교와 그에 준하는 지역으로서 대통령령으로 정하는 지역의 학교에 재학하는 학생
3. 「농어업인 삶의 질 향상 및 농어촌지역 개발촉진에 관한 특별법」 제3조제4호에 따른 농어촌학교와 그에 준하는 지역으로서 대통령령으로 정하는 지역의 학교에 재학하는 학생
4. 그 밖에 교육감이 필요하다고 인정하는 학생

제3장 학교급식 관리·운영

제10조(식재료) ① 학교급식에는 품질이 우수하고 안전한 식재료를 사용하여야 한다.

② 식재료의 품질관리기준 그 밖에 식재료에 관하여 필요한 사항은 교육부령으로 정한다.

제11조(영양관리) ① 학교급식은 학생의 발육과 건강에 필요한 영양을 충족하고 올바른 식생활 습관 형성에 도움을 줄 수 있도록 다양한 식품으로 구성되어야 한다.

② 학교급식의 영양관리기준은 교육부령으로 정하고, 식품구성기준은 필요한 경우 교육감이 정한다.

제12조(위생·안전관리) ① 학교급식은 식단작성, 식재료 구매·검수·보관·세척·조리, 운반, 배식, 급식기구 세척 및 소독 등 모든 과정에서 위해한 물질이 식품에 혼입되거나 식품이 오염되지 아니하도록 위생과 안전관리를 철저히 하여야 한다.

② 학교급식의 위생·안전관리기준은 교육부령으로 정한다.

제13조(식생활 지도 등) 학교의 장은 올바른 식생활습관의 형성, 식량생산 및 소비에 관한 이해 증진 및 전통 식문화의 계승·발전을 위하여 학생에게 식생활 관련 교육 및 지도를 하며, 보호

자에게는 관련 정보를 제공한다.

제14조(영양상담) 학교의 장은 식생활에서 기인하는 영양불균형을 시정하고 질병을 사전에 예방하기 위하여 저체중 및 성장부진, 빈혈, 과체중 및 비만학생 등을 대상으로 영양상담과 필요한 지도를 실시한다.

제15조(학교급식의 운영방식) ① 학교의 장은 학교급식을 직접 관리 · 운영하되, 「유아교육법」 제19조의3에 따른 유치원운영위원회 및 「초 · 중등교육법」 제31조에 따른 학교운영위원회의 심의 · 자문을 거쳐 일정한 요건을 갖춘 자에게 학교급식에 관한 업무를 위탁하여 이를 행하게 할 수 있다. 다만, 식재료의 선정 및 구매 · 검수에 관한 업무는 학교급식 여건상 불가피한 경우를 제외하고는 위탁하지 아니한다.

② 제1항의 규정에 따라 의무교육기관에서 업무위탁을 하고자 하는 경우에는 미리 관할청의 승인을 얻어야 한다.

③ 제1항의 규정에 따른 학교급식에 관한 업무위탁의 범위, 학교급식공급업자가 갖추어야 할 요건 그 밖에 업무위탁에 관하여 필요한 사항은 대통령령으로 정한다.

제16조(품질 및 안전을 위한 준수사항) ① 학교의 장과 그 학교의 학교급식 관련 업무를 담당하는 관계 교직원(이하 "학교급식관계교직원"이라 한다) 및 학교급식공급업자는 학교급식의 품질 및 안전을 위하여 다음 각 호의 어느 하나에 해당하는 식재료를 사용하여서는 아니된다.

1. 「농수산물의 원산지 표시 등에 관한 법률」 제5조제1항에 따른 원산지 표시를 거짓으로 적은 식재료
2. 「농수산물 품질관리법」 제56조에 따른 유전자변형농수산물의 표시를 거짓으로 적은 식재료
3. 「축산법」 제40조의 규정에 따른 축산물의 등급을 거짓으로 기재한 식재료
4. 「농수산물 품질관리법」 제5조제2항에 따른 표준규격품의 표시, 같은 법 제14조제3항에 따른 품질인증의 표시 및 같은 법 제34조제3항에 따른 지리적표시를 거짓으로 적은 식재료

② 학교의 장과 그 소속 학교급식관계교직원 및 학교급식공급업자는 다음 사항을 지켜야 한다.

1. 제10조제2항의 규정에 따른 식재료의 품질관리기준, 제11조제2항의 규정에 따른 영양관리기준 및 제12조제2항의 규정에 따른 위생 · 안전관리기준
2. 그 밖에 학교급식의 품질 및 안전을 위하여 필요한 사항으로서 교육부령으로 정하는 사항

③ 학교의 장과 그 소속 학교급식관계교직원 및 학교급식공급업자는 학교급식에 알레르기를 유발할 수 있는 식재료가 사용되는 경우에는 이 사실을 급식 전에 급식 대상 학생에게 알리고, 급식 시에 표시하여야 한다.

④ 알레르기를 유발할 수 있는 식재료의 종류 등 제3항에 따른 공지 및 표시와 관련하여 필요한 사항은 교육부령으로 정한다.

제17조(생산품의 직접사용 등) 학교에서 작물재배 · 동물사육 그 밖에 각종 생산활동으로 얻은 생산품이나 그 생산품의 매각대금은 다른 법률의 규정에도 불구하고 학교급식을 위하여 직접 사용할 수 있다.

제4장 보칙

제18조(학교급식 운영평가) ① 교육부장관 또는 교육감은 학교급식 운영의 내실화와 질적 향상을 위하여 학교급식의 운영에 관한 평가를 실시할 수 있다.

② 제1항의 규정에 따른 평가의 방법 · 기준 그 밖에 학교급식 운영평가에 관하여 필요한 사항은 대통령령으로 정한다.

제19조(출입 · 검사 · 수거 등) ① 교육부장관 또는 교육감은 필요하다고 인정하는 때에는 식품위생 또는 학교급식 관계공무원으로 하여금 학교급식 관련 시설에 출입하여 식품 · 시설 · 서류 또는 작업상황 등을 검사 또는 열람을 하게 할 수 있으며, 검사에 필요한 최소량의 식품을 무상으로 수거하게 할 수 있다.

② 제1항의 규정에 따라 출입 · 검사 · 열람 또는 수거를 하고자 하는 공무원은 그 권한을 표시하는 증표를 지니고, 이를 관계인에게 내보여야 한다.

③ 제1항의 규정에 따른 검사 등의 결과 제16조제2항제1호 · 제2호 또는 같은 조 제3항의 규정을 위반한 때에는 교육부장관 또는 교육감은 해당학교의 장 또는 학교급식공급업자에게 시정을 명할 수 있다.

제20조(권한의 위임) 이 법에 의한 교육부장관 또는 교육감의 권한은 그 일부를 대통령령으로 정하는 바에 따라 교육감 또는 교육장에게 위임할 수 있다.

제21조(행정처분 등의 요청) ① 교육부장관 또는 교육감은 「식품위생법」·「농수산물 품질관리법」·「축산법」·「축산물위생관리법」의 규정에 따라 허가 및 신고 · 지정 또는 인증을 받은 자가 제19조의 규정에 따른 검사 등의 결과 각 해당법령을 위반한 경우에는 관계행정기관의 장에게 행정처분 등의 필요한 조치를 할 것을 요청할 수 있다.

② 제1항의 규정에 따라 요청을 받은 관계행정기관의 장은 특별한 사유가 없으면 그 요청을 따라야 하며, 그 조치결과를 교육부장관 또는 해당 교육감에게 알려야 한다.

제22조(징계) 학교급식의 적정한 운영과 안전성 확보를 위하여 징계의결 요구권자는 관할학교의 장 또는 그 소속 교직원 중 다음 각 호의 어느 하나에 해당하는 자에 대하여 해당 징계사건을 관할하는 징계위원회에 그 징계를 요구하여야 한다.

1. 고의 또는 과실로 식중독 등 위생 · 안전상의 사고를 발생하게 한 자
2. 학교급식 관련 계약상의 계약해지 사유가 발생하였음에도 불구하고 정당한 사유 없이 계약해지를 하지 아니한 자
3. 제19조제3항의 규정에 따라 교육부장관 또는 교육감으로부터 시정명령을 받았음에도 불구하고 정당한 사유 없이 이를 이행하지 아니한 자
4. 학교급식과 관련하여 비리가 적발된 자

제5장 벌칙

제23조(벌칙) ① 제16조제1항제1호 또는 제2호의 규정을 위반한 학교급식공급업자는 7년 이하의 징역 또는 1억원 이하의 벌금에 처한다.

② 제16조제1항제3호의 규정을 위반한 학교급식공급업자는 5년 이하의 징역 또는 5천만원 이하의 벌금에 처한다.

③ 다음 각 호의 어느 하나에 해당하는 자는 3년 이하의 징역 또는 3천만원 이하의 벌금에 처한다.

1. 제16조제1항제4호의 규정을 위반한 학교급식공급업자
2. 제19조제1항의 규정에 따른 출입·검사·열람 또는 수거를 정당한 사유 없이 거부하거나 방해 또는 기피한 자

제24조(양벌규정) 법인의 대표자나 법인 또는 개인의 대리인, 사용인, 그 밖의 종업원이 그 법인 또는 개인의 업무에 관하여 제23조의 위반행위를 하면 그 행위자를 벌하는 외에 그 법인 또는 개인에게도 해당 조문의 벌금형을 과(科)한다. 다만, 법인 또는 개인이 그 위반행위를 방지하기 위하여 해당 업무에 관하여 상당한 주의와 감독을 게을리하지 아니한 경우에는 그러하지 아니하다.

제25조(과태료) ① 제16조제2항제1호의 규정을 위반하여 제19조제3항의 규정에 따른 시정명령을 받았음에도 불구하고 정당한 사유없이 이를 이행하지 아니한 학교급식공급업자에게는 500만원 이하의 과태료를 부과한다.

② 제16조제2항제2호 또는 같은 조 제3항의 규정을 위반하여 제19조제3항의 규정에 따른 시정명령을 받았음에도 불구하고 정당한 사유 없이 이를 이행하지 아니한 학교급식공급업자에게는 300만원 이하의 과태료를 부과한다.

③ 제1항 및 제2항의 규정에 따른 과태료는 대통령령으로 정하는 바에 따라 교육부장관 또는 교육감이 부과·징수한다.

영유아보육법[시행 2021. 12. 9.] [법률 제18217호, 2021. 6. 8., 일부개정]

제33조(급식 관리) 어린이집의 원장은 영유아에게 보건복지부령으로 정하는 바에 따라 균형 있고 위생적이며 안전한 급식을 하여야 한다.

제34조(급식 관리) 법 제33조에 따른 급식 관리의 기준은 별표 8 제3호 나목과 같다.

[별표8 제 3호 나목]

나. 급식관리

1) 어린이집의 원장 및 어린이집에서 급식을 조리·제공하는 보육교직원(이하 이 목에서 "원장등"이라 한다)은 어린이집에서 식중독 환자가 발생하지 않도록 위생관리를 철저히 하

여야 한다.

2) 원장등은 영유아가 필요한 영양을 섭취할 수 있도록 영양사가 작성한 식단에 따라 급식을 공급하여야 한다. 이 경우 영양사(2개 이내의 어린이집이 공동으로 두는 영양사를 포함한다)를 두고 있지 아니한 100명 미만의 영유아를 보육하고 있는 어린이집은 육아종합지원센터, 보건소 및 「어린이 식생활안전관리 특별법」 제21조에 따른 어린이집 급식관리지원센터 등에서 근무하는 영양사의 지도를 받아 식단을 작성하여야 한다.

3) 원장등은 영유아에 대한 급식을 어린이집에서 직접 조리하여 제공하여야 한다. 다만, 공공기관이나 사회복지관 안에 설치된 어린이집의 경우에는 같은 건물에 있는 조리실을 사용하여 급식을 제공할 수 있고, 현장학습 등의 사유로 어린이집에서 직접 조리하여 제공하기 어려운 경우에는 학부모의 동의를 거치는 등 보건복지부장관이 정하는 절차에 따라 직접 조리하여 제공하지 않을 수 있다.

4) 원장등은 식기, 도마, 칼, 행주, 그 밖에 주방용구를 정기적으로 세척·살균 및 소독하는 등 항상 청결하게 유지·관리하여야 하며, 어류·육류·채소류를 취급하는 칼·도마는 각각 구분하여 사용하여야 한다.

5) 원장등은 상하거나 유통기한이 지난 원료 또는 완제품을 음식물의 조리에 사용하거나 보관해서는 안 되며, 이미 급식에 제공되었던 음식물을 재사용해서는 안 된다.

6) 원장등은 식품등의 원료 및 제품 중 부패·변질이 되기 쉬운 것은 냉동·냉장시설에 보관·관리하여야 한다.

7) 원장등은 「식품위생법」 제88조제2항제2호에서 정하는 바에 따라 조리·제공한 식품의 매회 1인분 분량을 144시간 이상 보관해야 한다. 다만, 20명 이하를 보육하는 어린이집의 경우에는 보관하지 않을 수 있다.

8) 조리원 등 음식물의 조리에 직접 종사하는 보육교직원은 위생복·앞치마·위생모를 착용하는 등 개인위생관리를 철저히 하여야 한다.

유아교육법[시행 2021. 9. 9.] [법률 제18193호, 2021. 6. 8., 일부개정]

제17조(건강검진 및 급식) ① 원장은 교육하고 있는 유아에 대하여 건강검진을 실시하고, 유아의 건강검진 결과를 제14조에 따른 생활기록부에 기록하여 관리하여야 한다. 다만, 보호자가 「국민건강보험법」 제52조 및 「의료급여법」 제14조에 따른 건강검진을 실시하고 그 건강검진결과 통보서를 제출하거나, 원장이 보호자의 동의를 받아 「전자정부법」 제36조제1항에 따른 행정정보의 공동이용을 통하여 건강검진결과 통보서를 확인한 경우에는 해당 건강검진으로 갈음할 수 있다.

② 원장은 제1항에 따른 건강검진 결과 치료가 필요한 유아에 대하여는 해당 유아의 보호자와 협의하여 필요한 조치를 하여야 한다.

③ 원장은 교육하고 있는 해당 유치원의 유아에게 적합한 급식을 할 수 있다.

④ 제1항 및 제2항에 따른 건강검진의 실시시기 및 그 결과처리에 관한 사항과 제3항에 따른 급

식 시설 · 설비기준 등에 관하여 필요한 사항은 교육부령으로 정한다.

유아교육법 시행규칙

제3조(급식 시설 · 설비기준 등) ① 법 제17조제3항에 따라 급식을 하는 유치원에서 갖추어야 할 시설 · 설비기준은 별표 1과 같다.

② 한 번에 100명 이상의 유아에게 급식을 제공하는 유치원에는 「국민영양관리법」 제15조에 따라 면허를 받은 영양사 1명을 두어야 한다. 다만, 급식 시설과 설비를 갖추고 급식을 하는 2개 이상의 유치원이 인접하여 있는 경우에는 「지방교육자치에 관한 법률 시행령」 제5조에 따른 같은 교육청의 관할구역에 있는 5개 이내의 유치원은 공동으로 영양사를 둘 수 있다.

[별표 1]

1. 조리실

가. 조리실은 교실과 떨어지거나 차단되어 유아의 학습에 지장을 주지 않도록 하되, 식품의 운반과 배식이 편리한 곳에 두어야 한다.

나. 조리실은 작업과정에서 교차오염(交叉汚染)이 발생하지 않도록 벽과 문을 설치하여 전처리실(前處理室), 조리실 및 식기구세척실로 구획한다. 다만, 100명 이상에게 급식을 제공하는 경우로서 이러한 구획이 불가능한 경우와 100명 이하에게 급식을 제공하는 경우에는 교차오염을 방지할 수 있는 다른 조치를 하여야 한다.

다. 조리실의 내부벽, 바닥 및 천장은 내화성(耐火性), 내수성(耐水性) 및 내구성(耐久性)이 있는 재질로 하여, 청소와 소독이 쉽고 화재를 예방할 수 있도록 하여야 한다.

라. 출입구와 창문에는 해충 및 쥐의 침입을 막을 수 있는 방충망 등 적절한 설비를 갖추어야 한다.

마. 조리실 내의 증기와 불쾌한 냄새 등을 빨리 배출할 수 있도록 환기시설을 설치하여야 한다.

바. 조리실의 조명은 220럭스(lx) 이상이 되도록 하여야 한다.

사. 조리실에는 필요한 곳에 손 세척시설이나 손 소독시설을 설치하여 손에 의한 오염을 막아야 한다. 다만, 100명 이상에게 급식을 제공하는 경우에는 손 세척시설과 손 소독시설을 모두 설치하여야 한다.

아. 조리실에는 온도 및 습도 관리를 위하여 적정 용량의 급배기(給排氣)시설 또는 냉 · 난방시설 등 적절한 시설을 갖추거나 적절한 조치를 하여야 한다.

2. 설비 · 기구

가. 냉장실 또는 냉장고와 냉동고는 식재료의 보관, 냉동 식재료의 해동(解凍), 가열 조리된 식품의 냉각 등에 충분한 용량과 온도(냉장고 5℃ 이하, 냉동고 -18℃ 이하)를 유지하여야 한다.

나. 조리, 배식 등의 작업을 위생적으로 하기 위하여 식품 세척시설, 조리시설, 식기구 세척시

설, 식기구 보관장, 덮개가 있는 폐기물 용기 등을 갖추어야 하며, 식품과 접촉하는 부분은 내수성 및 내부식성(耐腐蝕性) 재질로 하여 씻기 쉽고 소독·살균이 가능하도록 하여야 한다.

다. 식기구를 소독하기 위하여 전기살균소독기 또는 열탕소독시설을 갖추거나 충분히 세척·소독할 수 있는 세정대(洗淨臺)를 설치하여야 한다.

라. 냉장식품을 검수(檢收)하거나 가열조리 식품의 중심온도를 잴 때 사용할 수 있는 전자식 탐침(探針) 온도계를 갖추어야 한다.

마. 조리 작업을 하는 곳에 두는 쓰레기통은 뚜껑이 있는 페달식으로 하여 파리와 같은 해충의 접근을 막아야 한다.

3. 식품 보관실

가. 식품 보관실은 환기와 방습(防濕)이 잘 되어 식품과 식재료를 위생적으로 보관하기에 적합한 곳에 두되, 해충 및 쥐의 침입을 막을 수 있는 방충망 등 적절한 설비를 갖추어야 한다.

나. 식품과 소모품은 별도로 구분된 장소에서 보관하도록 하되, 부득이하게 함께 보관할 경우 서로 섞이지 않도록 분리하여 보관하여야 한다.

다. 환기시설이나 환기창 등 통풍을 위한 적절한 시설을 갖추거나 적절한 조치를 하여야 한다.

4. 이 기준에서 정하지 않은 사항에 대해서는 「식품위생법 시행규칙」 제96조 및 별표 25에 따른 집단급식소 시설기준에 따른다.

2–1 한국인 영양소 섭취기준(2020년)

에너지와 다량영양소

성별	연령	에너지(kcal/일)				탄수화물(g/일)				식이섬유(g/일)			
		필요 추정량	권장 섭취량	충분 섭취량	상한 섭취량	평균 필요량	권장 섭취량	충분 섭취량	상한 섭취량	평균 필요량	권장 섭취량	충분 섭취량	상한 섭취량
영아	0~5(개월)	500						60					
	6~11	600						90					
유아	1~2(세)	900				100	130					15	
	3~5	1,400				100	130					20	
남자	6~8(세)	1,700				100	130					25	
	9~11	2,000				100	130					25	
	12~14	2,500				100	130					30	
	15~18	2,700				100	130					30	
	19~29	2,600				100	130					30	
	30~49	2,500				100	130					30	
	50~64	2,200				100	130					30	
	65~74	2,000				100	130					25	
	75 이상	1,900				100	130					25	
여자	6~8(세)	1,500				100	130					20	
	9~11	1,800				100	130					25	
	12~14	2,000				100	130					25	
	15~18	2,000				100	130					25	
	19~29	2,000				100	130					20	
	30~49	1,900				100	130					20	
	50~64	1,700				100	130					20	
	65~74	1,600				100	130					20	
	75 이상	1,500				100	130					20	
임신부[1]		+0 +340 +450				+35	+45					+5	
수유부		+340				+60	+80					+5	

1) 1, 2, 3 분기별 부가량

자료 : 보건복지부 · 한국영양학회(2020).

성별	연령	지방(g/일)				리놀레산(g/일)				알파-리놀렌산(g/일)				EPA+DHA(mg/일)			
		평균필요량	권장섭취량	충분섭취량	상한섭취량	평균필요량	권장섭취량	충분섭취량	상한섭취량	평균필요량	권장섭취량	충분섭취량	상한섭취량	평균필요량	권장섭취량	충분섭취량	상한섭취량
영아	0~5(개월)			25				5.0				0.6				200[2)]	
	6~11			25				7.0				0.8				300[2)]	
유아	1~2(세)							4.5				0.6					
	3~5							7.0				0.9					
남자	6~8(세)							9.0				1.1				200	
	9~11							9.5				1.3				220	
	12~14							12.0				1.5				230	
	15~18							14.0				1.7				230	
	19~29							13.0				1.6				210	
	30~49							11.5				1.4				400	
	50~64							9.0				1.4				500	
	65~74							7.0				1.2				310	
	75 이상							5.0				0.9				280	
여자	6~8(세)							7.0				0.8				200	
	9~11							9.0				1.1				150	
	12~14							9.0				1.2				210	
	15~18							10.0				1.1				100	
	19~29							10.0				1.2				150	
	30~49							8.5				1.2				260	
	50~64							7.0				1.2				240	
	65~74							4.5				1.0				150	
	75 이상							3.0				0.4				140	
								+0				+0				+0	
수유부								+0				+0				+0	

2) DHA

자료 : 보건복지부 · 한국영양학회(2020).

성별	연령	단백질(g/일)				메티오닌(g/일)				류신(g/일)			
		평균 필요량	권장 섭취량	충분 섭취량	상한 섭취량	평균 필요량	권장 섭취량	충분 섭취량	상한 섭취량	평균 필요량	권장 섭취량	충분 섭취량	상한 섭취량
영아	0~5(개월)			10				0.4				1.0	
	6~11	12	15			0.3	0.4			0.6	0.8		
유아	1~2(세)	15	20			0.3	0.4			0.6	0.8		
	3~5	20	25			0.3	0.4			0.7	1.0		
남자	6~8(세)	30	35			0.5	0.6			1.1	1.3		
	9~11	40	50			0.7	0.8			1.5	1.9		
	12~14	50	60			1.0	1.2			2.2	2.7		
	15~18	55	65			1.2	1.4			2.6	3.2		
	19~29	50	65			1.0	1.4			2.4	3.1		
	30~49	50	65			1.1	1.3			2.4	3.1		
	50~64	50	60			1.1	1.3			2.3	2.8		
	65~74	50	60			1.0	1.3			2.2	2.8		
	75 이상	50	60			0.9	1.1			2.1	2.7		
여자	6~8(세)	30	35			0.5	0.6			1.0	1.3		
	9~11	40	45			0.6	0.7			1.5	1.8		
	12~14	45	55			0.8	1.0			1.9	2.4		
	15~18	45	55			0.8	1.1			2.0	2.4		
	19~29	45	55			0.8	1.0			2.0	2.5		
	30~49	40	50			0.8	1.0			1.9	2.4		
	50~64	40	50			0.8	1.1			1.9	2.3		
	65~74	40	50			0.7	0.9			1.8	2.2		
	75 이상	40	50			0.7	0.9			1.7	2.1		
임신부[1]		+12	+15										
		+25	+30			1.1	1.4			2.5	3.1		
수유부		+20	+25			1.1	1.5			2.8	3.5		

자료 : 보건복지부 · 한국영양학회(2020).

성별	연령	이소류신(g/일)				발린(g/일)				라이신(g/일)			
		평균 필요량	권장 섭취량	충분 섭취량	상한 섭취량	평균 필요량	권장 섭취량	충분 섭취량	상한 섭취량	평균 필요량	권장 섭취량	충분 섭취량	상한 섭취량
영아	0~5(개월)			0.6				0.6				0.7	
	6~11	0.3	0.4			0.3	0.5			0.6	0.8		
유아	1~2(세)	0.3	0.4			0.4	0.5			0.6	0.7		
	3~5	0.3	0.4			0.4	0.5			0.6	0.8		
남자	6~8(세)	0.5	0.6			0.6	0.7			1.0	1.2		
	9~11	0.7	0.8			0.9	1.1			1.4	1.8		
	12~14	1.0	1.2			1.2	1.6			2.1	2.5		
	15~18	1.2	1.4			1.5	1.8			2.3	2.9		
	19~29	1.0	1.4			1.4	1.7			2.5	3.1		
	30~49	1.1	1.4			1.4	1.7			2.4	3.1		
	50~64	1.1	1.3			1.3	1.6			2.3	2.9		
	65~74	1.0	1.3			1.3	1.6			2.2	2.9		
	75 이상	0.9	1.1			1.1	1.5			2.2	2.7		
여자	6~8(세)	0.5	0.6			0.6	0.7			0.9	1.3		
	9~11	0.6	0.7			0.9	1.1			1.3	1.6		
	12~14	0.8	1.0			1.2	1.4			1.8	2.2		
	15~18	0.8	1.1			1.2	1.4			1.8	2.2		
	19~29	0.8	1.1			1.1	1.3			2.1	2.6		
	30~49	0.8	1.0			1.0	1.4			2.0	2.5		
	50~64	0.8	1.1			1.1	1.3			1.9	2.4		
	65~74	0.7	0.9			0.9	1.3			1.8	2.3		
	75 이상	0.7	0.9			0.9	1.1			1.7	2.1		
임신부		1.1	1.4			1.4	1.7			2.3	2.9		
수유부		1.3	1.7			1.6	1.9			2.5	3.1		

1) 2, 3 분기별 부가량

자료 : 보건복지부 · 한국영양학회(2020).

성별	연령	페닐알라닌+티로신(g/일)				트레오닌(g/일)				트립토판(g/일)			
		평균 필요량	권장 섭취량	충분 섭취량	상한 섭취량	평균 필요량	권장 섭취량	충분 섭취량	상한 섭취량	평균 필요량	권장 섭취량	충분 섭취량	상한 섭취량
영아	0~5(개월)			0.9				0.5				0.2	
	6~11	0.5	0.7			0.3	0.4			0.1	0.1		
유아	1~2(세)	0.5	0.7			0.3	0.4			0.1	0.1		
	3~5	0.6	0.7			0.3	0.4			0.1	0.1		
남자	6~8(세)	0.9	1.0			0.5	0.6			0.1	0.2		
	9~11	1.3	1.6			0.7	0.9			0.2	0.2		
	12~14	1.8	2.3			1.0	1.3			0.3	0.3		
	15~18	2.1	2.6			1.2	1.5			0.3	0.4		
	19~29	2.8	3.6			1.1	1.5			0.3	0.3		
	30~49	2.9	3.5			1.2	1.5			0.3	0.3		
	50~64	2.7	3.4			1.1	1.4			0.3	0.3		
	65~74	2.5	3.3			1.1	1.3			0.2	0.3		
	75 이상	2.5	3.1			1.0	1.3			0.2	0.3		
여자	6~8(세)	0.8	1.0			0.5	0.6			0.1	0.2		
	9~11	1.2	1.5			0.6	0.9			0.2	0.2		
	12~14	1.6	1.9			0.9	1.2			0.2	0.3		
	15~18	1.6	2.0			0.9	1.2			0.2	0.3		
	19~29	2.3	2.9			0.9	1.1			0.2	0.3		
	30~49	2.3	2.8			0.9	1.2			0.2	0.3		
	50~64	2.2	2.7			0.8	1.1			0.2	0.3		
	65~74	2.1	2.6			0.8	1.0			0.2	0.2		
	75 이상	2.0	2.4			0.7	0.9			0.2	0.2		
임신부		0.8	1.0			3.0	3.8			0.3	0.4		
수유부		0.8	1.1			3.7	4.7			0.4	0.5		

자료 : 보건복지부 · 한국영양학회(2020).

성별	연령	히스티딘(g/일)				수분(mL/일)					
		평균 필요량	권장 섭취량	충분 섭취량	상한 섭취량	음식	물	음료	충분섭취량		상한 섭취량
									액체	총수분	
영아	0~5(개월)			0.1					700	700	
	6~11	0.2	0.3			300			500	800	
유아	1~2(세)	0.2	0.3			300	362	0	700	1,000	
	3~5	0.2	0.3			400	491	0	1,100	1,500	
남자	6~8(세)	0.3	0.4			900	589	0	800	1,700	
	9~11	0.5	0.6			1,100	686	1.2	900	2,000	
	12~14	0.7	0.9			1,300	911	1.9	1,100	2,400	
	15~18	0.9	1.0			1,400	920	6.4	1,200	2,600	
	19~29	0.8	1.0			1,400	981	262	1,200	2,600	
	30~49	0.7	1.0			1,300	957	289	1,200	2,500	
	50~64	0.7	0.9			1,200	940	75	1,000	2,200	
	65~74	0.7	1.0			1,100	904	20	1,000	2,100	
	75 이상	0.7	0.8			1,000	662	12	1,100	2,100	
여자	6~8(세)	0.3	0.4			800	514	0	800	1,600	
	9~11	0.4	0.5			1,000	643	0	900	1,900	
	12~14	0.6	0.7			1,100	610	0	900	2,000	
	15~18	0.6	0.7			1,100	659	7.3	900	2,000	
	19~29	0.6	0.8			1,100	709	126	1,000	2,100	
	30~49	0.6	0.8			1,000	772	124	1,000	2,000	
	50~64	0.6	0.7			900	784	27	1,000	1,900	
	65~74	0.5	0.7			900	624	9	900	1,800	
	75 이상	0.5	0.7			800	552	5	1,000	1,800	
임신부		1.2	1.5							+200	
수유부		1.3	1.7						+500	+700	

자료 : 보건복지부 · 한국영양학회(2020).

지용성 비타민

성별	연령	비타민 A(μg RAE/일)				비타민 D(μg/일)			
		평균 필요량	권장 섭취량	충분 섭취량	상한 섭취량	평균 필요량	권장 섭취량	충분 섭취량	상한 섭취량
영아	0~5(개월)			350	600			5	25
	6~11			450	600			5	25
유아	1~2(세)	190	250		600			5	30
	3~5	230	300		750			5	35
남자	6~8(세)	310	450		1,100			5	40
	9~11	410	600		1,600			5	60
	12~14	530	750		2,300			10	100
	15~18	620	850		2,800			10	100
	19~29	570	800		3,000			10	100
	30~49	560	800		3,000			10	100
	50~64	530	750		3,000			10	100
	65~74	510	700		3,000			15	100
	75 이상	500	700		3,000			15	100
여자	6~8(세)	290	400		1,100			5	40
	9~11	390	550		1,600			5	60
	12~14	480	650		2,300			10	100
	15~18	450	650		2,800			10	100
	19~29	460	650		3,000			10	100
	30~49	450	650		3,000			10	100
	50~64	430	600		3,000			10	100
	65~74	410	600		3,000			15	100
	75 이상	410	600		3,000			15	100
임신부		+50	+70		3,000			+0	100
수유부		+350	+490		3,000			+0	100

자료 : 보건복지부 · 한국영양학회(2020).

성별	연령	비타민 E(mg α-TE/일)				비타민 K(μg/일)			
		평균 필요량	권장 섭취량	충분 섭취량	상한 섭취량	평균 필요량	권장 섭취량	충분 섭취량	상한 섭취량
영아	0~5(개월)			3				4	
	6~11			4				6	
유아	1~2(세)			5	100			25	
	3~5			6	150			30	
남자	6~8(세)			7	200			40	
	9~11			9	300			55	
	12~14			11	400			70	
	15~18			12	500			80	
	19~29			12	540			75	
	30~49			12	540			75	
	50~64			12	540			75	
	65~74			12	540			75	
	75 이상			12	540			75	
여자	6~8(세)			7	200			40	
	9~11			9	300			55	
	12~14			11	400			65	
	15~18			12	500			65	
	19~29			12	540			65	
	30~49			12	540			65	
	50~64			12	540			65	
	65~74			12	540			65	
	75 이상			12	540			65	
임신부				+0	540			+0	
수유부				+3	540			+0	

자료 : 보건복지부 · 한국영양학회(2020).

수용성 비타민

성별	연령	비타민 C(mg/일)				티아민(mg/일)			
		평균 필요량	권장 섭취량	충분 섭취량	상한 섭취량	평균 필요량	권장 섭취량	충분 섭취량	상한 섭취량
영아	0~5(개월)			40				0.2	
	6~11			55				0.3	
유아	1~2(세)	30	40		340	0.4	0.4		
	3~5	35	45		510	0.4	0.5		
남자	6~8(세)	40	50		750	0.5	0.7		
	9~11	55	70		1,100	0.7	0.9		
	12~14	70	90		1,400	0.9	1.1		
	15~18	80	100		1,600	1.1	1.3		
	19~29	75	100		2,000	1.0	1.2		
	30~49	75	100		2,000	1.0	1.2		
	50~64	75	100		2,000	1.0	1.2		
	65~74	75	100		2,000	0.9	1.1		
	75 이상	75	100		2,000	0.9	1.1		
여자	6~8(세)	40	50		750	0.6	0.7		
	9~11	55	70		1,100	0.8	0.9		
	12~14	70	90		1,400	0.9	1.1		
	15~18	80	100		1,600	0.9	1.1		
	19~29	75	100		2,000	0.9	1.1		
	30~49	75	100		2,000	0.9	1.1		
	50~64	75	100		2,000	0.9	1.1		
	65~74	75	100		2,000	0.8	1.0		
	75 이상	75	100		2,000	0.7	0.8		
임신부		+10	+10		2,000	+0.4	+0.4		
수유부		+35	+40		2,000	+0.3	+0.4		

자료 : 보건복지부 · 한국영양학회(2020).

성별	연령	리보플라빈(mg/일)				니아신(mg NE/일)1)			
		평균 필요량	권장 섭취량	충분 섭취량	상한 섭취량	평균 필요량	권장 섭취량	충분 섭취량	상한섭취량 니코틴산/니코틴아미드
영아	0~5(개월)			0.3				2	
	6~11			0.4				3	
유아	1~2(세)	0.4	0.5			4	6		10/180
	3~5	0.5	0.6			5	7		10/250
남자	6~8(세)	0.7	0.9			7	9		15/350
	9~11	0.9	1.1			9	11		20/500
	12~14	1.2	1.5			11	15		25/700
	15~18	1.4	1.7			13	17		30/800
	19~29	1.3	1.5			12	16		35/1000
	30~49	1.3	1.5			12	16		35/1000
	50~64	1.3	1.5			12	16		35/1000
	65~74	1.2	1.4			11	14		35/1000
	75 이상	1.1	1.3			10	13		35/1000
여자	6~8(세)	0.6	0.8			7	9		15/350
	9~11	0.8	1.0			9	12		20/500
	12~14	1.0	1.2			11	15		25/700
	15~18	1.0	1.2			11	14		30/800
	19~29	1.0	1.2			11	14		35/1000
	30~49	1.0	1.2			11	14		35/1000
	50~64	1.0	1.2			11	14		35/1000
	65~74	0.9	1.1			10	13		35/1000
	75 이상	0.8	1.0			9	12		35/1000
임신부		+0.3	+0.4			+3	+4		35/1000
수유부		+0.4	+0.5			+2	+3		35/1000

1) 1 mg NE(니아신 당량) = 1 mg 니아신 = 60 mg 트립토판

자료 : 보건복지부 · 한국영양학회(2020).

성별	연령	비타민 B_6(mg/일)				엽산(μg DFE/일)[1]			
		평균 필요량	권장 섭취량	충분 섭취량	상한 섭취량	평균 필요량	권장 섭취량	충분 섭취량	상한 섭취량[2]
영아	0~5(개월)			0.1				65	
	6~11			0.3				90	
유아	1~2(세)	0.5	0.6		20	120	150		300
	3~5	0.6	0.7		30	150	180		400
남자	6~8(세)	0.7	0.9		45	180	220		500
	9~11	0.9	1.1		60	250	300		600
	12~14	1.3	1.5		80	300	360		800
	15~18	1.3	1.5		95	330	400		900
	19~29	1.3	1.5		100	320	400		1,000
	30~49	1.3	1.5		100	320	400		1,000
	50~64	1.3	1.5		100	320	400		1,000
	65~74	1.3	1.5		100	320	400		1,000
	75 이상	1.3	1.5		100	320	400		1,000
여자	6~8(세)	0.7	0.9		45	180	220		500
	9~11	0.9	1.1		60	250	300		600
	12~14	1.2	1.4		80	300	360		800
	15~18	1.2	1.4		95	330	400		900
	19~29	1.2	1.4		100	320	400		1,000
	30~49	1.2	1.4		100	320	400		1,000
	50~64	1.2	1.4		100	320	400		1,000
	65~74	1.2	1.4		100	320	400		1,000
	75 이상	1.2	1.4		100	320	400		1,000
임신부		+0.7	+0.8		100	+200	+220		1,000
수유부		+0.7	+0.8		100	+130	+150		1,000

자료 : 보건복지부 · 한국영양학회(2020).

성별	연령	비타민 B_{12}(μg/일)				판토텐산(mg/일)				비오틴(μg/일)			
		평균 필요량	권장 섭취량	충분 섭취량	상한 섭취량	평균 필요량	권장 섭취량	충분 섭취량	상한 섭취량	평균 필요량	권장 섭취량	충분 섭취량	상한 섭취량
영아	0~5(개월)			0.3				1.7				5	
	6~11			0.5				1.9				7	
유아	1~2(세)	0.8	0.9					2				9	
	3~5	0.9	1.1					2				12	
남자	6~8(세)	1.1	1.3					3				15	
	9~11	1.5	1.7					4				20	
	12~14	1.9	2.3					5				25	
	15~18	2.0	2.4					5				30	
	19~29	2.0	2.4					5				30	
	30~49	2.0	2.4					5				30	
	50~64	2.0	2.4					5				30	
	65~74	2.0	2.4					5				30	
	75 이상	2.0	2.4					5				30	
여자	6~8(세)	1.1	1.3					3				15	
	9~11	1.5	1.7					4				20	
	12~14	1.9	2.3					5				25	
	15~18	2.0	2.4					5				30	
	19~29	2.0	2.4					5				30	
	30~49	2.0	2.4					5				30	
	50~64	2.0	2.4					5				30	
	65~74	2.0	2.4					5				30	
	75 이상	2.0	2.4					5				30	
임신부		+0.2	+0.2					+1.0				+0	
수유부		+0.3	+0.4					+2.0				+5	

1) Dietary Folate Equivalents, 가임기 여성의 경우 400 μg/일의 엽산보충제 섭취를 권장함

2) 엽산의 상한섭취량은 보충제 또는 강화식품의 형태로 섭취한 μg/일에 해당됨

자료 : 보건복지부 · 한국영양학회(2020).

다량무기질

성별	연령	칼슘(mg/일)				인(mg/일)				나트륨(mg/일)			
		평균필요량	권장섭취량	충분섭취량	상한섭취량	평균필요량	권장섭취량	충분섭취량	상한섭취량	필요추정량	권장섭취량	충분섭취량	만성질환위험감소섭취량
영아	0~5(개월)			250	1,000			100				110	
	6~11			300	1,500			300				370	
유아	1~2(세)	400	500		2,500	380	450		3,000			810	1,200
	3~5	500	600		2,500	480	550		3,000			1,000	1,600
남자	6~8(세)	600	700		2,500	500	600		3,000			1,200	1,900
	9~11	650	800		3,000	1,000	1,200		3,500			1,500	2,300
	12~14	800	1,000		3,000	1,000	1,200		3,500			1,500	2,300
	15~18	750	900		3,000	1,000	1,200		3,500			1,500	2,300
	19~29	650	800		2,500	580	700		3,500			1,500	2,300
	30~49	650	800		2,500	580	700		3,500			1,500	2,300
	50~64	600	750		2,000	580	700		3,500			1,500	2,300
	65~74	600	700		2,000	580	700		3,500			1,300	2,100
	75 이상	600	700		2,000	580	700		3,000			1,100	1,700
여자	6~8(세)	600	700		2,500	480	550		3,000			1,200	1,900
	9~11	650	800		3,000	1,000	1,200		3,500			1,500	2,300
	12~14	750	900		3,000	1,000	1,200		3,500			1,500	2,300
	15~18	700	800		3,000	1,000	1,200		3,500			1,500	2,300
	19~29	550	700		2,500	580	700		3,500			1,500	2,300
	30~49	550	700		2,500	580	700		3,500			1,500	2,300
	50~64	600	800		2,000	580	700		3,500			1,500	2,300
	65~74	600	800		2,000	580	700		3,500			1,300	2,100
	75 이상	600	800		2,000	580	700		3,000			1,100	1,700
임신부		+0	+0		2,500	+0	+0		3,000			1,500	2,300
수유부		+0	+0		2,500	+0	+0		3,500			1,500	2,300

자료 : 보건복지부 · 한국영양학회(2020).

성별	연령	염소(mg/일)				칼륨(mg/일)				마그네슘(mg/일)			
		평균 필요량	권장 섭취량	충분 섭취량	상한 섭취량	평균 필요량	권장 섭취량	충분 섭취량	상한 섭취량	평균 필요량	권장 섭취량	충분 섭취량	상한 섭취량[1)]
영아	0~5(개월)			170				400				25	
	6~11			560				700				55	
유아	1~2(세)			1,200				1,900		60	70		60
	3~5			1,600				2,400		90	110		90
남자	6~8(세)			1,900				2,900		130	150		130
	9~11			2,300				3,400		190	220		190
	12~14			2,300				3,500		260	320		270
	15~18			2,300				3,500		340	410		350
	19~29			2,300				3,500		300	360		350
	30~49			2,300				3,500		310	370		350
	50~64			2,300				3,500		310	370		350
	65~74			2,100				3,500		310	370		350
	75 이상			1,700				3,500		310	370		350
여자	6~8(세)			1,900				2,900		130	150		130
	9~11			2,300				3,400		180	220		190
	12~14			2,300				3,500		240	290		270
	15~18			2,300				3,500		290	340		350
	19~29			2,300				3,500		230	280		350
	30~49			2,300				3,500		240	280		350
	50~64			2,300				3,500		240	280		350
	65~74			2,100				3,500		240	280		350
	75 이상			1,700				3,500		240	280		350
임신부				2,300				+0		+30	+40		350
수유부				2,300				+400		+0	+0		350

1) 식품외 급원의 마그네슘에만 해당

자료 : 보건복지부 · 한국영양학회(2020).

미량무기질

성별	연령	철(mg/일)				아연(mg/일)				구리(μg/일)			
		평균 필요량	권장 섭취량	충분 섭취량	상한 섭취량	평균 필요량	권장 섭취량	충분 섭취량	상한 섭취량	평균 필요량	권장 섭취량	충분 섭취량	상한 섭취량
영아	0~5(개월)			0.3	40			2				240	
	6~11	4	6		40	2	3					330	
유아	1~2(세)	4.5	6		40	2	3		6	220	290		1,700
	3~5	5	7		40	3	4		9	270	350		2,600
남자	6~8(세)	7	9		40	5	5		13	360	470		3,700
	9~11	8	11		40	7	8		19	470	600		5,500
	12~14	11	14		40	7	8		27	600	800		7,500
	15~18	11	14		45	8	10		33	700	900		9,500
	19~29	8	10		45	9	10		35	650	850		10,000
	30~49	8	10		45	8	10		35	650	850		10,000
	50~64	8	10		45	8	10		35	650	850		10,000
	65~74	7	9		45	8	9		35	600	800		10,000
	75 이상	7	9		45	7	9		35	600	800		10,000
여자	6~8(세)	7	9		40	4	5		13	310	400		3,700
	9~11	8	10		40	7	8		19	420	550		5,500
	12~14	12	16		40	6	8		27	500	650		7,500
	15~18	11	14		45	7	9		33	550	700		9,500
	19~29	11	14		45	7	8		35	500	650		10,000
	30~49	11	14		45	7	8		35	500	650		10,000
	50~64	6	8		45	6	8		35	500	650		10,000
	65~74	6	8		45	6	7		35	460	600		10,000
	75 이상	5	7		45	6	7		35	460	600		10,000
임신부		+8	+10		45	+2.0	+2.5		35	+100	+130		10,000
수유부		+0	+0		45	+4.0	+5.0		35	+370	+480		10,000

자료 : 보건복지부 · 한국영양학회(2020).

성별	연령	불소(mg/일)				망간(mg/일)				요오드(μg/일)			
		평균필요량	권장섭취량	충분섭취량	상한섭취량	평균필요량	권장섭취량	충분섭취량	상한섭취량	평균필요량	권장섭취량	충분섭취량	상한섭취량
영아	0~5(개월)			0.01	0.6			0.01				130	250
	6~11			0.4	0.8			0.8				180	250
유아	1~2(세)			0.6	1.2			1.5	2.0	55	80		300
	3~5			0.9	1.8			2.0	3.0	65	90		300
남자	6~8(세)			1.3	2.6			2.5	4.0	75	100		500
	9~11			1.9	10.0			3.0	6.0	85	110		500
	12~14			2.6	10.0			4.0	8.0	90	130		1,900
	15~18			3.2	10.0			4.0	10.0	95	130		2,200
	19~29			3.4	10.0			4.0	11.0	95	150		2,400
	30~49			3.4	10.0			4.0	11.0	95	150		2,400
	50~64			3.2	10.0			4.0	11.0	95	150		2,400
	65~74			3.1	10.0			4.0	11.0	95	150		2,400
	75 이상			3.0	10.0			4.0	11.0	95	150		2,400
여자	6~8(세)			1.3	2.5			2.5	4.0	75	100		500
	9~11			1.8	10.0			3.0	6.0	80	110		500
	12~14			2.4	10.0			3.5	8.0	90	130		1,900
	15~18			2.7	10.0			3.5	10.0	95	130		2,200
	19~29			2.8	10.0			3.5	11.0	95	150		2,400
	30~49			2.7	10.0			3.5	11.0	95	150		2,400
	50~64			2.6	10.0			3.5	11.0	95	150		2,400
	65~74			2.5	10.0			3.5	11.0	95	150		2,400
	75 이상			2.3	10.0			3.5	11.0	95	150		2,400
임신부				+0	10.0			+0	11.0	+65	+90		
수유부				+0	10.0			+0	11.0	+130	+190		

자료 : 보건복지부 · 한국영양학회(2020).

성별	연령	셀레늄(μg/일)				몰리브덴(μg/일)				크롬(μg/일)			
		평균 필요량	권장 섭취량	충분 섭취량	상한 섭취량	평균 필요량	권장 섭취량	충분 섭취량	상한 섭취량	평균 필요량	권장 섭취량	충분 섭취량	상한 섭취량
영아	0~5(개월)			9	40							0.2	
	6~11			12	65							4.0	
유아	1~2(세)	19	23		70	8	10		100			10	
	3~5	22	25		100	10	12		150			10	
남자	6~8(세)	30	35		150	15	18		200			15	
	9~11	40	45		200	15	18		300			20	
	12~14	50	60		300	25	30		450			30	
	15~18	55	65		300	25	30		550			35	
	19~29	50	60		400	25	30		600			30	
	30~49	50	60		400	25	30		600			30	
	50~64	50	60		400	25	30		550			30	
	65~74	50	60		400	23	28		550			25	
	75 이상	50	60		400	23	28		550			25	
여자	6~8(세)	30	35		150	15	18		200			15	
	9~11	40	45		200	15	18		300			20	
	12~14	50	60		300	20	25		400			20	
	15~18	55	65		300	20	25		500			20	
	19~29	50	60		400	20	25		500			20	
	30~49	50	60		400	20	25		500			20	
	50~64	50	60		400	20	25		450			20	
	65~74	50	60		400	18	22		450			20	
	75 이상	50	60		400	18	22		450			20	
임신부		+3	+4		400	+0	+0		500			+5	
수유부		+9	+10		400	+3	+3		500			+20	

자료 : 보건복지부 · 한국영양학회(2020).

2-2 한국인 영양소 섭취기준의 열량별 권장식사 패턴

A타입(우유 · 유제품 2회 권장)						
열량(kcal)	곡류	고기 · 생선 · 달걀 · 콩류	채소류	과일류	우유 · 유제품	유지 · 당류
900	1	1.5	4	1	2	2
1,000	1	1.5	4	1	2	3
1,100	1.5	1.5	4	1	2	3
1,200	1.5	2	5	1	2	3
1,300	1.5	2	6	1	2	4
1,400	2	2	6	1	2	4
1,500	2	2.5	6	1	2	5
1,600	2.5	2.5	6	1	2	5
1,700	2.5	3	6	1	2	5
1,800	3	3	6	1	2	5
1,900	3	3.5	7	1	2	5
2,000	3	3.5	7	2	2	6
2,100	3	4	8	2	2	6
2,200	3.5	4	8	2	2	6
2,300	3.5	5	8	2	2	6
2,400	3.5	5	8	3	2	6
2,500	3.5	5.5	8	3	2	7
2,600	3.5	5.5	8	4	2	8
2,700	4	5.5	8	4	2	8
2,800	4	6	8	4	2	8

B타입(우유 · 유제품 1회 권장)						
열량(kcal)	곡류	고기 · 생선 · 달걀 · 콩류	채소류	과일류	우유 · 유제품	유지 · 당류
1,000	1.5	1.5	5	1	1	2
1,100	1.5	2	5	1	1	3
1,200	2	2	5	1	1	3
1,300	2	2	6	1	1	4
1,400	2.5	2	6	1	1	4
1,500	2.5	2.5	6	1	1	4
1,600	3	2.5	6	1	1	4
1,700	3	3.5	6	1	1	4
1,800	3	3.5	7	2	1	4
1,900	3	4	8	2	1	4
2,000	3.5	4	8	2	1	4
2,100	3.5	4.5	8	2	1	5
2,200	3.5	5	8	2	1	6
2,300	4	5	8	2	1	6
2,400	4	5	8	3	1	6
2,500	4	5	8	4	1	7
2,600	4	6	9	4	1	7
2,700	4	6.5	9	4	1	8

자료 : 보건복지부 · 한국영양학회(2021).

3–1 식품의 감별법

품목	감별법	검수방법
쌀	• 토사가 섞여 있지 않고 쌀알이 고르며 윤기가 나는 것 • 투명하고 경도가 높아 씹었을 때 단단한 것	• 관능검사 • 종류 및 원산지 확인
밀가루	• 건조상태가 좋고 손으로 쥐었다 놓아도 덩어리가 지지 않는 것 • 이상한 냄새와 맛이 나지 않는 것	• 관능검사 • 제조회사 및 유통기한 확인
감자	• 청색을 띠지 않고 싹이 트지 않은 것 • 알이 굵고 겉에 골이 많지 않은 매끄러운 것 • 깐 감자의 경우, 껍질이 완전히 제거되고 표면이 무르지 않은 것	• 관능검사 • 전처리한 감자는 온도 측정으로 10℃ 이하인지 확인
당근	• 마디가 없고 잘랐을 때 심이 없는 것 • 모양이 통통하고 색깔이 일정하게 주황색을 띠는 것	• 관능검사 • 온도 측정으로 일반 채소류는 상온, 전처리 식자재는 10℃ 이하인지 확인 • 농산물의 종류별 표시방법 확인(유기농산물, 무농약농산물, 저농약농산물)
무	• 속이 꽉 차고 무거운 것 • 외피에 잔뿌리가 적고 썩거나 벌레 먹은 부분이 없는 것	
잎상추	• 크기가 일정하고 잎이 짓무르지 않은 것 • 물에 담그지 않은 것 • 고유의 색깔을 유지하고 흙이나 이물질이 없는 것	
양배추	• 결구가 단단하고 절단 시 속에 심이 없는 것 • 무게가 2.5kg 이상인 것	
양송이	• 외형이 부서지지 않고 표피의 색까이 하얀 것	
양파	• 외피가 무르지 않고 단단한 것 • 싹이 트지 않은 것	
달걀	• 표면이 꺼칠꺼칠하고 광택이 없는 것 • 식염수(6%의 소금물)에 넣었을 때 가라앉는 것 • 난황계수(난황높이/난황지름)가 높은 것	• 관능검사 • 껍질을 깨서 온도 측정
버터	• 미황색으로 얼룩이 없고 변질된 냄새가 나지 않는 것 • 반점이 생겼거나 지방이 분리되지 않은 것	• 관능검사 • 유통기한 확인
우유	• 유백색을 띠고 신선한 풍미가 나는 것 • 물에 한 방울 떨어뜨렸을 때 구름과 같이 퍼져 내려가는 것	• 관능검사 • 온도 측정으로 냉장 10℃ 이하인지 확인 • 유통기한 확인
치즈	• 특유한 향과 풍미를 지니며 조직과 색깔이 균일한 것 • 건조되지 않고, 입에 넣었을 대 부드러운 느낌으로 촉감이 좋으며 이물이 남지 않는 것	• 관능검사 • 유통기한 확인

품목	감별법	검수방법
어류	• 아가미의 색깔이 밝은 선홍색이고 살에 탄력성이 있는 것 • 껍질과 비늘이 밀착되어 있으며, 눈알이 맑고 눈이 표면보다 튀어나온 것 • 비늘에 광택이 있고 선명한 것	• 관능검사 • 온도 측정으로 냉장 제품은 5℃ 이하, 냉동 제품은 −18℃ 이하인지 확인
건어물	• 건조도가 좋고 냄새가 없으며 모양이 반듯한 것	• 관능검사
쇠고기	• 선홍색을 띠고 윤기가 나는 것 • 지방의 색깔이 희고, 근육 속에 지방이 고르게 분포된 것	• 관능검사 • 온도 측정하고 냉장제품은 5℃ 이하, 냉동 제품은 −18℃ 이하인지 확인 • 축산물의 도축검사서, 등급판정확인서 등을 확인 • 덩어리 형태인 것은 표면온도계로 가장 두꺼운 부분의 온도 측정 • 육색, 등급, 부위, 지방점유율 확인
돼지고기	• 분홍색을 띠고 윤기가 나는 것 • 지방의 색깔이 흰색이고 변질된 냄새가 나지 않는 것	
닭고기	• 연분홍색으로 탄력성이 있고 신선한 것	• 관능검사 • 온도 측정으로 냉장제품은 5℃ 이하, 냉동 제품은 −18℃ 이하인지 확인 • 축산물품질평가원의 품질등급 확인
오이	• 형태가 곧고 일정하며 성숙한 씨가 없는 것 • 표면의 가시가 손상되지 않은 것	• 관능검사 • 온도 측정으로 일반 채소류는 상온, 전처리, 식자재는 10℃ 이하인지 확인 • 농산물의 종류별 표시방법 확인(유기농산물, 무농약 농산물, 저농약 농산물)
통배추	• 결구가 잘 되고 속이 꽉 찬 것 • 잎이 두껍지 않고 속에 심이 없는 것	
파	• 줄기가 신선하고, 잎은 녹색으로 부드럽고 연한 것 • 실파나 쪽파는 꽃대가 피지 않은 것	
표고버섯	• 갓이 너무 많이 피지 않고 버섯의 형태를 유지한 것 • 표면은 암갈색, 속은 흰색을 띠는 것 • 촉감이 탄력 있는 것	
호박	• 껍질이 연하고 육질이 치밀하며 단단한 것 • 연두색으로 신선도가 높은 것	
두부	• 단단하고 모양이 반듯하며 쉰내가 안 나는 것	• 관능검사 • 제조회사 및 콩의 원산지 확인
콩나물	• 머리의 색깔이 노랗고 잔뿌리가 없는 통통한 것 • 석유 냄새가 나지 않고 이물질이나 썩은 것이 없는 것	• 관능검사 • 제조회사 및 유통기한 확인 • 콩과 녹두의 원산지 확인
숙주	• 잔뿌리가 없고 길이가 4cm 미만으로 통통한 것 • 석유 냄새가 나지 않고 이물질이나 썩은 것이 없는 것	

품목	감별법	검수방법
귤	• 껍질이 두껍지 않고 겉껍질과 알맹이가 들떠 있지 않은 것 • 표면이 무르지 않고 상처가 없는 것	• 관능검사 • 품종 및 원산지 확인 • 농산물의 종류별 표시방법 확인
바나나	• 노란색을 띠며 크기가 고르고 굵은 것 • 떫거나 비린 맛이 없는 것	
배	• 당도가 11brix 이상인 것 • 모양이 둥글고 굴곡이 없는 것	
사과	• 당도가 13brix 이상인 것 • 색깔이 보기 좋고 표면에 상처가 없는 것	
수박	• 크기가 크고 껍질이 얇으며 꼭지가 마르지 않은 것 • 수분이 많고 당도가 높으며 씨가 적은 것	
딸기	• 외피에 손상이 없고 꼭지가 싱싱한 것 • 크기가 크고 특유의 향과 단맛이 강하며 과육이 단단한 것	
김치	• 전용 기구를 이용하여 맛, 냄새 등을 확인	• 관능검사 • 배추의 원산지증명서 확인
냉장식품	• 포장상태 확인	• 제조회사 및 유통기한 확인 • 식자재 하차 시 온도 측정으로 배송차량 내부가 10℃ 이하인지 확인(신선편의식품 및 훈제연어는 5℃ 이하)
냉동식품	• 포장상태 확인 • 녹은 흔적이 없는 것 • 냉동만두는 제품이 부서지거나 손상이 없는 것(특히, 만두가 한 덩어리로 붙어 있는 것은 녹았다가 다시 얼은 것이므로 주의)	• 제조회사 및 유통기한 확인 • 식자재 하차 시 온도 측정으로 배송차량 내부가 −18℃ 이하인지 확인 • 포장된 냉동식품은 상자나 용기의 옆면을 개봉하여 온도계를 그 안의 포장 사이에 넣어 온도 측정
통조림	• 외관이 찌그러지거나 부풀지 않고 녹슬지 않은 것 • 안쪽 면이 변색되지 않은 것	• 제조회사, 제조일자, 유통기한 확인

자료 : 백옥희 · 윤기선 · 한은숙 · 김옥선 · 고성희(2020).

5-1 집단급식소의 시설기준(식품위생법 시행규칙 제96조 관련 별표 25)

1. 조리장

가. 조리장은 음식물을 먹는 객석에서 그 내부를 볼 수 있는 구조로 되어 있어야 한다. 다만, 병원 · 학교의 경우에는 그러하지 아니하다.

나. 조리장 바닥은 배수구가 있는 경우에는 덮개를 설치하여야 한다.

다. 조리장 안에는 취급하는 음식을 위생적으로 조리하기 위하여 필요한 조리시설 · 세척시설 · 폐기물용기 및 손 씻는 시설을 각각 설치하여야 하고, 폐기물용기는 오물 · 악취 등이 누출되지 아니하도록 뚜껑이 있고 내수성 재질[스테인레스 · 알루미늄 · 강화플라스틱(FRP) · 테프론 등 물을 흡수하지 아니하는 것을 말한다. 이하 같다]로 된 것이어야 한다.

라. 조리장에는 주방용 식기류를 소독하기 위한 자외선 또는 전기살균소독기를 설치하거나 열탕세척소독시설(식중독을 일으키는 병원성 미생물 등이 살균될 수 있는 시설이어야 한다)을 갖추어야 한다.

마. 충분한 환기를 시킬 수 있는 시설을 갖추어야 한다. 다만, 자연적으로 통풍이 가능한 구조의 경우에는 그러하지 아니하다.

바. 식품등의 기준 및 규격 중 식품별 보존 및 유통기준에 적합한 온도가 유지될 수 있는 냉장시설 또는 냉동시설을 갖추어야 한다.

사. 식품과 직접 접촉하는 부분은 위생적인 내수성 재질로서 씻기 쉬우며, 열탕 · 증기 · 살균제 등으로 소독 · 살균이 가능한 것이어야 한다.

아. 냉동 · 냉장시설 및 가열처리시설에는 온도계 또는 온도를 측정할 수 있는 계기를 설치하여야 하며, 적정온도가 유지되도록 관리하여야 한다.

자. 조리장에는 쥐 · 해충 등을 막을 수 있는 시설을 갖추어야 한다.

2. 급수시설

가. 수돗물이나 「먹는물관리법」 제5조에 따른 먹는 물의 수질기준에 적합한 지하수 등을 공급할 수 있는 시설을 갖추어야 한다. 다만, 지하수를 사용하는 경우에는 용수저장탱크에 염소자동주입기 등 소독장치를 설치하여야 한다.

나. 지하수를 사용하는 경우 취수원은 화장실 · 폐기물처리시설 · 동물사육장 그 밖에 지하수가 오염될 우려가 있는 장소로부터 영향을 받지 아니 하는 곳에 위치하여야 한다.

3. 창고 등 보관시설

가. 식품등을 위생적으로 보관할 수 있는 창고를 갖추어야 한다.

나. 창고에는 식품등을 법 제7조제1항에 따른 식품등의 기준 및 규격에서 정하고 있는 보존 및 유통기준에 적합한 온도에서 보관할 수 있도록 냉장 · 냉동시설을 갖추어야 한다. 다만, 조리장에 갖춘 냉장시설 또는 냉동시설에 해당 급식소에서 조리 · 제공되는 식품을 충분히 보관할 수 있는 경우에는 창고에 냉장시설 및 냉동시설을 갖추지 아니하여도 된다.

4. 화장실

가. 화장실은 조리장에 영향을 미치지 아니하는 장소에 설치하여야 한다. 다만, 집단급식소가 위치한 건축물 안에 나목부터 라목까지의 기준을 갖춘 공동화장실이 설치되어 있거나 인근에 사용하기 편리한 화장실이 있는 경우에는 따로 화장실을 설치하지 아니할 수 있다.

나. 화장실은 정화조를 갖춘 수세식 화장실을 설치하여야 한다. 다만, 상 · 하수도가 설치되지 아니한 지역에서는 수세식이 아닌 화장실을 설치할 수 있다. 이 경우 변기의 뚜껑과 환기시설을 갖추어야 한다.

다. 화장실은 콘크리트 등으로 내수처리를 하여야 하고, 바닥과 내벽(바닥으로부터 1.5미터까지)에는 타일을 붙이거나 방수페인트로 색칠하여야 한다.

라. 화장실에는 손을 씻는 시설을 갖추어야 한다.

5-2 급식시설의 세부기준(학교급식법 시행규칙 제3조제1항 관련 별표 1)

1. 조리장

가. 시설・설비

1) 조리장은 침수될 우려가 없고, 먼지 등의 오염원으로부터 차단될 수 있는 등 주변 환경이 위생적이며 쾌적한 곳에 위치하여야 하고, 조리장의 소음・냄새 등으로 인하여 학생의 학습에 지장을 주지 않도록 해야 한다.
2) 조리장은 작업과정에서 교차오염이 발생되지 않도록 전처리실(前處理室), 조리실 및 식기구세척실 등을 벽과 문으로 구획하여 일반작업구역과 청결작업구역으로 분리한다. 다만, 이러한 구획이 적절하지 않을 경우에는 교차오염을 방지할 수 있는 다른 조치를 취하여야 한다.
3) 조리장은 급식설비・기구의 배치와 작업자의 동선(動線) 등을 고려하여 작업과 청결유지에 필요한 적정한 면적이 확보되어야 한다.
4) 내부벽은 내구성, 내수성(耐水性)이 있는 표면이 매끈한 재질이어야 한다.
5) 바닥은 내구성, 내수성이 있는 재질로 하되, 미끄럽지 않아야 한다.
6) 천장은 내수성 및 내화성(耐火性)이 있고 청소가 용이한 재질로 한다.
7) 바닥에는 적당한 위치에 상당한 크기의 배수구 및 덮개를 설치하되 청소하기 쉽게 설치한다.
8) 출입구와 창문에는 해충 및 쥐의 침입을 막을 수 있는 방충망 등 적절한 설비를 갖추어야 한다.
9) 조리장 출입구에는 신발소독 설비를 갖추어야 한다.
10) 조리장내의 증기, 불쾌한 냄새 등을 신속히 배출할 수 있도록 환기시설을 설치하여야 한다.
11) 조리장의 조명은 220룩스(lx) 이상이 되도록 한다. 다만, 검수구역은 540룩스(lx) 이상이 되도록 한다.
12) 조리장에는 필요한 위치에 손 씻는 시설을 설치하여야 한다.
13) 조리장에는 온도 및 습도관리를 위하여 적정 용량의 급배기시설, 냉・난방시설 또는 공기조화시설(空氣調和施設) 등을 갖추도록 한다.

나. 설비・기구

1) 밥솥, 국솥, 가스테이블 등의 조리기기는 화재, 폭발 등의 위험성이 없는 제품을 선정하되, 재질의 안전성과 기기의 내구성, 경제성 등을 고려하여 능률적인 기기를 설치하여야 한다.
2) 냉장고(냉장실)와 냉동고는 식재료의 보관, 냉동 식재료의 해동(解凍), 가열조리된 식품의 냉각 등에 충분한 용량과 온도(냉장고 5℃ 이하, 냉동고 -18℃ 이하)를 유지하여야 한다.
3) 조리, 배식 등의 작업을 위생적으로 하기 위하여 식품 세척시설, 조리시설, 식기구

세척시설, 식기구 보관장, 덮개가 있는 폐기물 용기 등을 갖추어야 하며, 식품과 접촉하는 부분은 내수성 및 내부식성 재질로 씻기 쉽고 소독 · 살균이 가능한 것이어야 한다.

4) 식기세척기는 세척, 헹굼 기능이 자동적으로 이루어지는 것이어야 한다.
5) 식기구를 소독하기 위하여 전기살균소독기, 자외선소독기 또는 열탕소독시설을 갖추거나 충분히 세척 · 소독할 수 있는 세정대(洗淨臺)를 설치하여야 한다.
6) 급식기구 및 배식도구 등을 안전하고 위생적으로 세척할 수 있도록 온수공급 설비를 갖추어야 한다.

2. 식품보관실 등

가. 식품보관실과 소모품보관실을 별도로 설치하여야 한다. 다만, 부득이하게 별도로 설치하지 못할 경우에는 공간구획 등으로 구분하여야 한다.
나. 바닥의 재질은 물청소가 쉽고 미끄럽지 않으며, 배수가 잘 되어야 한다.
다. 환기시설과 충분한 보관선반 등이 설치되어야 하며, 보관선반은 청소 및 통풍이 쉬운 구조이어야 한다.

3. 급식관리실, 편의시설

가. 급식관리실, 휴게실은 외부로부터 조리실을 통하지 않고 출입이 가능하여야 하며, 외부로 통하는 환기시설을 갖추어야 한다. 다만, 시설 구조상 외부로의 출입문 설치가 어려운 경우에는 출입시에 조리실 오염이 일어나지 않도록 필요한 조치를 취하여야 한다.
나. 휴게실은 외출복장으로 인하여 위생복장이 오염되지 않도록 외출복장과 위생복장을 구분하여 보관할 수 있는 옷장을 두어야 한다.
다. 샤워실을 설치하는 경우 외부로 통하는 환기시설을 설치하여 조리실 오염이 일어나지 않도록 하여야 한다.

4. 식당: 안전하고 위생적인 공간에서 식사를 할 수 있도록 급식인원 수를 고려한 크기의 식당을 갖추어야 한다. 다만, 공간이 부족한 경우 등 식당을 따로 갖추기 곤란한 학교는 교실배식에 필요한 운반기구와 위생적인 배식도구를 갖추어야 한다.

5. 이 기준에서 정하지 않은 사항에 대하여는 식품위생법령의 집단급식소 시설기준에 따른다.

5-3 학교급식 위생 · 안전점검표의 시설관리에 대한 점검항목

(1) 학교급식 위생 · 안전관리기준 준수사항

- 급식시설 · 설비, 기구 등에 대한 청소 및 소독 계획을 수립 · 시행하여 항상 청결하게 관리하는지 여부?
- 냉장 · 냉동고의 온도, 식기세척기의 최종 헹굼수 온도 또는 식기소독보관고의 온도를 기록 · 관리하는지 여부?
- 조리용수로 수돗물이 아닌 지하수를 사용하는 경우 소독 또는 살균하여 사용하는지 여부?

(2) 학교급식 지도 및 권장사항

- 일반작업구역과 청결작업구역으로 구분되어 식품취급작업의 흐름이 교차되지 않는지 여부?
- 조리장의 시설(바닥 · 벽 · 천장 등)의 파손 및 고장난 설비 · 기구의 관리 여부?
- 검수장소및조리작업장소(작업대 · 가스대 · 국솥 등)의 조도 기준 준수 여부?
- 조리장의 후드는 열 및 증기 발생시 즉시 배출되고, 응축수가 식품에 직접 떨어지지 않는 구조인지 여부?
- 조리장 내 온도 및 습도를 적정하게 관리하는지 여부?
- 식품보관실은 적정하게 설치되어 있으며, 소모품보관실과 분리되어 있는지 여부?
- 조리종사자 전용 화장실이 있으며, 청소와 관리상태가 양호하고, 출입문이 조리실에 바로 면하지 않고, 화장실내 환풍기 또는 환기창이 설치되어 있는지 여부?
- 조리장내 수세시설과 신발소독시설은 적정하게 설치되어 있고 올바르게 사용하는지 여부?
- 조리장내 씽크대 등은 배수관이 배수로와 직접 연결되어 바닥을 오염시키지 않도록 조치하고 있는지 여부?
- 조리장, 식품보관실, 식당 등의 방충 · 방서설비 및 관리상태가 적정한지 여부?
- 급수설비의 적정성 및 이를 위생적으로 관리(수도전 위치, 수량 등) 하는지 여부?
- 냉동 · 냉장시설의 적정용량 확보 및 온도유지, 급식품 외 보관하는 것은 없는지 여부?

자료: 교육부(2021). 학교급식 위생관리 지침서

급식 기기대장

기관 : ○○초등학교
운용부서 : 급식소

(단위 : 원)

물품분류번호	품명/규격	품종	수량	취득일	단가	금액	운용부서	수리내역

발행일 : 20○○-○○-○○

참고문헌

국내문헌

경기도용인교육지원청(2014). 2014년 학교급식 기본방향.

경상북도교육청(2011). 학교급식 안전관리 매뉴얼.

고용노동부 · 안전보건공단(2013). 급식실 안전 보건 점검표 및 해설서(추가).

곽동경 · 류은순 · 이혜상 · 류경 · 최성경 · 홍완수 · 장미라 · 문혜경 · 장혜자 · 최은희 · 이경은 · 최정화 · 이나영 (2015). 단체급식의 이해. 신광출판사.

교육부(2014). 학교급식소 안전보건 관리대책.

교육부(2015). 교육행정정보시스템.

교육부(2021). 학교급식 위생관리 지침서.

국가법령정보센터(2016). 지방자치단체를 당사자로 하는 계약에 관한 법률.

김동수 · 송기옥(2015). 식음료원가관리론. 백산출판사.

김동승(2002). 식품구매관리론. 기문사

김동승 · 전영옥 · 임양이 · 강명수 · 김용식 · 류경(2005). 식품구매론. 광문각.

김혜영 · 이양순 · 고성희(2010). 최신 단체급식. 도서출판 효일.

나정기(2014). 식음료 원가관리의 이해. 백산출판사.

농촌진흥청(2011). 식품성분표 8차 개정.

박정숙(2011). 식품구매론. 도서출판 효일.

박형호 · 노춘섭 · 최기 · 김영대 · 조건 · 소순후(2012). 생산운영관리. 도서출판 청람.

백옥희 · 윤기선 · 한은숙 · 김옥선 · 고성희(2020) 식품구매. 파워북.

법제처 국가법령정보센터(2020). 국민영양관리법.

법제처 국가법령정보센터(2022). 식품위생법.

법제처 국가법령정보센터(2021). 식품위생법 시행규칙.

법제처 국가법령정보센터(2021). 영유아보육법.

법제처 국가법령정보센터(2021). 유아교육법 및 유아교육법 시행규칙.

법제처 국가법령정보센터(2022). 학교급식법.

법제처 국가법령정보센터(2021). 학교급식법 시행규칙.

보건복지부(2010). 보육시설급식운영관리 매뉴얼.

보건복지부 · 한국영양학회(2020). 한국인 영양소 섭취기준.

보건복지부 · 한국영양학회(2021). 2020 한국인 영양소 섭취기준 활용연구.

부인초등학교(2016). 급식소 전경. 내부자료.

셰릴 루이스 외(2010). 레스토랑 원가관리 노하우. 백산출판사.

송현진 · 노정옥(2014). 사업체급식소와 학교급식소의 이벤트 실태 및 이벤트에 대한 중요도-수행도 분석 비교. Journal of Nutrition and Health, 47(6), 452-462.

식품의약품안전처(2009). 집단급식소 위생관리 매뉴얼.

식품의약품안전처(2015). 집단급식소 HACCP관리.

식품의약품안전처 · 어린이급식관리지원센터(2015). 어린이 급식관리지침서.

양일선 · 이보숙 · 차진아 · 한경수 · 채인숙 · 이진미(2015). 단체급식. 교문사.

양일선 · 이소정 · 김현아 · 이해영 · 정라나(2010). 식품구매. 교문사.

원종초등학교(2016). 급식소 설계도면.

원종초등학교(2016). 급식소 전경. 내부자료.

이보숙(1996). 작업측정 기법을 적용한 학교 급식 시스템 유형별 작업분석 및 표준 조리 인력 산정 모델 개발. 연세대학교 박사학위 논문.

이승림(2010). 서울 지역 종합병원 직원 급식서비스의 질 향상 사례 연구-잔식량 분석에 의한 원가 관리 중심으로. 한국식품영양학회지 23(3). 411-418.

이종미 · 강남이 · 김혜영 · 정진은 · 조미숙 · 조우균 · 허채옥(2007). 단체급식. 파워북.

이진미(2014). 외식원가관리. 백산출판사.

임재석 · 최원용 · 최근영(2012). 생산운영관리. 형설출판사.

전농초등학교(2016). 급식소 전경. 내부자료.

전희정 · 주나미 · 백재은 · 배현주 · 정현아(2012). 단체급식관리. 파워북.

정복미 · 정현아(2006). 영양(교)사, 급식관리자 입문 및 실습. 도서출판 진솔.

진양호(2014). 호텔&외식산업 원가관리론. 지구문화사.

진양호 · 강종헌(2012). 원가관리론. 지구문화사.

한국대학식품영양관련학과 교수협의회(2001). 단체급식. 삼광출판사.

한국산업안전공단 근골격계질환예방팀(2005). 동작경제의 원칙. 안전보건공단.

현기순 · 홍성야 · 임양순 · 이야랑 · 이영우(2010). 단체급식관리. 수학사.

홍기운 · 진양호 · 김장익(2003). 최신 식품구매론. 대왕사.

홍완수 · 윤지영 · 최은희 · 이경은 · 배현주(2014). 알기 쉬운 외식위생관리와 HACCP. 백산출판사.

황언석(2000). 급식구매관리. 연세대학교 급식경영전문인과정 강의자료집.

황학(2001). 작업관리론. 영지문화사.

국외문헌

Brown, D. M., Hoover, L. W.(1990). Productivity measurement in foodservice: past accomplishments-a future alternative. Journal of the American Dietetic Association, 90(7), 973-81.

Fitzsimmons, J. A., Sullivan, R. S(1982). Service operations management. New York, McGraw-Hill.

Gregoire, M. B.(2010). foodservice organizations: A Managerial and Systems Approach (7th Edition). Prentice Hall, NJ.

Konz, S., Maxwell, J.(1980). The basic Four of Work. Unpublished manuscript. Manhattan, Kansas State university.

McSwane D, Rue Nancy, Linton Richard(2005). Essentials of Food Safety and Sanitation. 4rd ed. Prentice Hall, Upper Saddle River, NJ.

Practice Paper of the American Dietetic Association(2005). A Systems Approach to Measuring Productivity in Health Care Foodservice Operations. Journal of the American Dietetic Association, 105(1), 122-130.

신문기사 및 웹사이트

경제신문 뉴스웨이(2015). 아워홈, 국내 단체급식 최초 할랄 인증 획득. 2015년 6월 30일자.

대한 급식신문(2014). 전국 급식소를 한 눈에 '오늘의 식단' 앱. 2014년 10월 24일자.

식품음료신문(2013). 아워홈 '푸드엠파이어 IFC몰' 푸드코트 품격 높여. 2013년 1월 7일자.

국립농산물품질관리원 홈페이지. www.naqs.go.kr

명세씨엠테이 홈페이지. www.mscmk.co.kr

서울시농수산식품공사 홈페이지. www.garak.co.kr

식품의약품안전청 홈페이지. www.mfds.go.kr

신세계푸드 홈페이지. www.shinsegaefood.com
아워홈 TFS 홈페이지. www. ourhometfs.co.kr
아워홈 홈페이지. www.ourhome.co.kr
안전보건공단 홈페이지. www.kosha.or.kr
어린이급식관리지원센터 홈페이지. www.ccfsm.foodnara.go.kr
오늘의 식단 홈페이지. www.todaysmenu.kr
올림 홈페이지. www. olymedu.co.kr
이씨엠디 홈페이지. www.ecmd.co.kr
주식회사 HK 홈페이지. www.hkk.co.kr
축산물안전관리인증원 홈페이지. www.ihaccp.or.kr
푸드머스 홈페이지. www.foodmerce.com
해양수산부 홈페이지. www.mof.go.kr
CJ프레시웨이 홈페이지. www.cjfreshway.com
HKmart 홈페이지. www.hkmart.co.kr

찾아보기

저자소개

윤지현
미국 퍼듀대학교 호스피탈리티관광경영학과 박사
현재 서울대학교 식품영양학과 교수

권수연
서울대학교 식품영양학과 박사
현재 신구대학교 식품영양학과 교수

김옥선
숙명여자대학교 식품영양학과 박사
현재 장안대학교 식품영양학과 교수

류시현
성신여자대학교 식품영양학과 급식관리전공 박사
현재 배재대학교 외식조리학과 교수

이영미
서울대학교 식품영양학과 박사
현재 명지대학교 식품영양학과 교수

한규상
서울대학교 식품영양학과 박사
현재 호남대학교 식품영양학과 교수

김미영
서울대학교 식품영양학과 박사
현재 공주대학교 식품영양학과 교수

이기원
미국 펜실베니아주립대학교 호스피탈리티경영학 박사
현재 미국 켄트주립대학교 호스피탈리티학과 교수

이해하기 쉬운

단체급식관리

2016년 3월 4일 초판 발행
2022년 3월 5일 3쇄 발행

지은이 | 윤지현 · 권수연 · 김옥선 · 류시현 · 이영미 · 한규상 · 김미영 · 이기원
발행인 | 유제구
발행처 | 파워북
주 소 | 경기도 고양시 일산동구 호수로 358-25
동문타워2차 529호
전 화 | (02) 730-1412
F. A X | (031) 908-1410
등 록 | 1997년 1월 31일 제2014-000067호
편 집 | 북스북스

정가 22,000원
ISBN 978-89-8160-267-3 (93590)

잘못된 책은 바꿔드립니다.